Comic and Animation

3ds Max Animation Tutorials

周剑 徐倩 编著

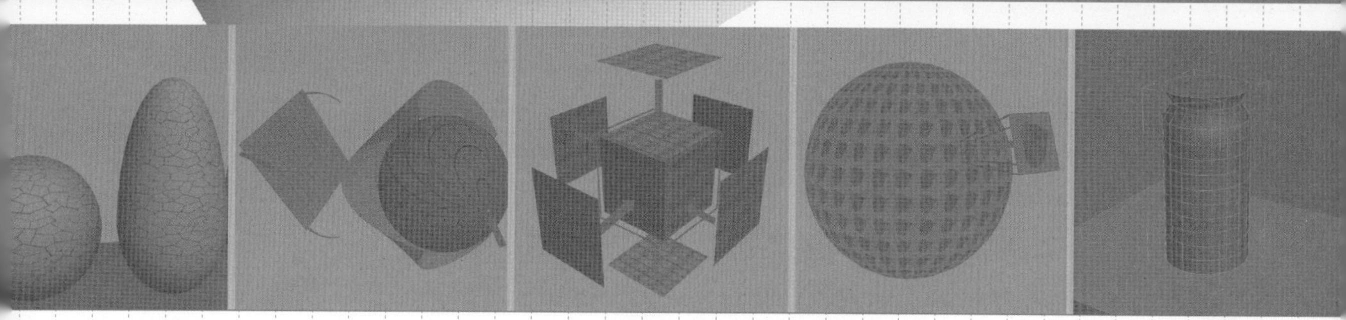

中国高等院校动漫游戏专业“十二五”规划教材

3ds Max动画制作基础教程

上海动画大王文化传媒有限公司
Shanghai Donghuadawang Culture Media Co.,Ltd.
上海人民美术出版社

图书在版编目（CIP）数据

3ds Max 动画制作基础教程 / 周剑，徐倩编 .- 上海：上海人民美术出版社，2012．1
ISBN 978—7—5322—7555—7
（中国高等院校动漫游戏专业“十二五”规划教材）

Ⅰ．① 3… Ⅱ．①周… ②徐… Ⅲ．①三维动画软件，3ds Max- 教材 Ⅳ．① TP391.14

中国版本图书馆 CIP 数据核字（2011）第 199890 号

中国高等院校动漫游戏专业“十二五”规划教材
3ds Max 动画制作基础教程
编　　著：周　剑　徐　倩
策　　划：海派文化
责任编辑：朱双海　杜昀初
助理编辑：赵　甜
封面设计：陶　雷
技术编辑：任继君
版式设计：叶小玉
出版发行：上海动画大王文化传媒有限公司
上海人民美術出版社
地　　址：上海长乐路 672 弄 33 号 D 座
电　　话：021-60740298
印　　刷：上海丽佳制版印刷有限公司
开　　本：787×1092　1/16
印　　张：12.5
版　　次：2012 年 1 月第 1 版
印　　次：2012 年 1 月第 1 次
书　　号：ISBN 978-7-5322-7555-7
定　　价：40.00 元

目 录 Contents

前言

1 3ds Max概述 / 6

1.1 主要布局简介 / 6

1.2 界面定制与快捷键设置 / 7

1.3 视图的概念 / 9

1.4 对象的选择 / 11

1.5 对象的变换 / 12

1.6 对象的捕捉 / 13

1.7 变换坐标系 / 14

1.8 对齐、镜像和阵列 / 15

2 3ds Max建模的基本方法 / 21

2.1 基础建模 / 21

2.2 复合对象建模 / 33

2.3 网格编辑建模 / 36

2.4 面片编辑建模 / 48

2.5 多边形建模 / 60

2.6 NURBS建模 / 79

3 3ds Max材质设置的基本方法 / 96

3.1 材质基础知识简介 / 96

3.2 材质编辑器与材质树 / 97

3.3 常用材质的设置 / 107

3.4 常用贴图的设置 / 117

3.5 材质贴图坐标设置 / 132

4 3ds Max灯光设置的基本方法 / 134

4.1 灯光基础知识简介 / 134

4.2 标准灯光的创建及基本参数 / 135

4.3 光学度灯光的创建及基本参数 / 144

4.4 高级照明 / 147

5 3ds Max动画制作的基本方法 / 154

5.1 动画制作工具简介 / 154

5.2 关键帧动画 / 157

5.3 动画控制器 / 160

5.4 空间扭曲和粒子系统 / 162

5.5 动画渲染设置的基本方法 / 164

6 3ds Max动画制作的重点与难点 / 165

6.1 建模的规范化 / 165

6.2 模型的精简与优化 / 167

6.3 灯光的氛围营造 / 171

6.4 动画镜头的合理运用 / 174

7 3ds Max动画制作的课题实例 / 176

7.1 案例一：破碎的瓶子 / 176

7.2 案例二：飞舞的蜻蜓 / 183

7.3 案例三：飘动的旗帜 / 193

课程教学安排建议

前 言

3ds Max 是由 Autodesk 公司旗下的公司开发、基于 PC 系统的一款用于数字空间表现的三维设计软件，它强大的建模、动画制作和渲染功能使其成为全球最流行的应用软件，被广泛用于室内设计、建筑设计、影视、工业设计、多媒体制作、游戏、辅助教学以及工程可视化等领域，深受广大用户的欢迎。本教材主要针对 3ds Max 软件，从命令面板到基础建模、材质贴图、灯光渲染，再到动画制作功能等进行较全面的基础性的讲解，使读者能够系统地了解 3ds Max 运用的基本方法和步骤，是一本入门级软件教材。教材中大量使用图例来对建模过程进行解析，这对广大初学 3ds Max 的同学有着更明晰的指导作用。

整部教材的编写过程是对作者多年 3ds Max 教学经验的系统梳理。内容从软件教学出发，紧扣高等教育，以全面介绍 3ds Max 应用过程为目的。本教材结合低年级大学生的实际情况，进行基础性的软件教学，为他们下一阶段的学习打下坚实的基础。书中选取的案例都是教学过程中学生的课程作业，有一定的针对性和普遍性，是入门级练习的范本。书中的课程安排表提供给老师教学的参考，具体应用时可根据自身课程的特点进行调节。总之，本教材凝聚了我们多年的教学经验与心血，是一本有血有肉、循序渐进的实用性教材。

周 剑　　徐 倩

1 3ds Max概述

目标

了解3ds Max的运用领域及其特点。
了解3ds Max界面的基本布局。
掌握3ds Max视图调节的基本方法。
掌握3ds Max基本设置调节的方法。

引言

3ds Max全称3D Studio Max，是美国Autodesk公司旗下基于PC系统的一款优秀的三维动画渲染和制作软件，广泛应用于三维动画、影视制作、建筑设计等各种静态、动态场景的模拟制作。其特点如下：

①操作简单，入门轻松。图形化的操作界面，使用起来极为方便。

②功能强大，扩展性好。建模和动画方面均具备很强的优势，同时具备丰富的插件。

③渲染效果逼真。

④与其他相关软件交互通畅。

至今，3ds Max获得过业界近百个奖项，为影视、游戏、动画设计提供交互图形界面，成为最常用的制作平台。

1.1 主要布局简介

3ds Max软件界面主要包括菜单栏、主工具栏、视图区、命令面板、轨迹栏、信息提示区、时间控制区、视图导航控制区八个区域。（如图1–1）

● 菜单栏位于3ds Max界面最上方，这里是3ds Max中所有命令的菜单。

● 主工具栏：位于菜单栏下面，包含最常用的工具。

● 视图区：主屏幕上出现的四个大小相等的带网格的矩形区域，就是3ds Max的视图区，也是我们接下来进行模型制作的主要工作区域。

● 命令面板：位于视图区的右侧，由创建、修改、层次、运动、显示和工具六大面板组成。

● 轨迹栏：用于显示和控制关键帧动画的帧。

● 信息提示区：显示各种信息的提示，例如物体移动时的坐标参数。

● 时间控制区：用来设置动画的关键帧并控制动画播放。

● 视图导航控制区：位于整个 Max 面板右下角，对视图区进行观察上的调节。

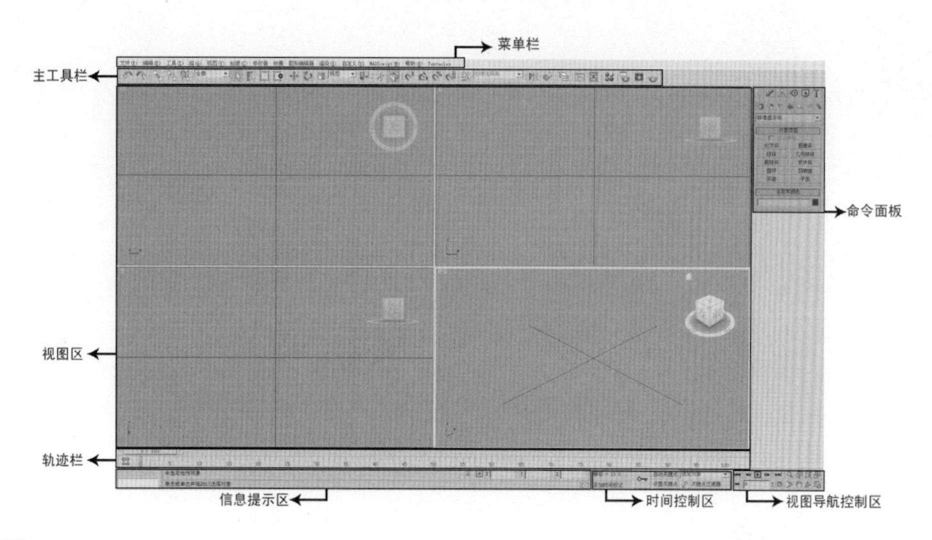

图 1–1

1.2 界面定制与快捷键设置

界面定制：在菜单“自定义”命令目录下，大家可以根据自己的喜好重新选择或安排 3ds Max 用户界面。

● 如图 1–2a、图 1–2b 所示，我们可以在菜单里通过选择“自定义 > 加载自定义 UI 方案”命令来确定要选用的界面类型；选择“自定义 > 保存自定义 UI 方案”命令来确定改动过后的个性化界面类型；选择“自定义 > 锁定 UI 布局”来锁定界面布局，使之不被编辑修改；选择“自定义 > 还原为启动布局”来重新恢复到默认状态下的用户界面。

a

b

图 1–2

其中，“Ame—dark”、“Ame—light”、“DefaultUI”、“ModularToolbarsUI” 是 3ds Max 自带的几个标准的用户界面。

另外，在文件类型里出现的各种格式，都有其特定的含义，大家可以根据其对应的内容进行加载或保存。例如：

“.ui” 表示对全部的界面设置进行保存；

“.clr” 表示对除右键菜单以外的界面色彩设置进行保存；

“.cui” 表示对界面布局、标签面板等按钮信息进行保存；

“.mnu” 表示对菜单条和右键菜单内容进行保存；

“.kbd” 表示对键盘快捷键进行保存；

“.qop” 表示对右键菜单的色彩和布局进行保存。

● 菜单中“自定义＞显示 UI”命令用来决定在用户界面上的标签面板、命令面板、轨迹栏和主工具栏等是否显示，打上钩的就是在界面上显示，反之则不显示。

● 如图 1—3 所示，菜单中“自定义＞配置用户路径”命令用来定位不同种类的用户文件，包括场景、图像、DX9 效果（FX）、光度学和 MAXScript 文件。这个命令在添加新文件夹时非常有用，它有助于组织场景、图像、插件、备份等。

图 1—3

其中，“文件 I/O”面板包含用户在其中存储文件的大多数文件目录；“外部文件”面板上，大家可以添加或修改位图、DX9 效果（FX）文件和下载文件；“外部参照”面板上，可以修改、删除或添加目录位置，3ds Max 可以在这个位置上搜索外部参照对象和外部参照场景。

● 如图 1—4 所示，菜单中“自定义＞配置系统路径”命令用来设置 3ds Max 系统的路径。如材质所在的路径、场景保存的路径、插件的路径等。

图 1—4

有了电脑的参与，许多环节都减少了相应的人力，甚至几个环节合并到了一起，减少了成本和制作时间，但对于动画本身来说其复杂程度和专业性还是没有改变。

● 如图 1–5 所示，菜单中 "自定义 > 系统单位设置" 命令用来修改场景中的度量单位及 3ds Max 系统单位。

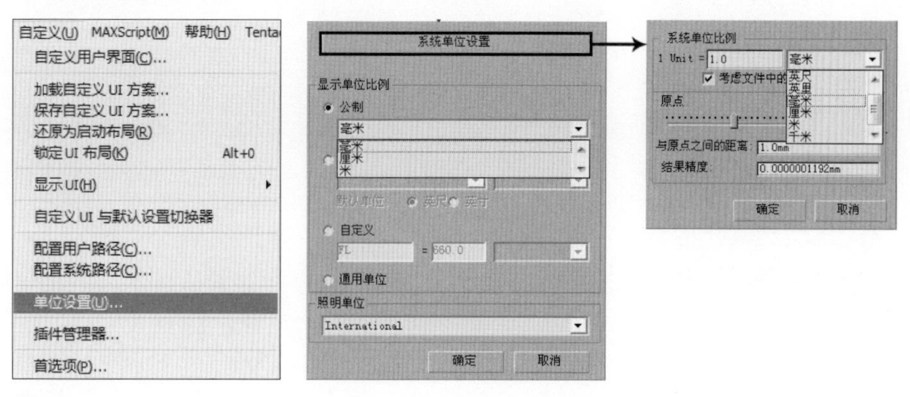

图 1–5

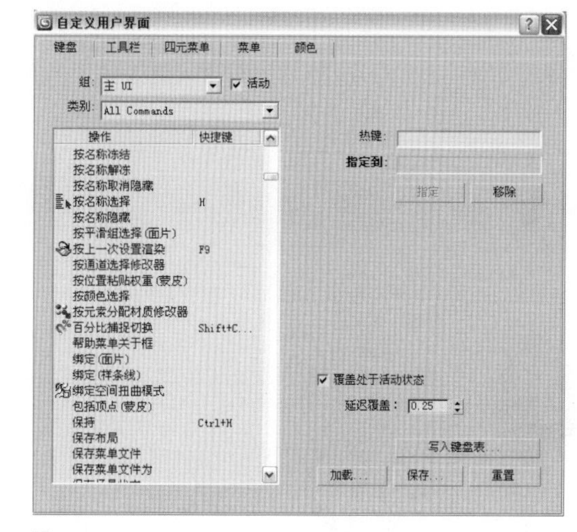

图 1–6

快捷键设置：3ds Max 作为一款功能强大的三维动画制作软件，菜单和命令非常多，如图 1–6 所示，3ds Max 在菜单 "自定义 > 自定义用户界面" 命令中为大家提供了设置快捷键的功能，让大家可以根据使用的习惯来自定义一些常用的快捷键。合理地运用快捷键进行操作会大大提高大家制作的速度。为了便于工业化生产，而独立出来的一项重要工作，其目的就是为了提高影片质量，加快生产周期。

在 Flash 中，原画就是关键帧，即 Key–Frame，它的好处在于制作者只需要制作原画部分，动画部分可以通过软件自动生成。当然要制作出出色的动画效果，对软件生成的动画部分进行细微的修改也是少不了的。

【小贴士：可以加载或保存已经设置好的快捷键文件。】

1.3 视图的概念

1.3.1 视图布局

首先，让我们了解一下"三视图"。能够正确反映物体长、宽、高尺寸的正投影工程图，即主视图、俯视图、左视图三个基本视图称为三视图。这是工程界对物体几何形状约定俗成的一种抽象表达方式。

3ds Max 在视图上也是遵循了此原理，通过不同方向对同一物体进行投影来完整反映其结构形状。默认情况下，视图按照从上至下，从左至右的顺序，相应分为顶视图、前视视图、左视视图和透视视图。

如果想改变视图布局（如图 1–7），把鼠标移到任意一个视图的标志上单击鼠标右键，选择“配置”，就会出现“视口配置”对话框，在这里可以改变视图的渲染方法、布局、安全框、自适应降级切换和区域。

【小贴士：视图布局与 Max 文件是一起保存的。】

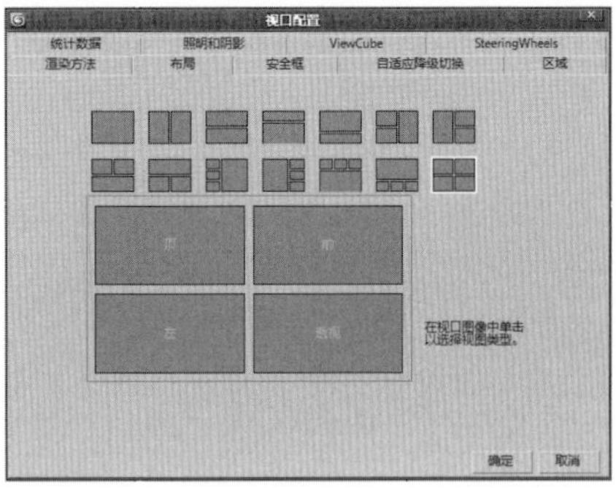

图 1–7

1.3.2 视图大小

改变视图大小的方式很简单，单击视图之间的边缘，拖住上下左右拉伸即可；鼠标右键单击分隔线处显示出的“重置布局”命令（如图 1–8），这样就会恢复到原始视图布局。

1.3.3 视图切换

在任意一个视图的标志上单击鼠标右键，在出现的菜单里，我们能看到各种角度的视图名称（如图 1–9），选择并点击名称就可以实现视图的切换。

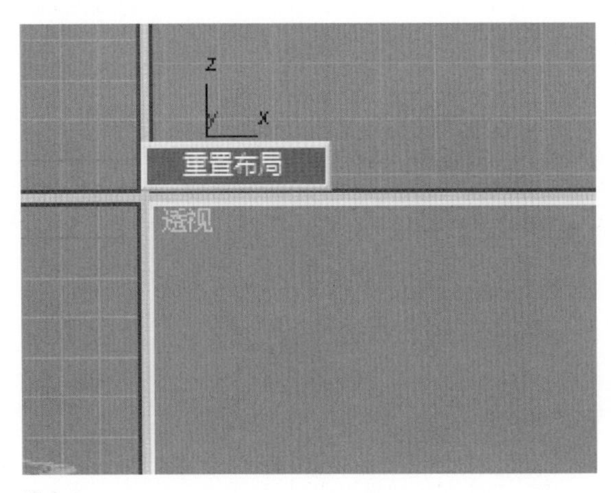

图 1–8

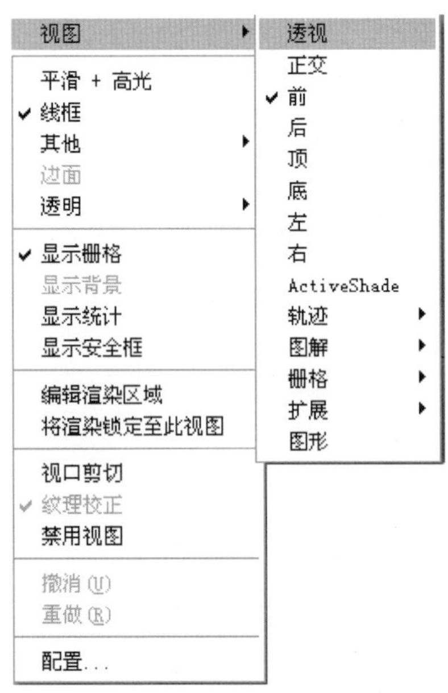

图 1–9

1.3.4 世界空间三轴架

三色世界空间三轴架显示在每个视口的左下角，如图 1–10 所示。在软件中，我们可以看到三个轴的颜色分别为：X 轴为红色，Y 轴为绿色，Z 轴为蓝色。轴使用同样颜色的标签。三轴架通常指世界空间，默认情况下，世界空间三轴架为启用状态。坐标轴的三条轴线的交点即为变换中心，高亮显示轴线，表示变换操作在该轴线方向上将受到约束。

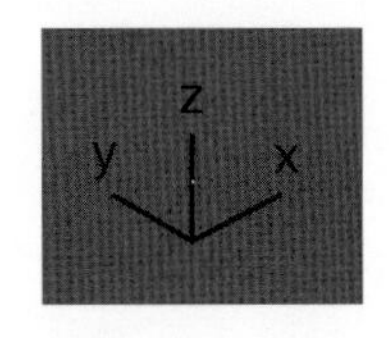

图 1–10

1.4 对象的选择

在 3ds Max 中对物体的选择有多种形式，除了视图中直接点击物体进行选择以外，我们还可以通过选择过滤器，对较繁杂的场景中的物体进行分门别类的选择，使用这些选择工具可以使工作效率大大提高。

1.4.1 选择集简介

在 3ds Max 中物体的选择集包括三维模型、图形、灯光、相机、辅助对象、空间扭曲等。可以通过工具栏中的工具对以上类型中的物体进行选择。

1.4.2 选择工具栏介绍

选择物体：用鼠标直接点击物体进行选择。

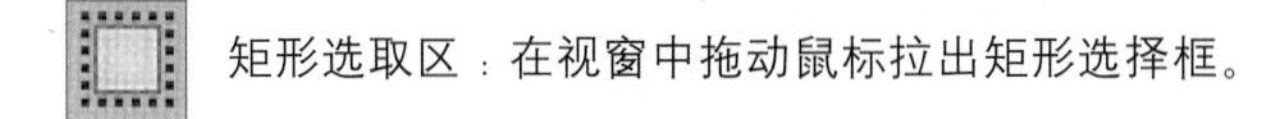

矩形选取区：在视窗中拖动鼠标拉出矩形选择框。

圆形选取区：在视窗中拖动鼠标拉出圆形选择框。

围栏选取区：在视窗中用鼠标绘制任意多边形选择框。

套索选择区域：用鼠标在复杂或不规则的区域内选择多个对象。

绘制选择区域：可通过将鼠标放在多个对象或子对象之上来选择多个对象或子对象。

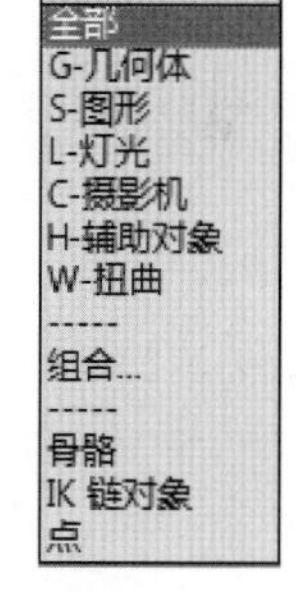

图 1–11

全部 选择过滤器：选择对象类型，单击出现下拉菜单。（如图1–11）

按名字选择：单击后弹出“从场景选择”对话框。（如图 1–12）

选择区域交叉：只需选择物体的局部便能选中物体。

选择区域窗口：必须将物体全部框选在选区内才可以把物体选中。

图 1–12

当场景中物体繁杂时，用它进行选择，又快又准。除了对单个物体的选取外，也可对组进行选取，同时排序功能也大大提高了工作效率。

另外，选择并移动、选择并旋转、选择并按比例缩放、选择并操纵，这些对物体进行形体与空间位置变化的工具也具备选择功能。

1.5 对象的变换

对象的变换指的是物体的移动、选择、按比例缩放。

1.5.1 变换轴

变换轴作用于物体变换时的表现。(如图 1–13)

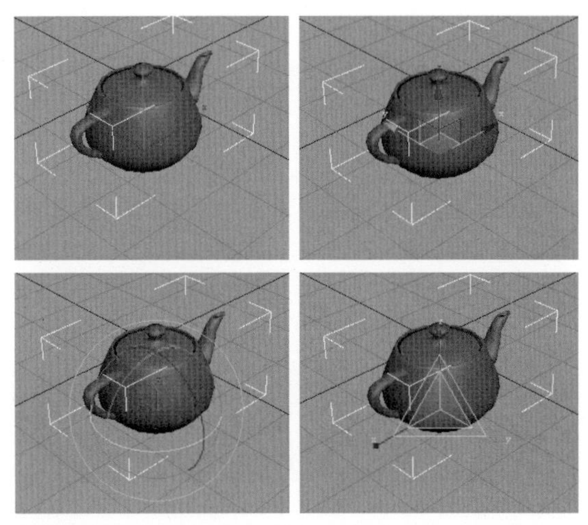

图 1–13

变换应用：我们可以在移动、旋转或缩放按钮上点击鼠标右键，弹出面板（如图 1–14），大家可以输入具体的数值以改变物体的变换。当然，如果没有具体数值的限制，我们在变换轴上直接拖曳就可以了。

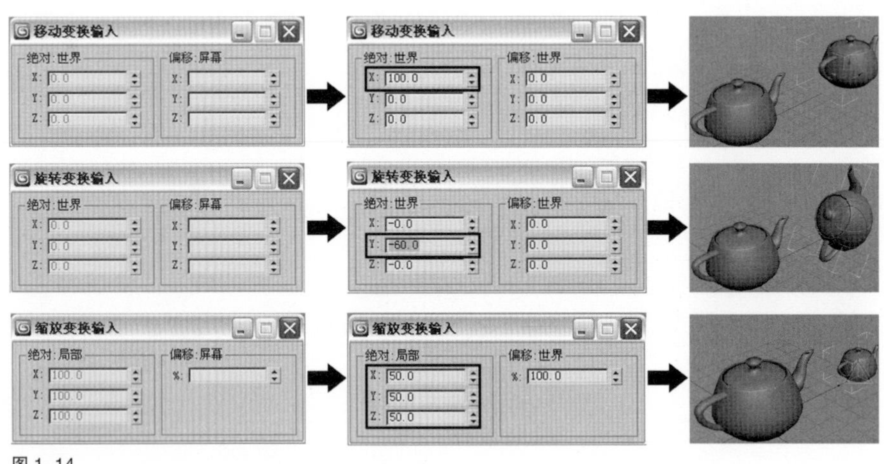

图 1–14

1.5.2 克隆对象

物体的克隆有两种方式（如图 1–15）：a 从菜单栏中点击编辑，选择克隆选项；b 按住键盘上的 Shift 键，同时执行变换操作。

图 1–15

1.6 对象的捕捉

捕捉开关可以帮助我们掌握模型与模型的对齐。如图1–16所示，该工具按钮包含了三种形式帮助我们进行模型对齐。

如图 1–17 所示，右击捕捉开关可以打开栅格和捕捉设置面板，对模型进行精确定位。

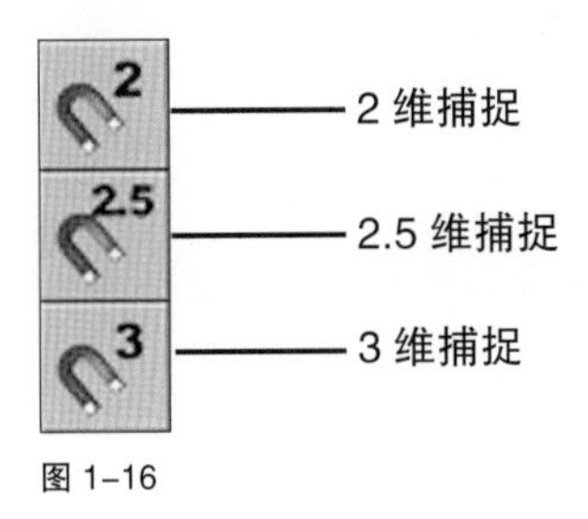

图 1–16

图 1–17

除以上捕捉功能，主工具面板上还为我们提供了三种增量捕捉工具。（如图 1–18）

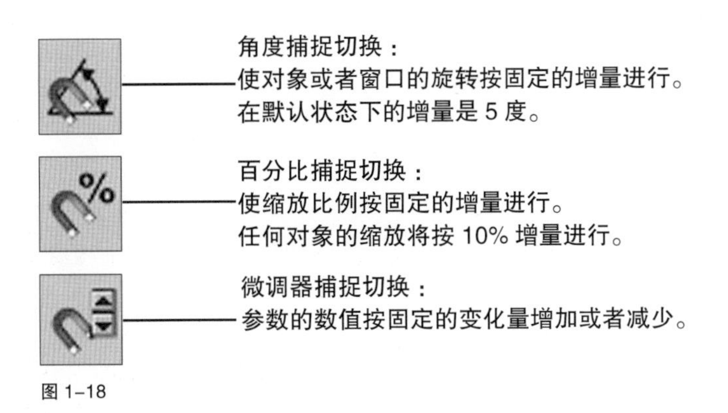

图 1–18

1.7 变换坐标系

1.7.1 改变坐标系

点击主工具栏中参考坐标系按钮（如图 1–19），然后在下拉列表中选取不同的坐标系。默认状态下，使用的是视图坐标系。

【小贴士：因为坐标系的设置基于逐个变换，所以请先选择变换，然后再指定坐标系。】

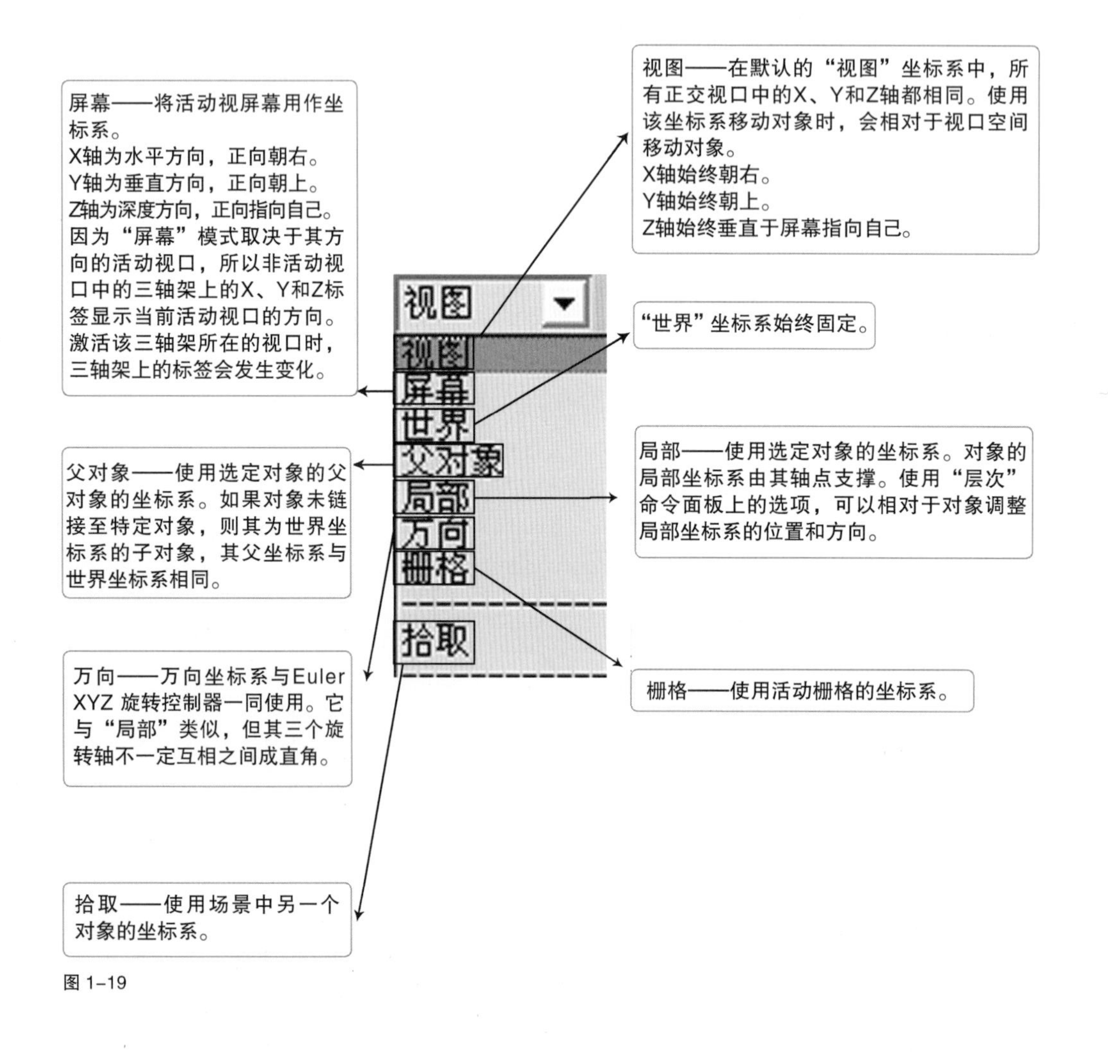

图 1–19

1.7.2 变换中心

使用主工具栏上参考坐标系右边的按钮，可以围绕其各自规定的轴点旋转或缩放一个或多个对象。（如图 1–20）

在 3ds Max 中，对象的变换是创建场景至关重要的部分，除了直接变换工具外，还有许多其他工具可以完成类似功能。在变换对象的时候，如果能够合理使用镜像、阵列和对齐等工具，可以节约很多建模的时间。

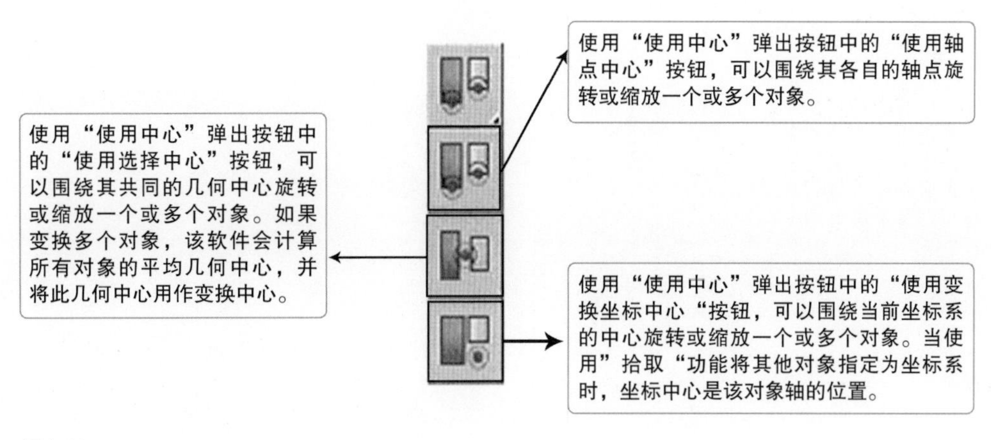

图 1-20

1.8 对齐、镜像和阵列

1.8.1 对齐

对齐是指一个对象的位置与另一个对象的位置对齐。可以根据对象的物理中心、轴心点或者边界区域对齐。（如图 1—21a、图 1—21b、图 1—21c）

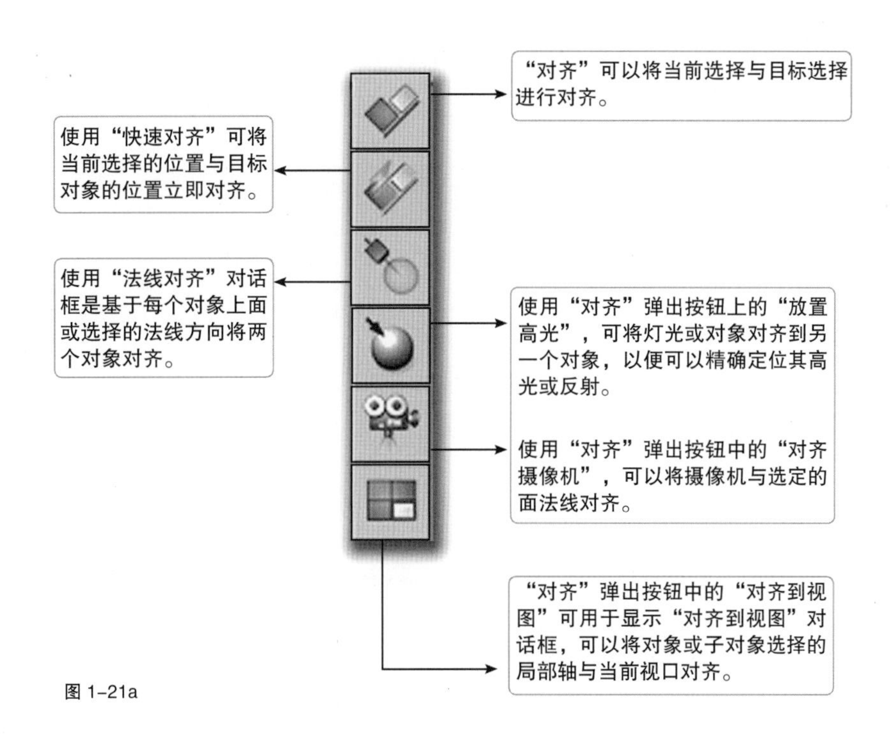

图 1-21a

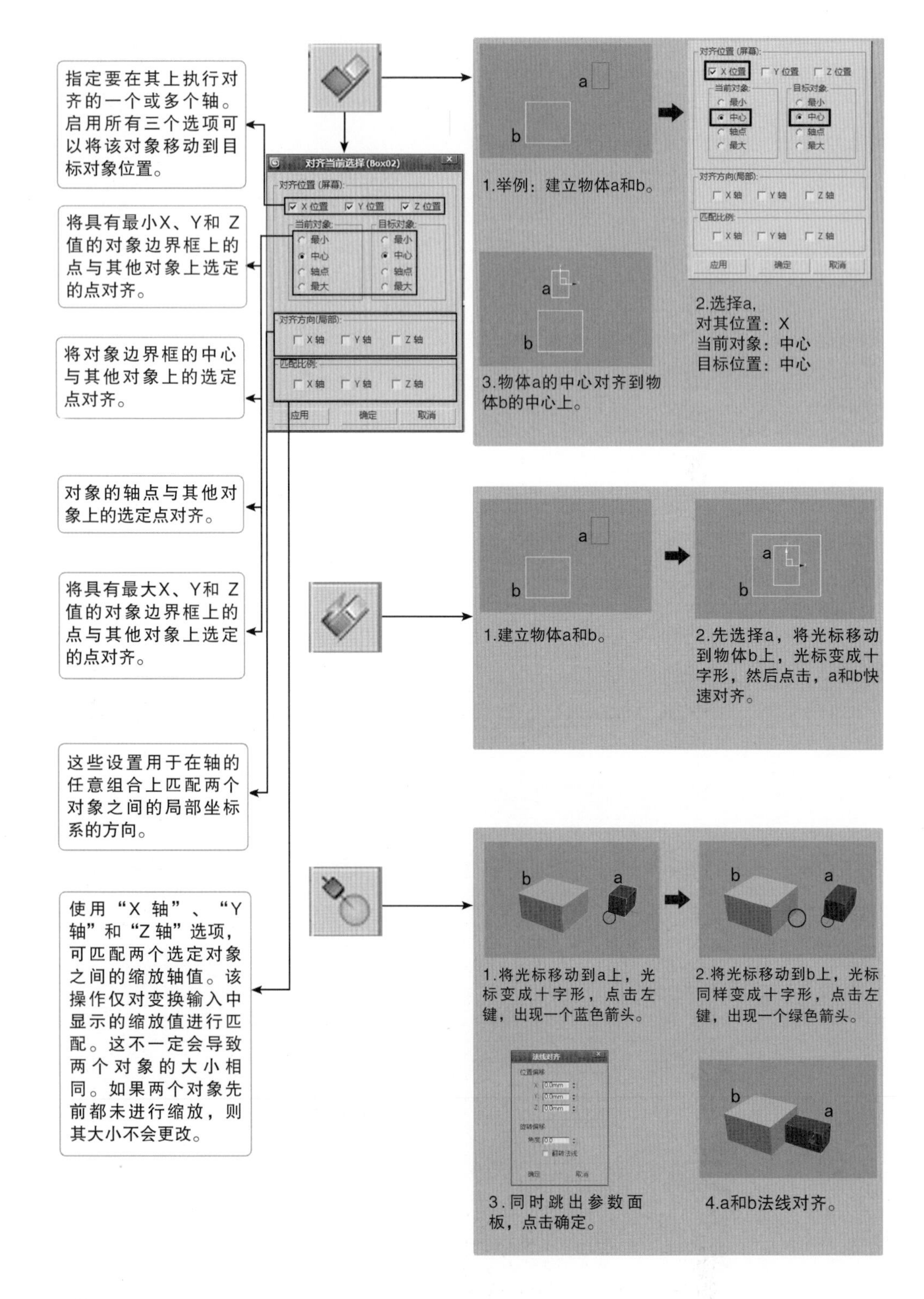
指定要在其上执行对齐的一个或多个轴。启用所有三个选项可以将该对象移动到目标对象位置。
将具有最小X、Y和Z值的对象边界框上的点与其他对象上选定的点对齐。
将对象边界框的中心与其他对象上的选定点对齐。
对象的轴点与其他对象上的选定点对齐。
将具有最大X、Y和Z值的对象边界框上的点与其他对象上选定的点对齐。
这些设置用于在轴的任意组合上匹配两个对象之间的局部坐标系的方向。
使用“X轴”、“Y轴”和“Z轴”选项，可匹配两个选定对象之间的缩放轴值。该操作仅对变换输入中显示的缩放值进行匹配。这不一定会导致两个对象的大小相同。如果两个对象先前都未进行缩放，则其大小不会更改。
对齐当前选择 (Box02)
对齐位置 (屏幕):
X 位置
Y 位置
Z 位置
当前对象:
目标对象:
最小
中心
轴点
最大
对齐方向(局部):
X 轴
Y 轴
Z 轴
匹配比例:
应用
确定
取消
a
b
1.举例：建立物体a和b。
2.选择a,
对其位置：X
当前对象：中心
目标位置：中心
3.物体a的中心对齐到物体b的中心上。
1.建立物体a和b。
2.先选择a，将光标移动到物体b上，光标变成十字形，然后点击，a和b快速对齐。
1.将光标移动到a上，光标变成十字形，点击左键，出现一个蓝色箭头。
2.将光标移动到b上，光标同样变成十字形，点击左键，出现一个绿色箭头。
3.同时跳出参数面板，点击确定。
4.a和b法线对齐。

图 1-21b

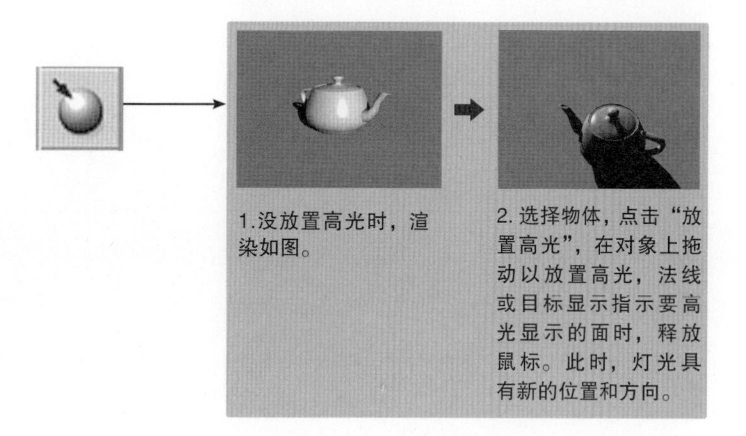
1.没放置高光时，渲染如图。
2. 选择物体，点击“放置高光”，在对象上拖动以放置高光，法线或目标显示指示要高光显示的面时，释放鼠标。此时，灯光具有新的位置和方向。

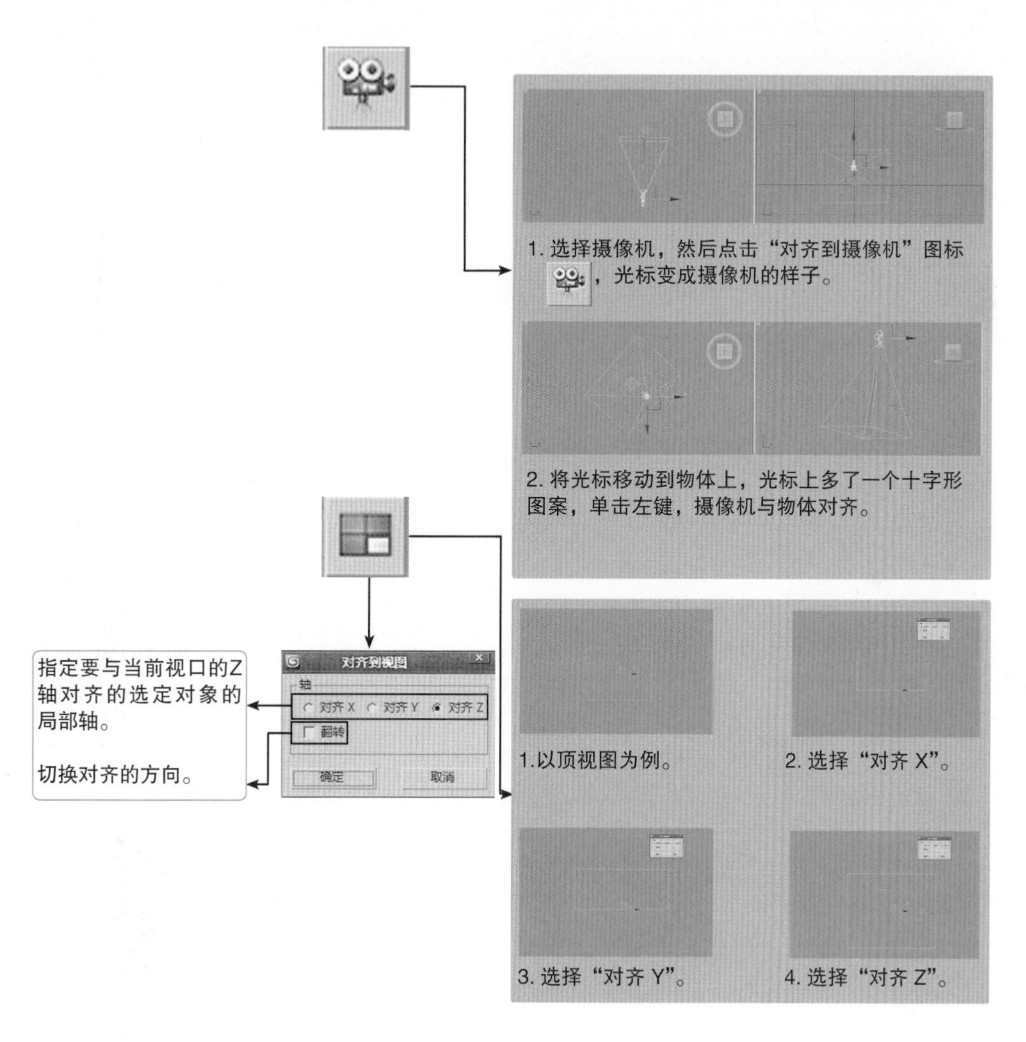
1. 选择摄像机，然后点击“对齐到摄像机”图标，光标变成摄像机的样子。
2. 将光标移动到物体上，光标上多了一个十字形图案，单击左键，摄像机与物体对齐。
指定要与当前视口的Z轴对齐的选定对象的局部轴。
切换对齐的方向。
对齐到视图
轴
对齐 X
对齐 Y
对齐 Z
翻转
确定
取消
1.以顶视图为例。
2. 选择“对齐 X”。
3. 选择“对齐 Y”。
4. 选择“对齐 Z”。

图 1-21c

1.8.2 镜像

如图 1–22 所示，沿着坐标轴镜像对象，如果需要的话还可以复制。

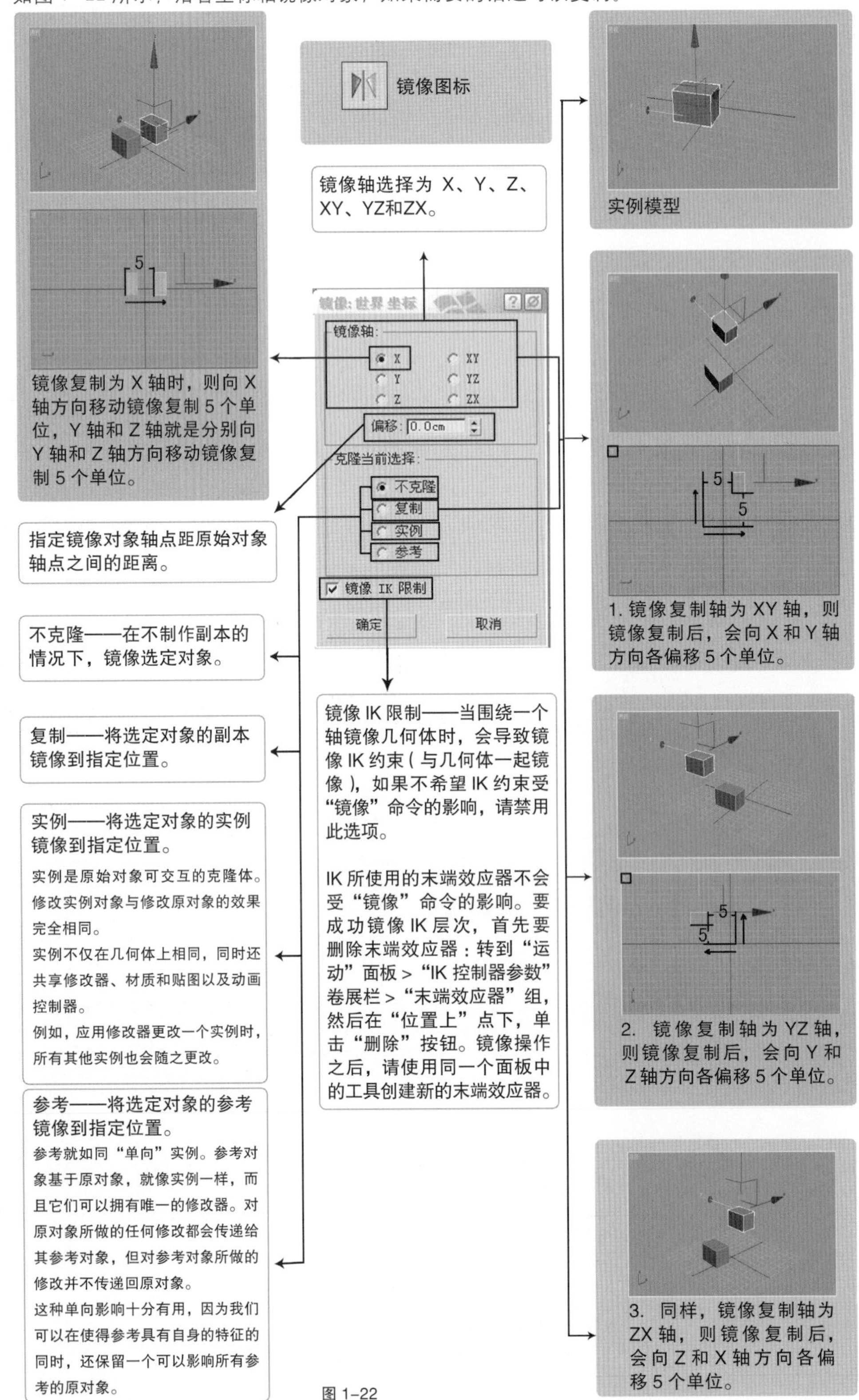

图 1–22

1.8.3 阵列

如图 1—23a、图 1—23b 所示，阵列可以沿着方向克隆一系列对象，支持移动旋转和缩放等变换。

线性阵列——沿着一个或者多个轴的一系列克隆，线性阵列可以是任何对象。

圆形阵列和螺旋形阵列——类似于线性阵列，但是基于围绕着公共中心旋转而不是沿着某条轴移动。最简单的螺旋形阵列是旋转圆形阵列的同时将其沿着中心轴移动，这会形成圆形，但是圆形会不断上升。

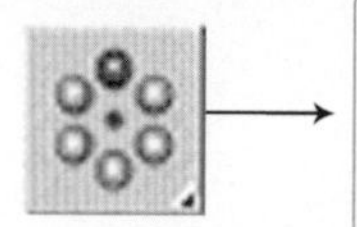

指定三个变换的哪一种组合用于创建阵列。也可以为每个变换指定沿三个轴方向的范围。在每个对象之间，可以按增量指定变换范围；对于所有对象，可以按总计指定变换范围。在任何一种情况下，都测量对象轴点之间的距离。使用当前变换设置可以生成阵列，因此该组标题会随变换设置的更改而改变。
单击“移动”、“旋转”或“缩放”的左或右箭头按钮，指示是否要设置“增量”或“总计”阵列参数。

总计
移动——指定沿三个轴中每个轴的方向，所得阵列中两个外部对象轴点之间的总距离。例如，如果要为 6 个对象编排阵列，并将“移动 X”总计设置为 100，则这 6 个对象将按以下方式排列在一行中：行中两个外部对象轴点之间的距离为 100 个单位。
旋转——指定沿三个轴中的每个轴应用于对象的旋转的总度数。例如，可以使用此方法创建旋转总度数为 360 度的阵列。
缩放——指定对象沿三个轴中的每个轴缩放的总计。

增量
移动——指定沿 X、Y 和 Z 轴方向每个阵列对象之间的距离（以单位计）。
旋转——指定阵列中每个对象围绕三个轴中的任一轴旋转的度数（以度计）。
缩放——指定阵列中每个对象沿三个轴中的任一轴缩放的百分比（以百分比计）。

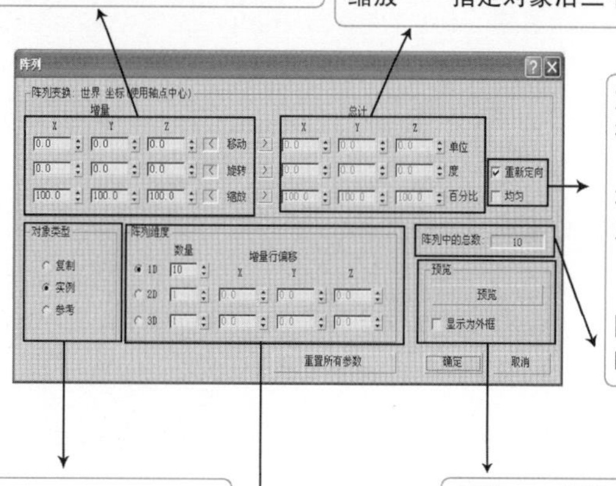

重新定向——将生成的对象围绕世界坐标旋转的同时，使其围绕局部轴旋转。

均匀——禁用Y和Z微调器，并将X值应用于所有轴，从而形成均匀缩放。

阵列中的总数——显示将创建阵列操作的实体总数，包含当前选定对象。

对象类型
复制——将选定对象的副本排列到指定位置。
实例——将选定对象的实例排列到指定位置。
参考——将选定对象的参考排列到指定位置。

预览——切换当前阵列设置的视口预览。更改设置将立即更新视口。如果更新减慢拥有大量复杂对象阵列的反馈速度，则启用“显示为外框”
显示为外框——将阵列预览对象显示为边框而不是几何体。
重置所有参数——将所有参数重置为默认设置。

阵列维度
用于添加到阵列变换维数。附加维数只是定位用的。未使用旋转和缩放。
1D —— 根据“阵列变换”组中的设置，创建一维阵列。
计数 —— 指定在阵列的该维中对象的总数。对于 1D 阵列，此值即为阵列中的对象总数。
2D —— 创建二维阵列。
计数 —— 指定在阵列第二维中对象的总数。
X/Y/Z —— 指定沿阵列第二维的每个轴方向的增量偏移距离。
3D —— 创建三维阵列。
计数 —— 指定在阵列第三维中对象的总数。
X/Y/Z —— 指定沿阵列第三维的每个轴方向的增量偏移距离。

图 1–23a

图 1-23b 为阵列的例子，在平时建模中，运用得也甚为广泛，注意观察数据调整后，各个视图的变化。
创建 360 度阵列示例：
① 重置 3ds Max。
② 在靠近“正面”视口顶部（远离其中心）的十二点钟位置（就好像视口是时钟表面），创建一个长而薄的长方体。
③ 选择主工具栏上的“使用变换坐标中心”。
④ 选择“工具” > “阵列”。
⑤ 单击“旋转”标签右侧的箭头按钮，以启用“总计”部分中的三个“旋转”字段。
⑥ 将 Z 参数设置为 360.0。
⑦ 在“阵列维度”中，选择“1D”，然后将“计数”设置为 20 。
⑧ 单击“确定”。
该软件将创建由 20 个长方体围成整圆的阵列。

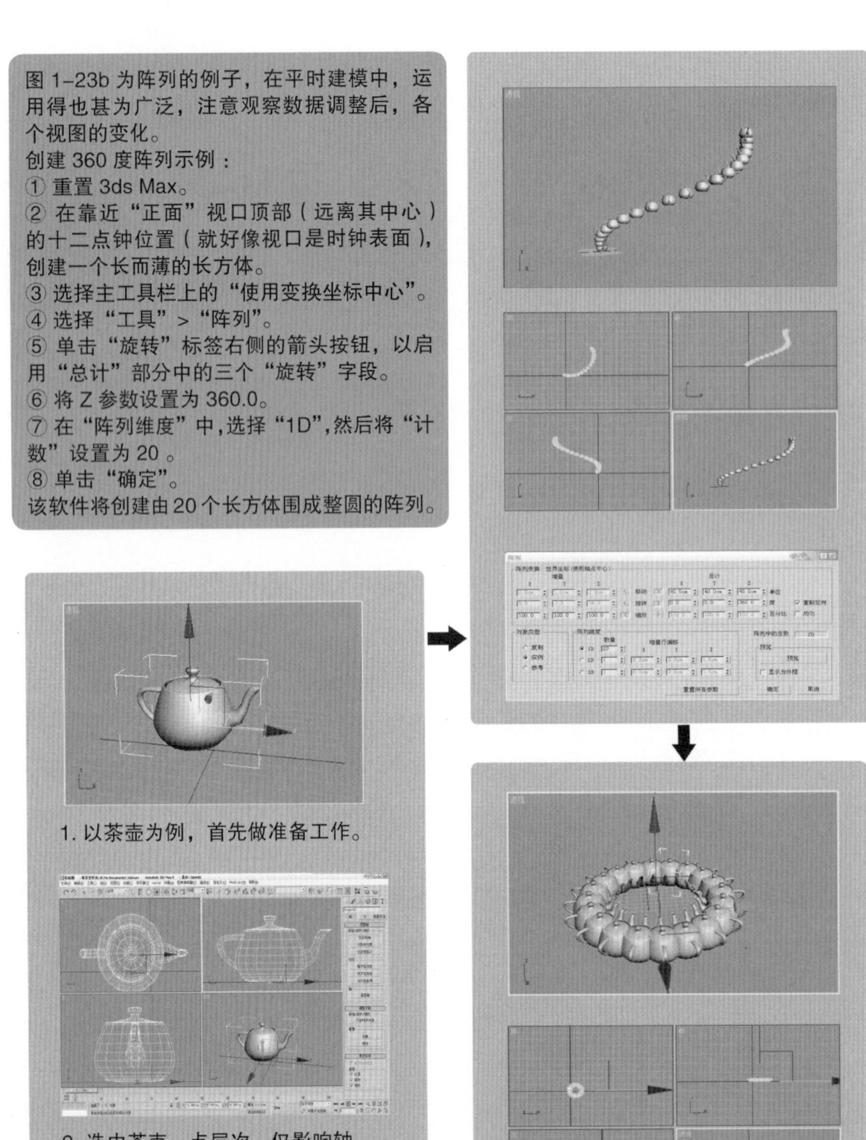

1. 以茶壶为例，首先做准备工作。

2. 选中茶壶，点层次，仅影响轴，可看见茶壶中心轴出现。

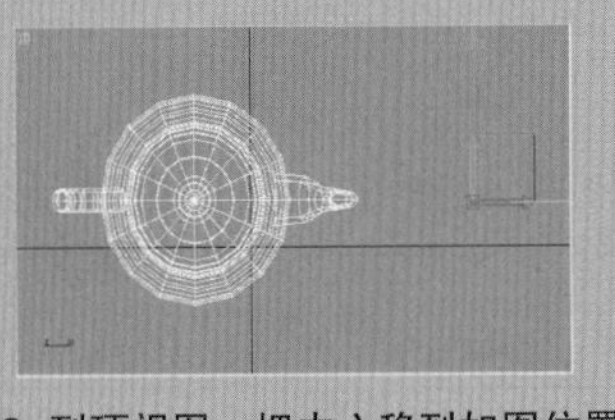

3. 到顶视图，把中心移到如图位置，然后再进行右边数据操作。

图 1-23b

练习

1．以一几何体为基础进行工具栏的运用练习。

2 3ds Max建模的基本方法

目标

掌握几何体建模的基本方法。
掌握多边形建模的基本方法。
掌握NURBS建模的基本方法。

引言

建模是3ds Max最基础，也是最关键的部分。没有良好的模型基础，材质与灯光不论多么真实也无法弥补模型失误带来的瑕疵，精美的渲染效果更无从谈起。3ds Max给我们提供了多种多样的建模方式，有参数化建模、样条线建模、多边形建模等，不同的物体对象都能找到与之相适应的建模方式。本章中，我们将从3ds Max界面入手，首先带领大家熟悉3ds Max操作环境，然后学习3ds Max创建面板中最基本的建模内容。

2.1 基础建模

2.1.1 参数化几何体建模

在创建面板的几何体创建栏中，3ds Max 给大家提供了一系列参数化建模命令，有标准基本体、扩展基本体、AEC 扩展、楼梯、门、窗等。（如图2–1）

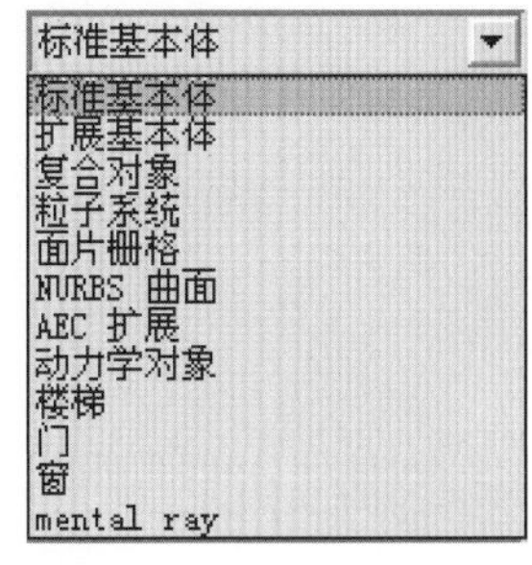

图 2–1

标准基本体：3ds Max 创建面板中第一项就是创建标准基本体（如图 2–2），其中包含了 10 个基础的几何体模型，大家可以在视口中通过鼠标轻松创建这些基本体，大多数基本体也可以通过键盘输入具体数值生成。在图 2–3 中展示的是“标准基本体”栏目中的所有模型样例。

扩展基本体：扩展基本体是 3ds Max 复杂基本体的集合。如图 2–4 所示，这类几何体并不常用，创建方法与标准基本体相似。图 2–5 展示的是“扩展基本体”栏目中的所有模型样例。

【小贴士：参数调解中的分段数设置可以提供修改器影响的对象附加分辨率，可以增加物体的编辑细节和光滑效果。】

图 2-2

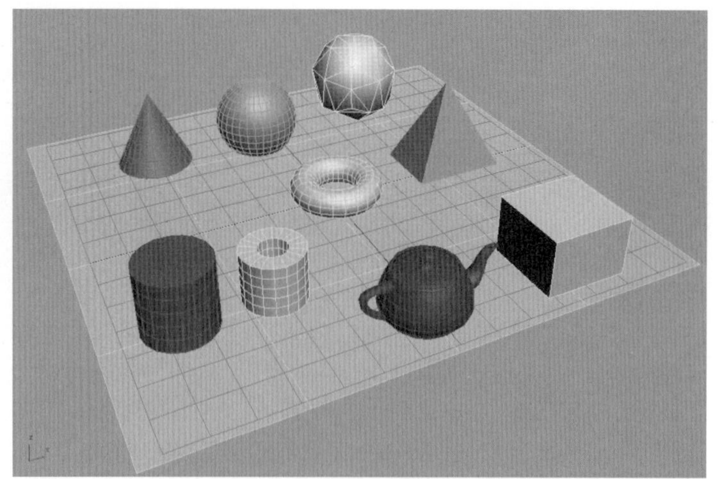

图 2-3

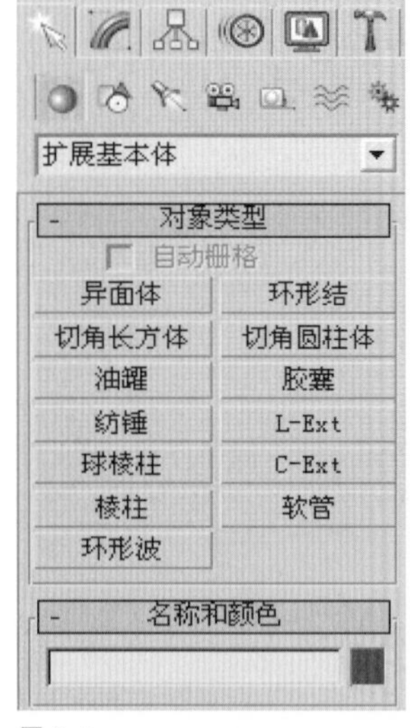

图 2-4

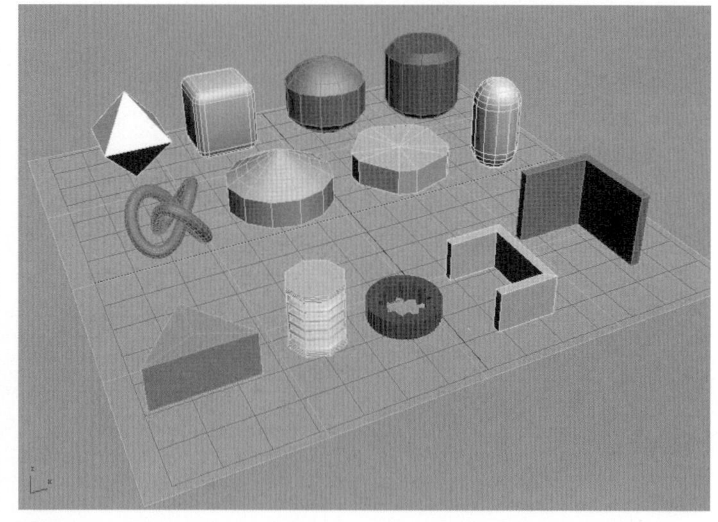

图 2-5

如图 2–6 所示，"AEC 扩展" 对象专为在建筑、工程和构造领域中使用而设计。使用 "栏杆" 来创建栏杆和栅栏，使用 "墙" 来创建墙，使用 "植物" 来创建面。图 2–7 展示的是" AEC 扩展 "栏目中的若干模型样例。

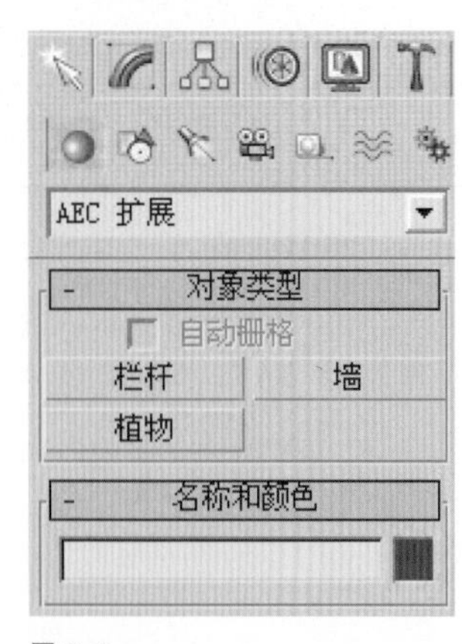

图 2-6

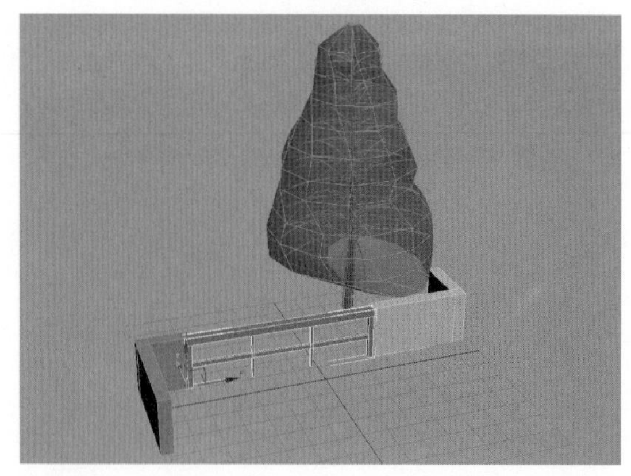

图 2-7

3ds Max 提供了不同类型的楼梯（如图 2–8）。图 2–9 展示的是“楼梯”栏目中的若干模型样例。

图 2–8

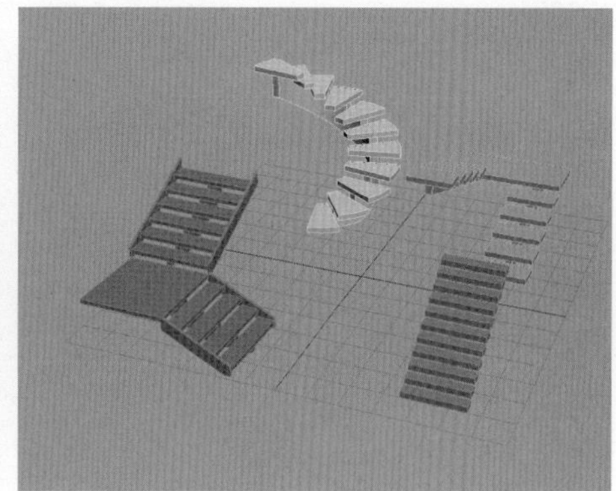

图 2–9

在3ds Max提供的门模型中可以控制门外观的细节（如图2–10）。图2–11展示的是“门”栏目中的若干模型样例。

图 2–10

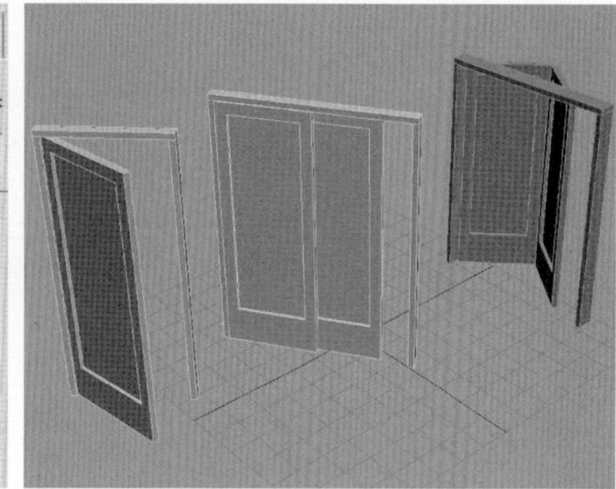

图 2–11

如图 2–12 所示，3ds Max 提供了六种类型的窗，使用窗对象，可以控制窗的外观细节。图 2–13 展示的是“窗”栏目中的若干模型样例。

图 2–12

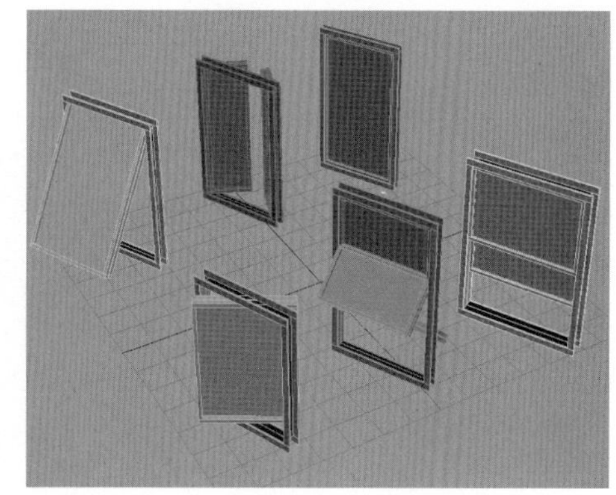

图 2–13

2.1.2 图形编辑建模

在图形创建面板中，3ds Max 提供了样条线、扩展样条线两种由二维图形来进行模型创建的方式，如图 2–14 所示。（本章节主要介绍样条线和扩展样条线的创建内容，而 NURBS 曲线作为一种特殊的建模方式适合更为复杂的模型创建，所以将单独列为一章节为大家讲解。）

图 2–14

样条线创建

●如图 2–15 所示，“样条线”栏目中列举了 11 种常用样条线对象类型。其中”截面“是一种特殊类型的对象，可以通过网格对象基于横截面切片生成其他形状。图 2–16 展示的是各种样条线对象类型创建的样例。

图 2–15

图 2–16

●如图 2–17 所示，“扩展样条线”栏目中列举了墙矩形、通道、角度、T 形、宽法兰 5 种特殊的样条线对象类型。图 2–18 展示的是 5 种扩展样条线对象类型创建的样例。

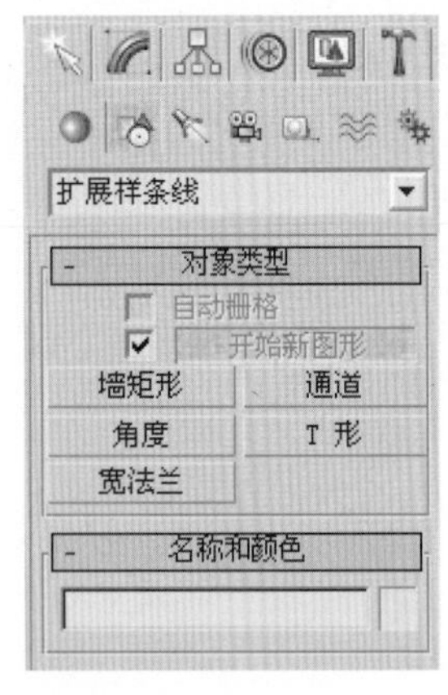

图 2–17

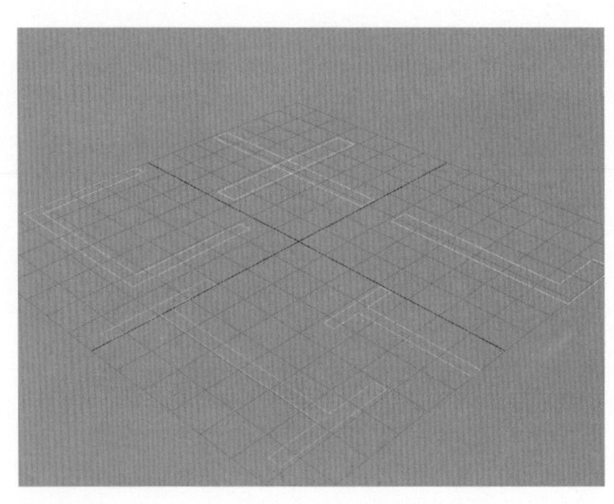
图 2–18

样条线编辑

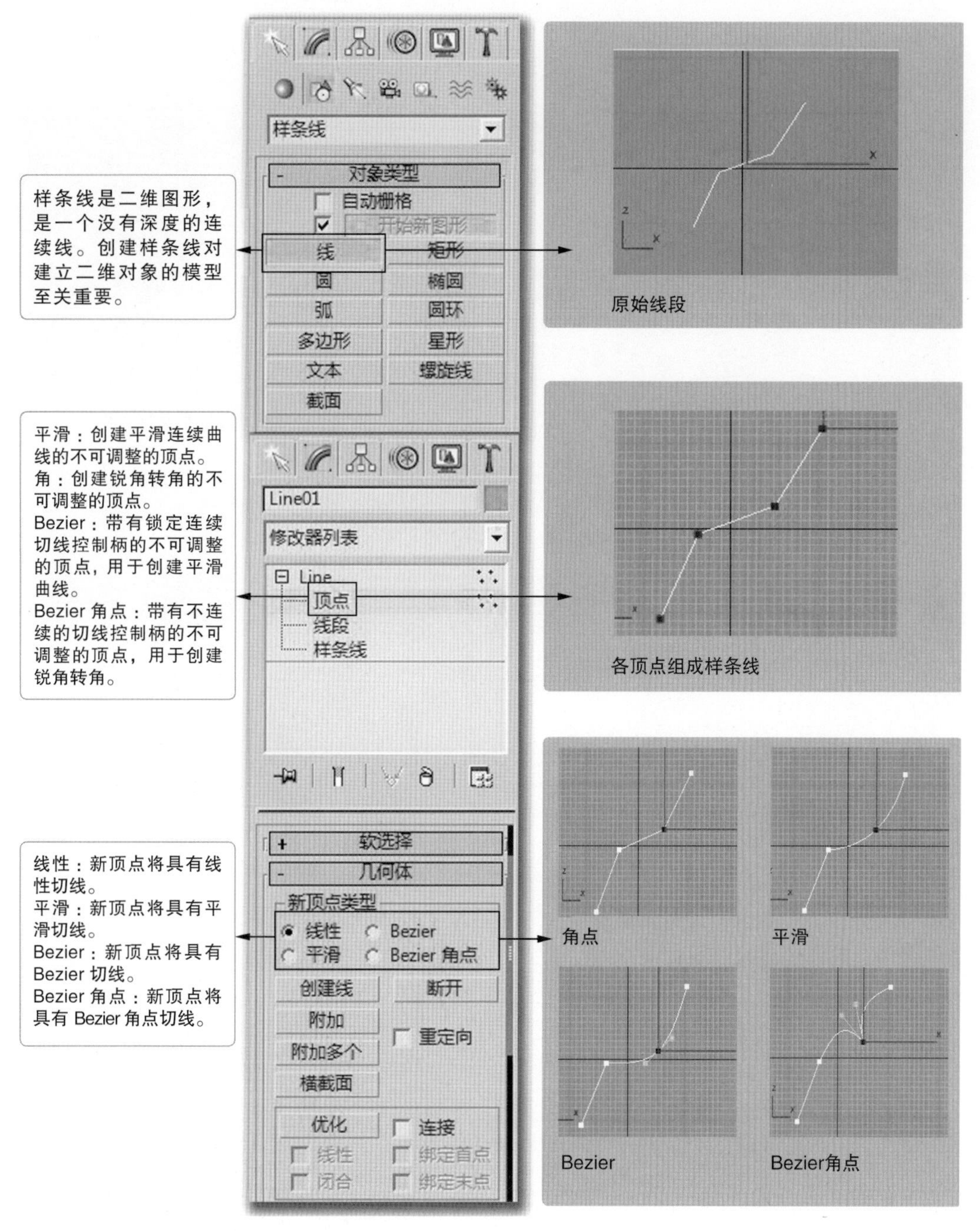
样条线是二维图形，是一个没有深度的连续线。创建样条线对建立二维对象的模型至关重要。
平滑：创建平滑连续曲线的不可调整的顶点。
角：创建锐角转角的不可调整的顶点。
Bezier：带有锁定连续切线控制柄的不可调整的顶点，用于创建平滑曲线。
Bezier 角点：带有不连续的切线控制柄的不可调整的顶点，用于创建锐角转角。
线性：新顶点将具有线性切线。
平滑：新顶点将具有平滑切线。
Bezier：新顶点将具有 Bezier 切线。
Bezier 角点：新顶点将具有 Bezier 角点切线。
样条线
对象类型
自动栅格
开始新图形
线
矩形
圆
椭圆
弧
圆环
多边形
星形
文本
螺旋线
截面
Line01
修改器列表
Line
顶点
线段
样条线
软选择
几何体
新顶点类型
线性
Bezier
平滑
Bezier 角点
创建线
断开
附加
重定向
附加多个
横截面
优化
连接
线性
绑定首点
闭合
绑定末点
原始线段
各顶点组成样条线
角点
平滑
Bezier
Bezier角点

图 2-19

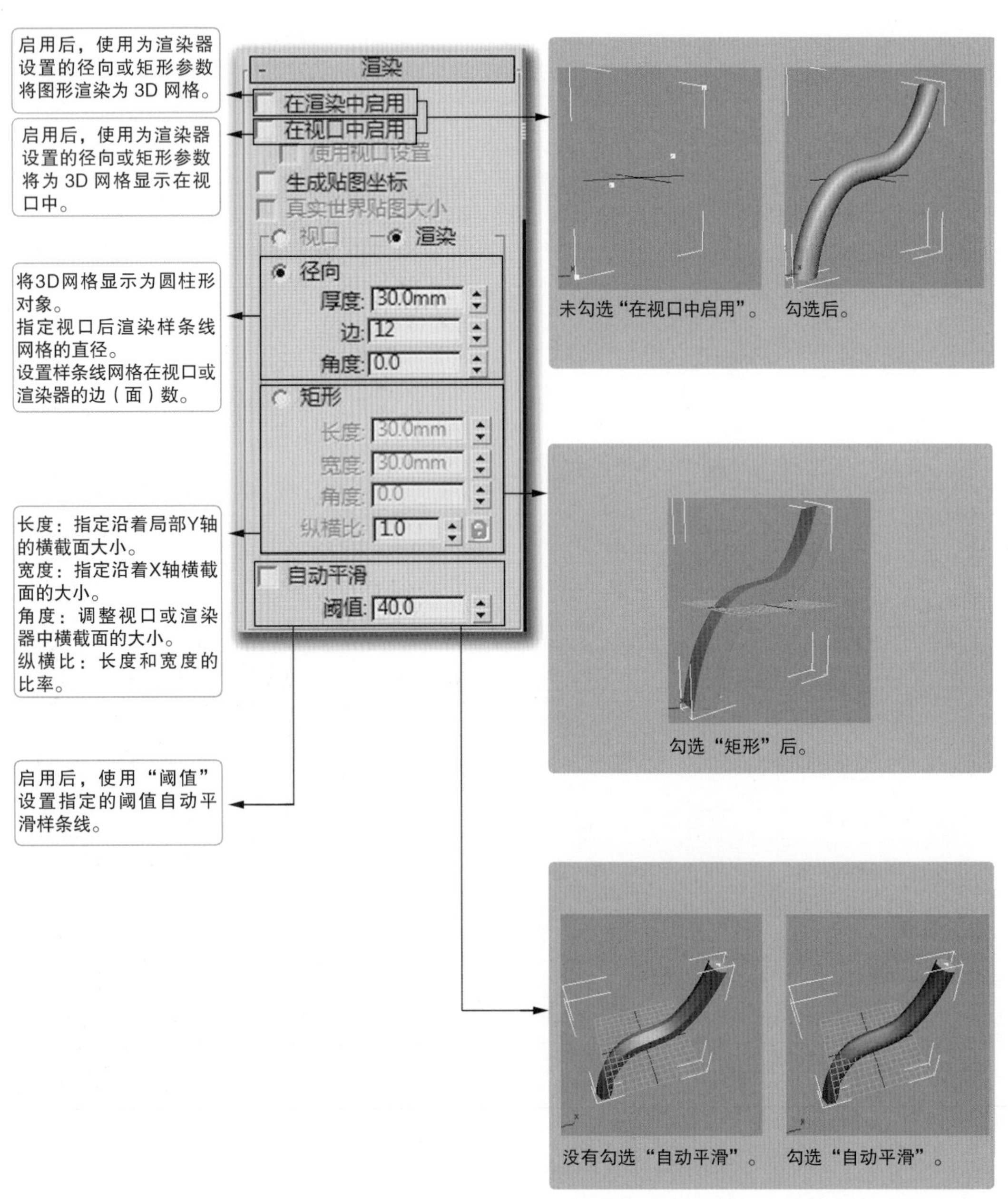
启用后，使用为渲染器设置的径向或矩形参数将图形渲染为 3D 网格。
启用后，使用为渲染器设置的径向或矩形参数将为 3D 网格显示在视口中。
将3D网格显示为圆柱形对象。
指定视口后渲染样条线网格的直径。
设置样条线网格在视口或渲染器的边（面）数。
长度：指定沿着局部Y轴的横截面大小。
宽度：指定沿着X轴横截面的大小。
角度：调整视口或渲染器中横截面的大小。
纵横比：长度和宽度的比率。
启用后，使用“阈值”设置指定的阈值自动平滑样条线。
渲染
在渲染中启用
在视口中启用
使用视口设置
生成贴图坐标
真实世界贴图大小
视口
渲染
径向
厚度: 30.0mm
边: 12
角度: 0.0
矩形
长度: 30.0mm
宽度: 30.0mm
角度: 0.0
纵横比: 1.0
自动平滑
阈值: 40.0
未勾选“在视口中启用”。
勾选后。
勾选“矩形”后。
没有勾选“自动平滑”。
勾选“自动平滑”。

图 2-20

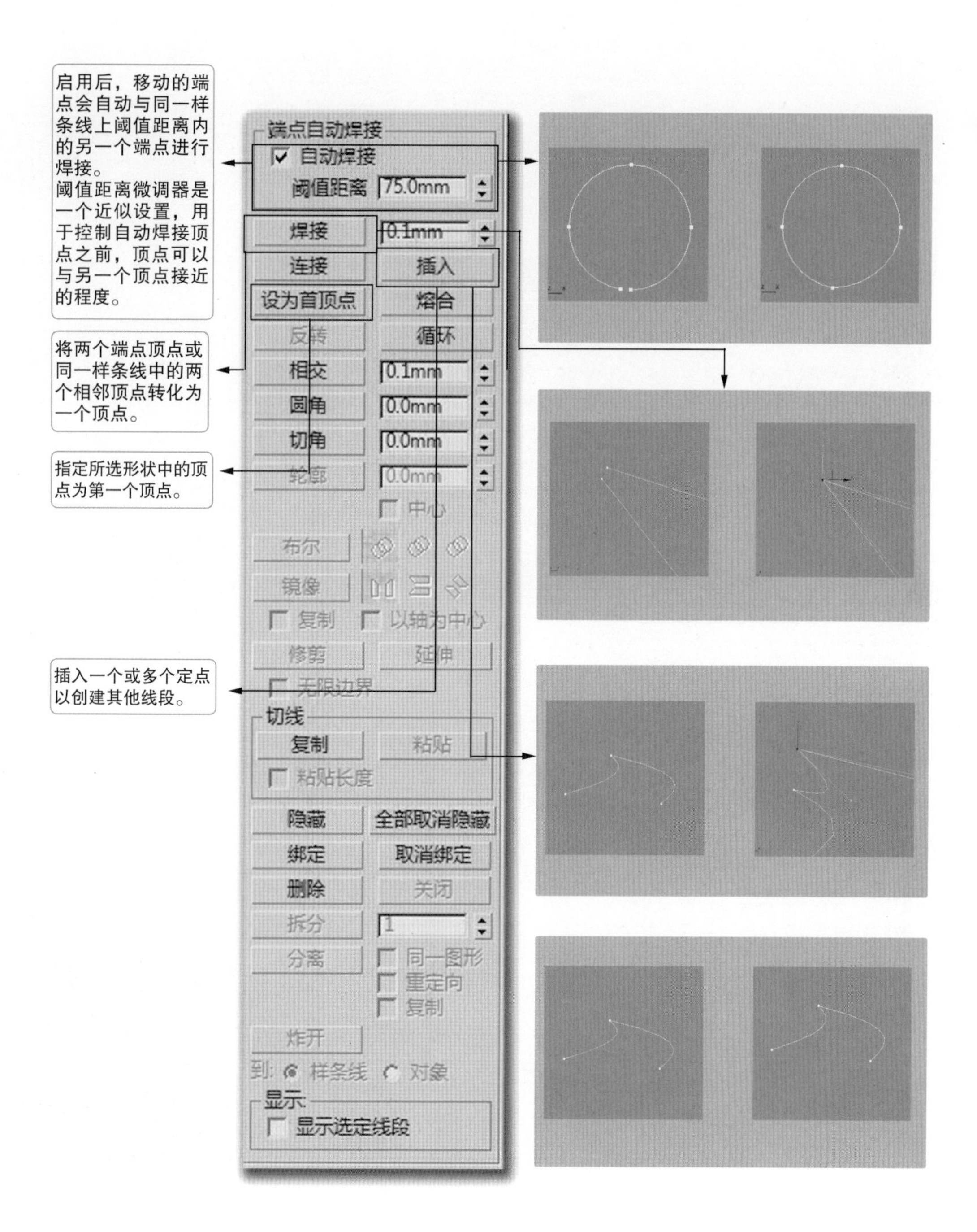
启用后，移动的端点会自动与同一样条线上阈值距离内的另一个端点进行焊接。
阈值距离微调器是一个近似设置，用于控制自动焊接顶点之前，顶点可以与另一个顶点接近的程度。
将两个端点顶点或同一样条线中的两个相邻顶点转化为一个顶点。
指定所选形状中的顶点为第一个顶点。
插入一个或多个定点以创建其他线段。
端点自动焊接
自动焊接
阈值距离 75.0mm
焊接 0.1mm
连接
插入
设为首顶点
熔合
反转
循环
相交 0.1mm
圆角 0.0mm
切角 0.0mm
轮廓 0.0mm
中心
布尔
镜像
复制
以轴为中心
修剪
延伸
无限边界
切线
复制
粘贴
粘贴长度
隐藏
全部取消隐藏
绑定
取消绑定
删除
关闭
拆分
分离
同一图形
重定向
复制
炸开
到: 样条线 对象
显示
显示选定线段

图 2-21

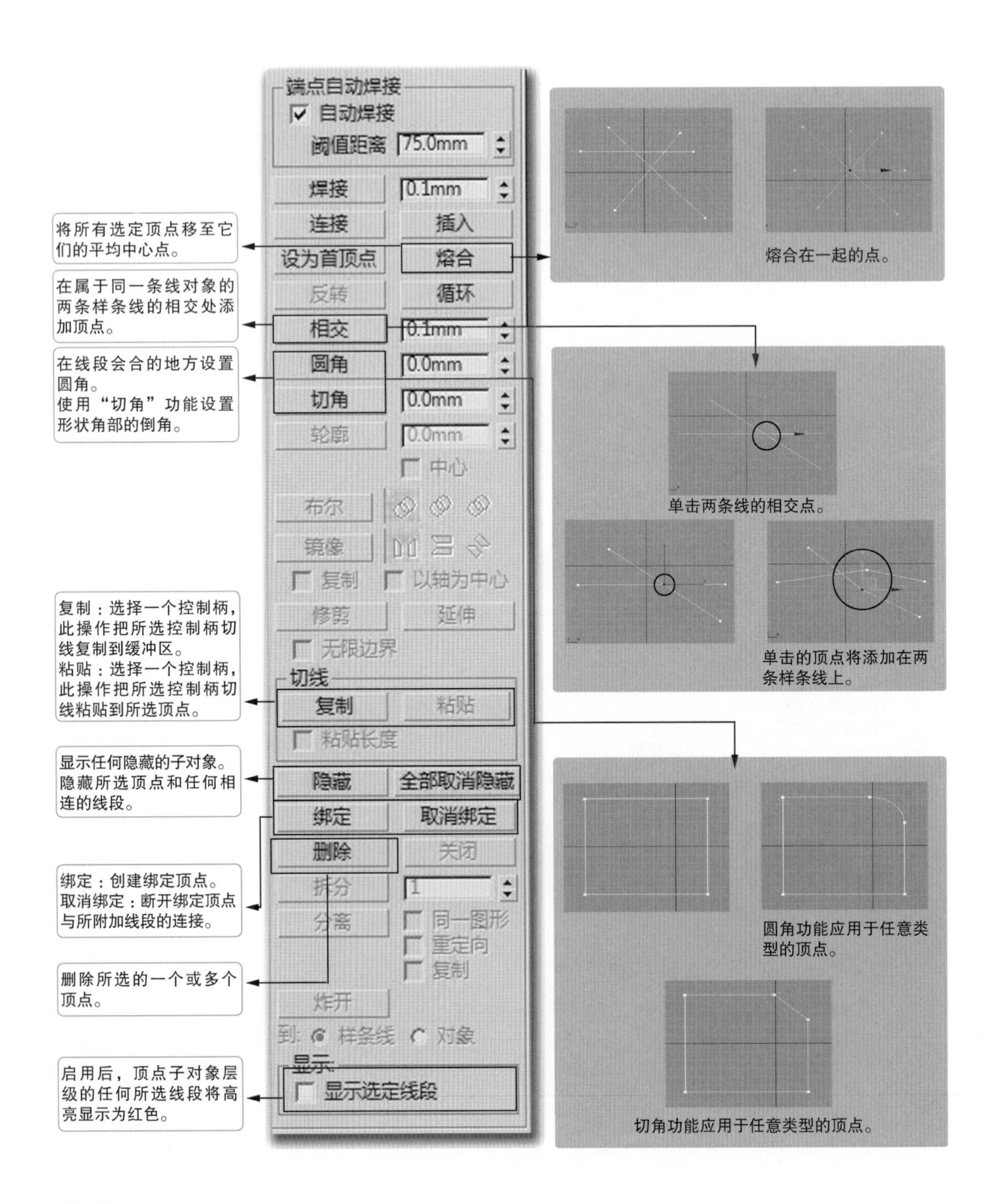
端点自动焊接
自动焊接
阈值距离 75.0mm
焊接 0.1mm
连接 插入
设为首顶点 熔合
反转 循环
相交 0.1mm
圆角 0.0mm
切角 0.0mm
轮廓 0.0mm
中心
布尔
镜像
复制 以轴为中心
修剪 延伸
无限边界
切线
复制 粘贴
粘贴长度
隐藏 全部取消隐藏
绑定 取消绑定
删除 关闭
拆分 1
分离 同一图形
重定向
复制
炸开
到: 样条线 对象
显示
显示选定线段
将所有选定顶点移至它们的平均中心点。
在属于同一条线对象的两条样条线的相交处添加顶点。
在线段会合的地方设置圆角。
使用“切角”功能设置形状角部的倒角。
复制：选择一个控制柄，此操作把所选控制柄切线复制到缓冲区。
粘贴：选择一个控制柄，此操作把所选控制柄切线粘贴到所选顶点。
显示任何隐藏的子对象。
隐藏所选顶点和任何相连的线段。
绑定：创建绑定顶点。
取消绑定：断开绑定顶点与所附加线段的连接。
删除所选的一个或多个顶点。
启用后，顶点子对象层级的任何所选线段将高亮显示为红色。
熔合在一起的点。
单击两条线的相交点。
单击的顶点将添加在两条样条线上。
圆角功能应用于任意类型的顶点。
切角功能应用于任意类型的顶点。

图 2–22

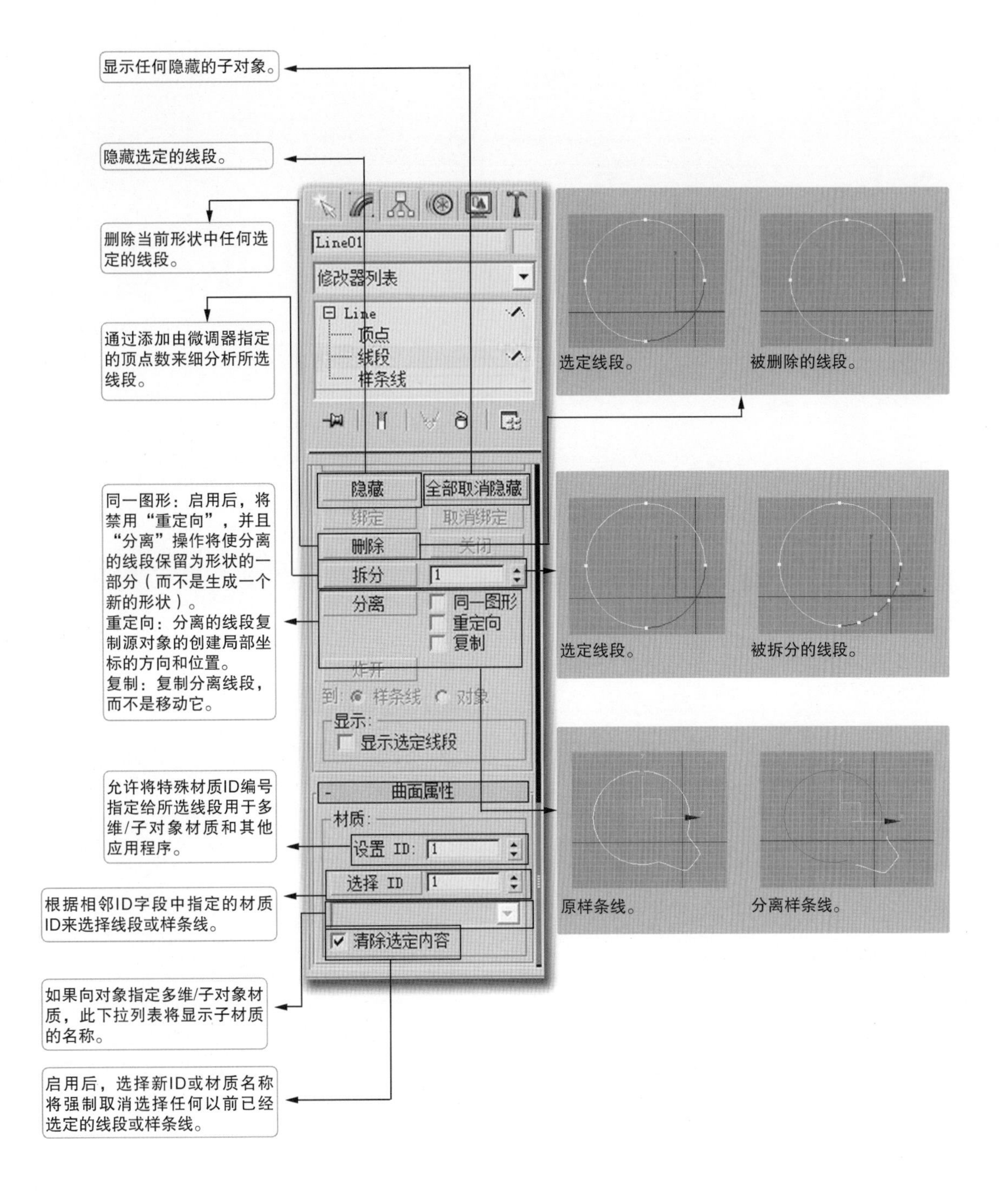

显示任何隐藏的子对象。
隐藏选定的线段。
删除当前形状中任何选定的线段。
通过添加由微调器指定的顶点数来细分析所选线段。
同一图形：启用后，将禁用“重定向”，并且“分离”操作将使分离的线段保留为形状的一部分（而不是生成一个新的形状）。
重定向：分离的线段复制源对象的创建局部坐标的方向和位置。
复制：复制分离线段，而不是移动它。
允许将特殊材质ID编号指定给所选线段用于多维/子对象材质和其他应用程序。
根据相邻ID字段中指定的材质ID来选择线段或样条线。
如果向对象指定多维/子对象材质，此下拉列表将显示子材质的名称。
启用后，选择新ID或材质名称将强制取消选择任何以前已经选定的线段或样条线。
Line01
修改器列表
Line
顶点
线段
样条线
隐藏
全部取消隐藏
绑定
取消绑定
删除
关闭
拆分
1
分离
同一图形
重定向
复制
炸开
到：样条线 对象
显示：
显示选定线段
曲面属性
材质：
设置 ID: 1
选择 ID 1
清除选定内容
选定线段。
被删除的线段。
选定线段。
被拆分的线段。
原样条线。
分离样条线。

图 2-23

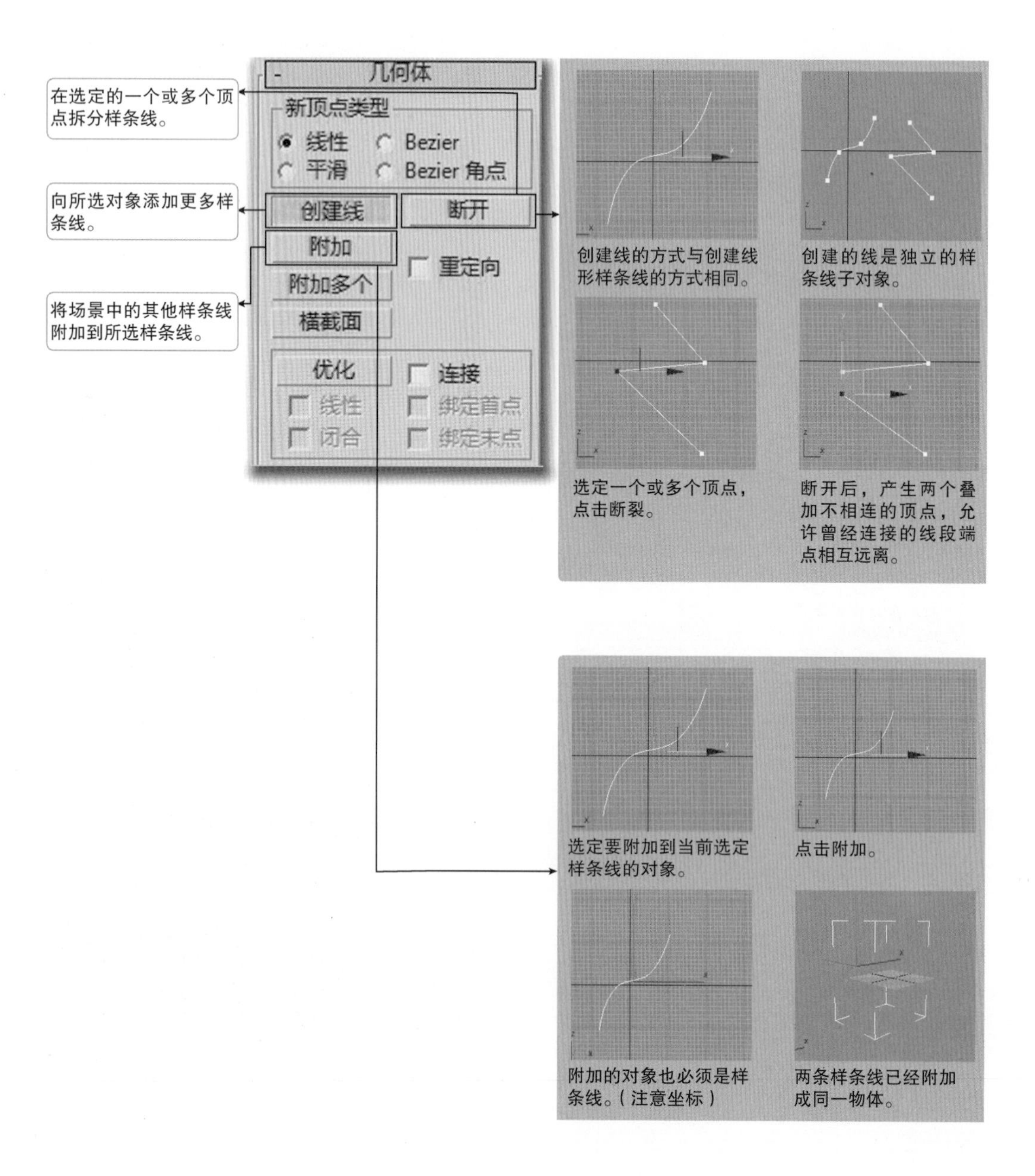

在选定的一个或多个顶点拆分样条线。
向所选对象添加更多样条线。
将场景中的其他样条线附加到所选样条线。
几何体
新顶点类型
线性
Bezier
平滑
Bezier 角点
创建线
断开
附加
重定向
附加多个
横截面
优化
连接
线性
绑定首点
闭合
绑定末点
创建线的方式与创建线形样条线的方式相同。
创建的线是独立的样条线子对象。
选定一个或多个顶点，点击断裂。
断开后，产生两个叠加不相连的顶点，允许曾经连接的线段端点相互远离。
选定要附加到当前选定样条线的对象。
点击附加。
附加的对象也必须是样条线。（注意坐标）
两条样条线已经附加成同一物体。

图 2–24

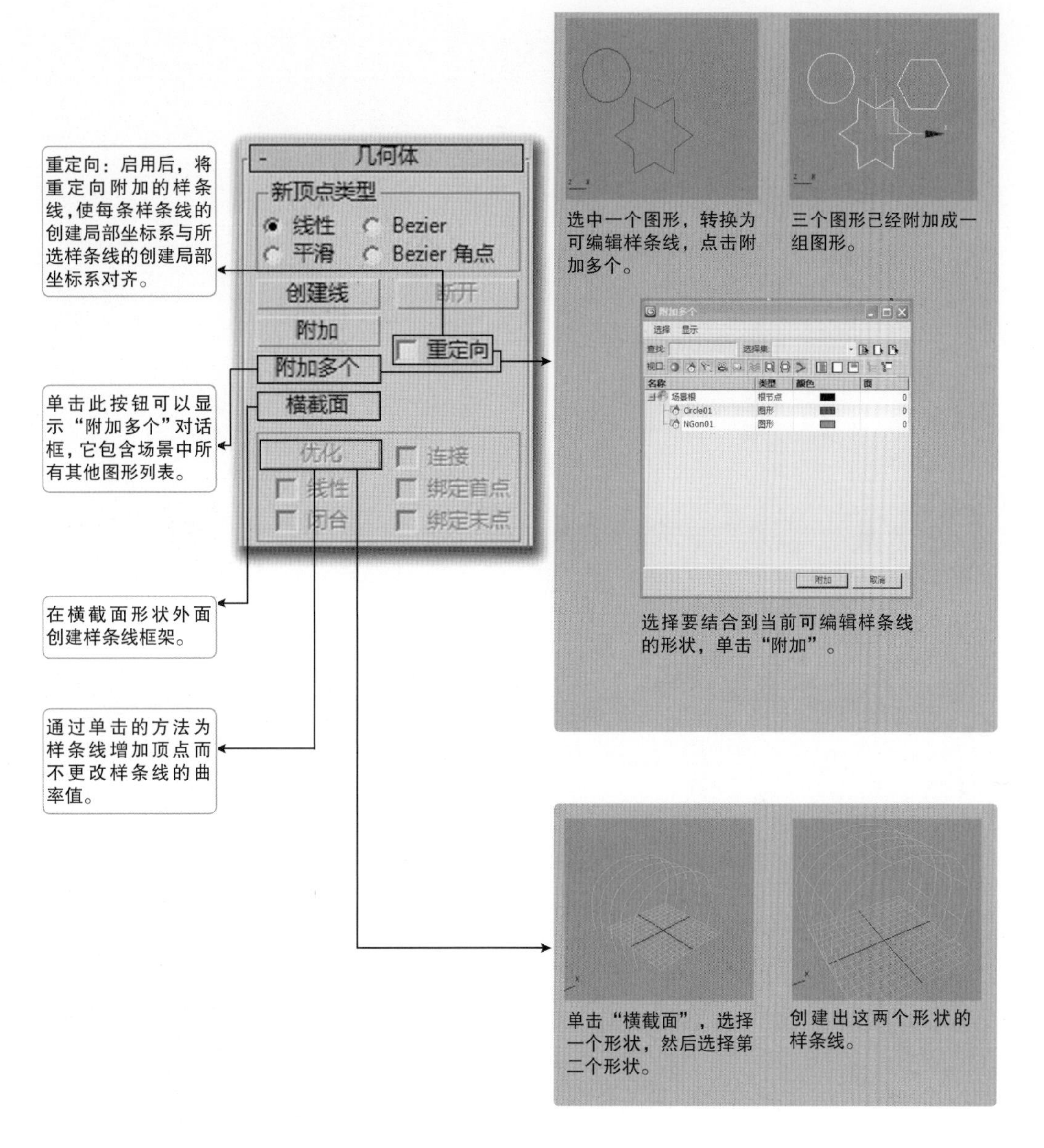
重定向：启用后，将重定向附加的样条线，使每条样条线的创建局部坐标系与所选样条线的创建局部坐标系对齐。
单击此按钮可以显示“附加多个”对话框，它包含场景中所有其他图形列表。
在横截面形状外面创建样条线框架。
通过单击的方法为样条线增加顶点而不更改样条线的曲率值。
几何体
新顶点类型
线性
Bezier
平滑
Bezier 角点
创建线
断开
附加
重定向
附加多个
横截面
优化
连接
线性
绑定首点
闭合
绑定末点
选中一个图形，转换为可编辑样条线，点击附加多个。
三个图形已经附加成一组图形。
附加多个
选择要结合到当前可编辑样条线的形状，单击“附加”。
单击“横截面”，选择一个形状，然后选择第二个形状。
创建出这两个形状的样条线。

图 2-25

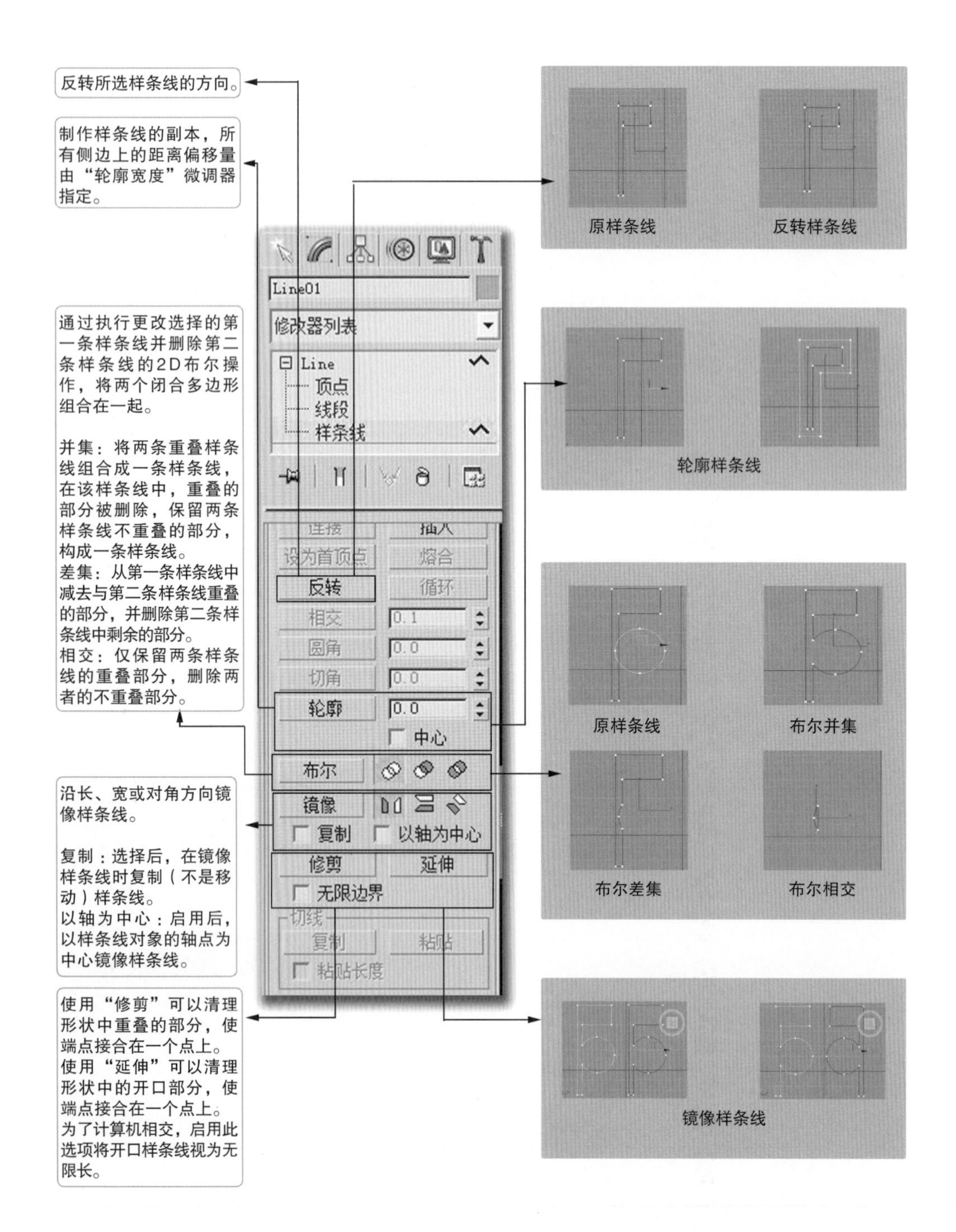
反转所选样条线的方向。
制作样条线的副本，所有侧边上的距离偏移量由“轮廓宽度”微调器指定。
通过执行更改选择的第一条样条线并删除第二条样条线的2D布尔操作，将两个闭合多边形组合在一起。
并集：将两条重叠样条线组合成一条样条线，在该样条线中，重叠的部分被删除，保留两条样条线不重叠的部分，构成一条样条线。
差集：从第一条样条线中减去与第二条样条线重叠的部分，并删除第二条样条线中剩余的部分。
相交：仅保留两条样条线的重叠部分，删除两者的不重叠部分。
沿长、宽或对角方向镜像样条线。
复制：选择后，在镜像样条线时复制（不是移动）样条线。
以轴为中心：启用后，以样条线对象的轴点为中心镜像样条线。
使用“修剪”可以清理形状中重叠的部分，使端点接合在一个点上。
使用“延伸”可以清理形状中的开口部分，使端点接合在一个点上。
为了计算机相交，启用此选项将开口样条线视为无限长。
Line01
修改器列表
Line
顶点
线段
样条线
连接
插入
设为首顶点
熔合
反转
循环
相交
圆角
切角
轮廓
中心
布尔
镜像
复制
以轴为中心
修剪
延伸
无限边界
切线
复制
粘贴
粘贴长度
原样条线
反转样条线
轮廓样条线
原样条线
布尔并集
布尔差集
布尔相交
镜像样条线

图 2-26

2.2 复合对象建模

复合对象建模通常是指将两个或多个对象组合成单个对象。(如图 2–27)

图 2–27

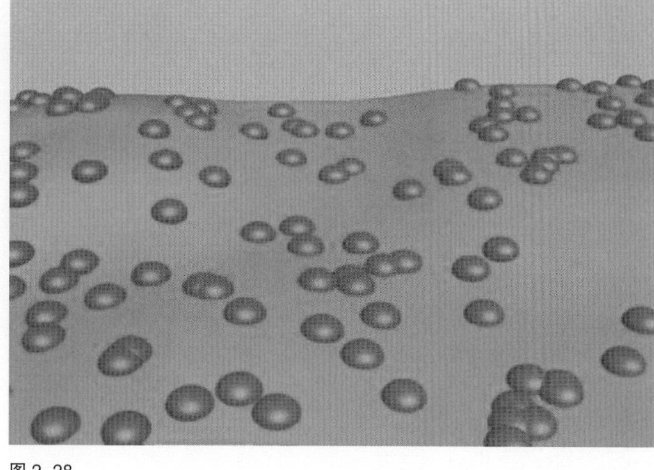

图 2–28

● “变形”是一种与 2D 动画中的中间动画类似的动画技术，可以合并两个或多个对象，方法是插补第一个对象的顶点，使其与另外一个对象的顶点位置相符。如果随时执行这项插补操作，将会生成变形动画。

● “散布”是将所选的物体源对象散布为阵列，或散布到分布对象的表面。(如图 2–28)

● “一致”(也称“包裹”)通过将某个对象的顶点投影至另一个对象的表面而创建(如图 2–29)，适合山表面的道路等。

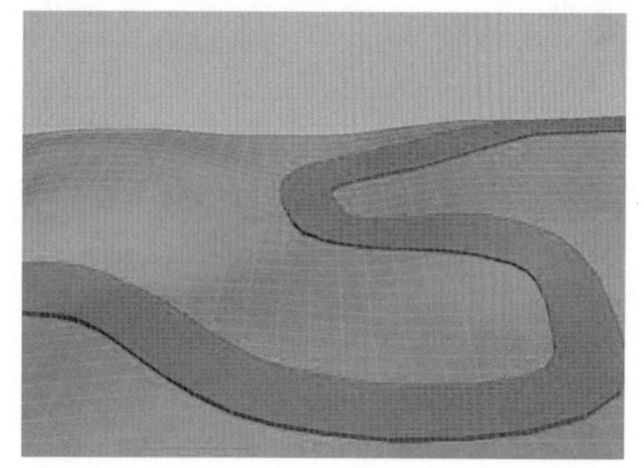

图 2–29

● “连接”可通过对象表面的“洞”连接两个或多个对象。(如图 2–30)

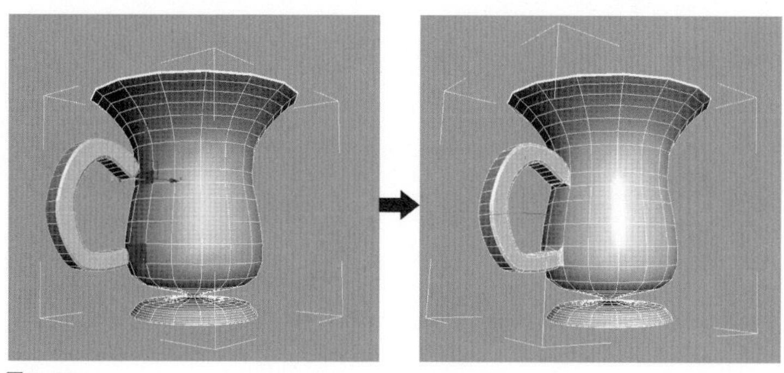

图 2–30

● “水滴网格”可以通过几何体或粒子创建一组球体，还可以将球体连接起来，形成像柔软的液态物质一样的效果。（如图 2–31）

● “图形合并”用来创建包含网格对象和一个或多个图形的复合对象。这些图形嵌入在网格中（将更改边与面的模式），或从网格中消失。（如图 2–32）

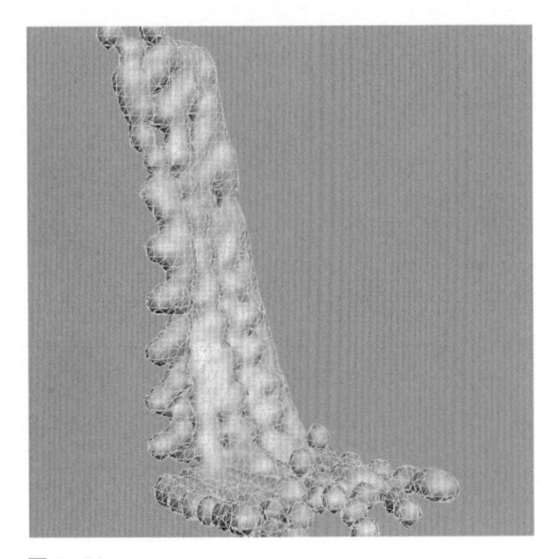

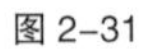

图 2-31

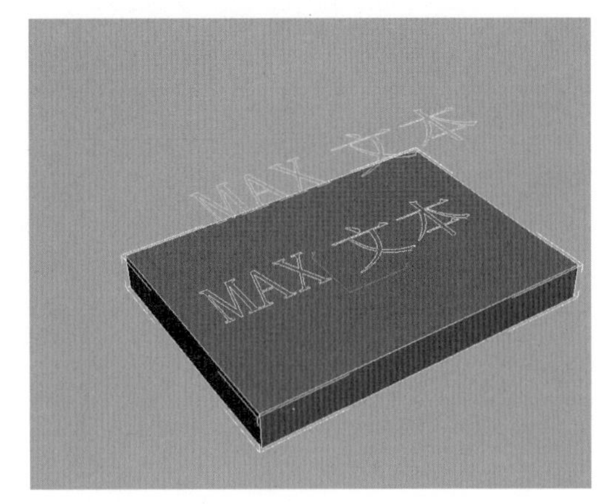

图 2-32

● “布尔”是对两个物体对象进行组合操作的命令。大家可以指定两个原始对象为操作对象 A 和 B，然后进行不同类型的布尔运算：

并集——布尔对象包含两个原始对象的体积。将移除几何体的相交部分或重叠部分。（如图 2–33）

交集——布尔对象只包含两个原始对象共用的体积（也就是重叠的位置）。（如图 2–34）

图 2-33

图 2-34

差集——布尔对象包含从中减去相交体积的原始对象的体积。（如图 2–35）

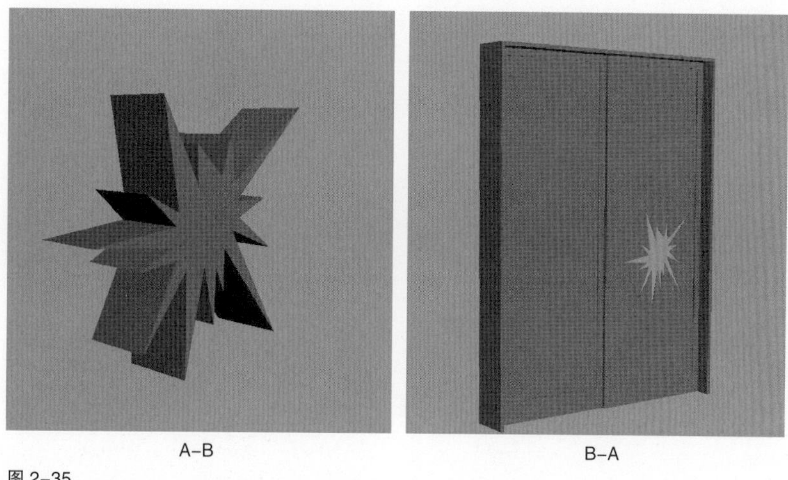

图 2–35

●“放样”是沿着第三个轴挤出的二维图形。从两条或多条现有样条线对象中创建放样对象。这些样条线之一会作为路径，其余的样条线会作为放样对象的横截面或图形。沿路径排列图形时，3ds Max 会在图形之间生成曲面。（如图 2–36）

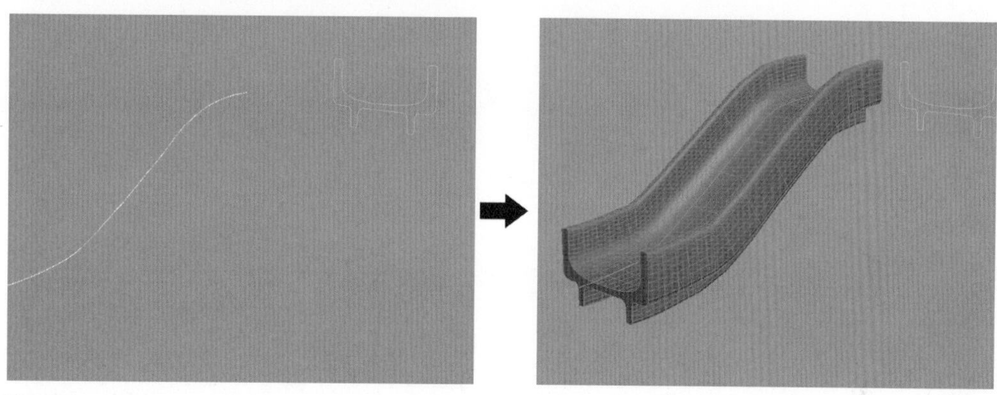
图 2–36

●“地形”按钮可以通过轮廓线数据生成地形对象。可以选择表示海拔轮廓的可编辑样条线，并在轮廓上创建网格曲面。操作者还可以创建地形对象的“梯田”表示，使每个层级的轮廓数据都是一个台阶，以便与传统的土地形式研究模型相似。（如图 2–37）

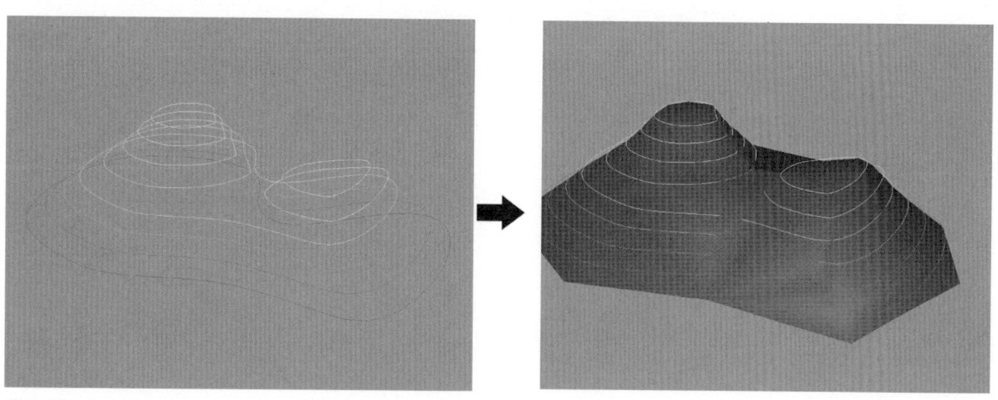
图 2–37

● “网格化”以每帧为基准将程序对象转化为网格对象，这样可以应用修改器，如弯曲或推力等。它可用于任何类型的对象，但主要为使用粒子系统而设计。“网格化”对于复杂修改器堆栈的低空实例化对象同样有用。（如图 2–38）

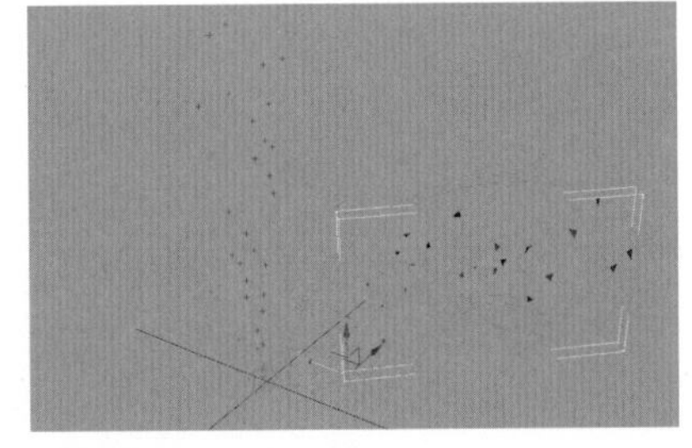

图 2–38

2.3 网格编辑建模

网络编辑建模可编辑网格，适用于创建简单、少边的对象或用于 MeshSmooth 和 HSDS 建模的控制网格。下面我们来具体看一下可编辑网格的修改面板。（如图 2–39 至图 2–53）

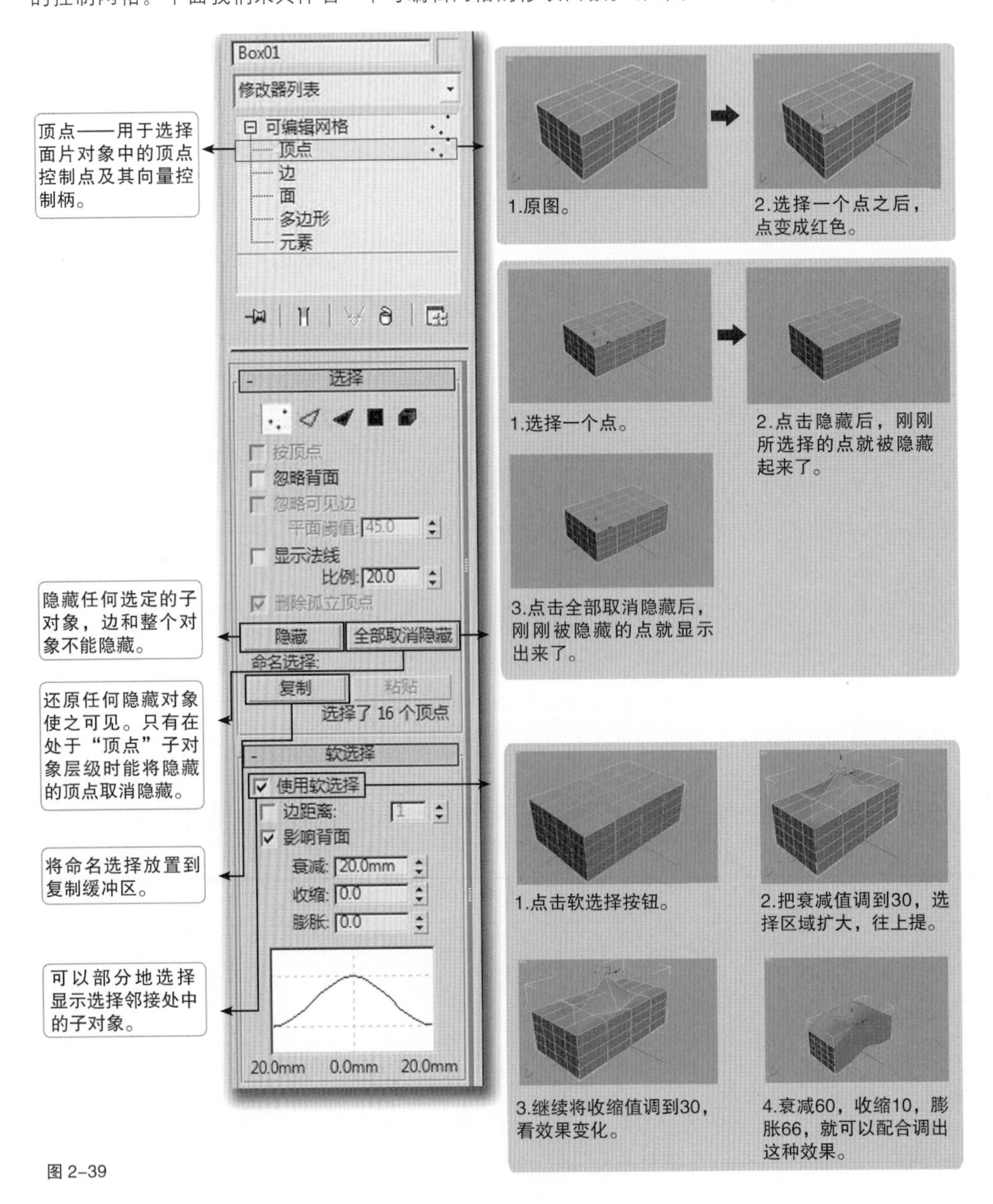

图 2–39

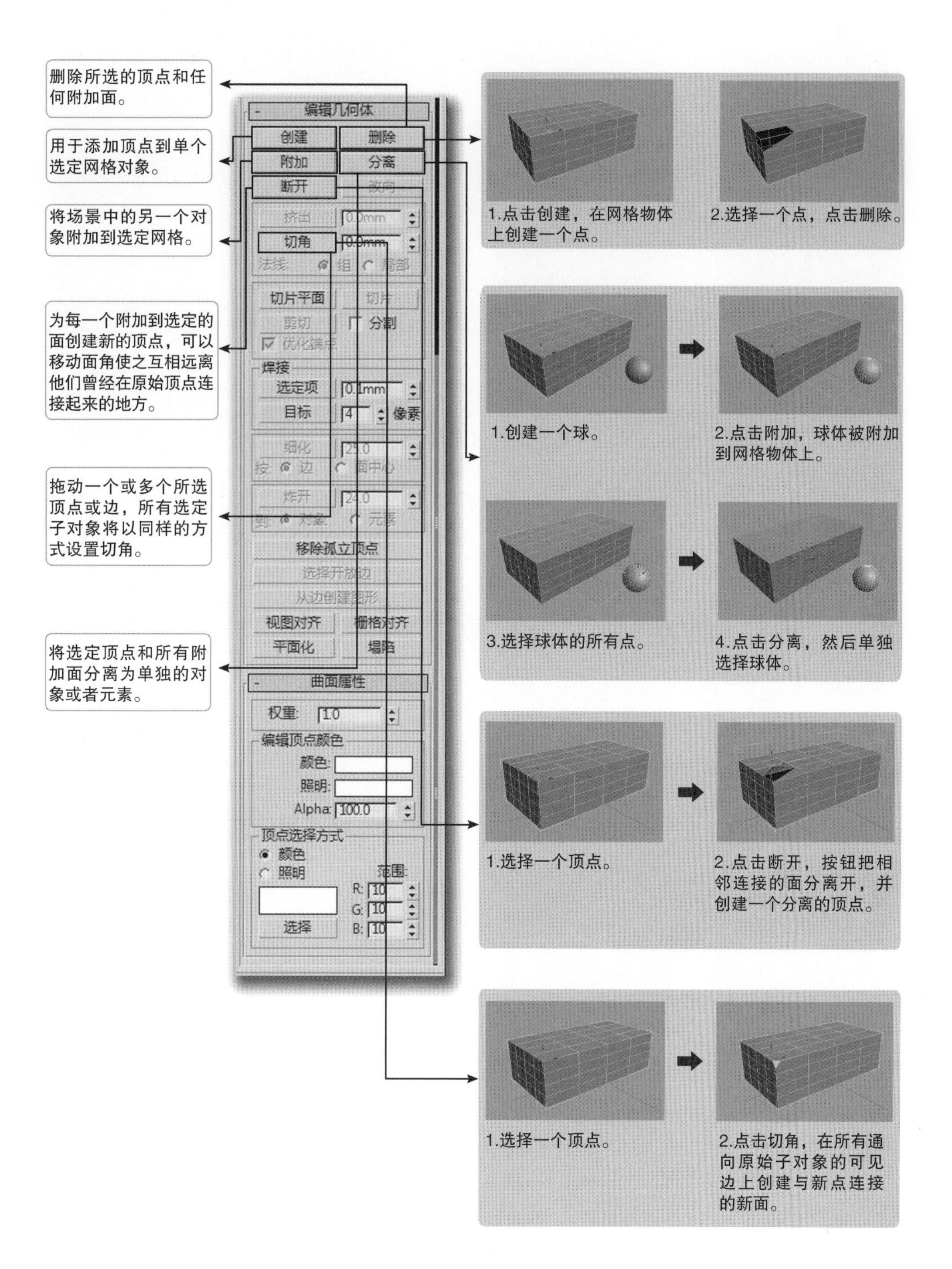
删除所选的顶点和任何附加面。
用于添加顶点到单个选定网格对象。
将场景中的另一个对象附加到选定网格。
为每一个附加到选定的面创建新的顶点，可以移动面角使之互相远离他们曾经在原始顶点连接起来的地方。
拖动一个或多个所选顶点或边，所有选定子对象将以同样的方式设置切角。
将选定顶点和所有附加面分离为单独的对象或者元素。
编辑几何体
创建
删除
附加
分离
断开
改向
挤出
切角
法线
组
局部
切片平面
切片
剪切
分割
优化端点
焊接
选定项
目标
像素
细化
按
边
面中心
炸开
到
对象
元素
移除孤立顶点
选择开放边
从边创建图形
视图对齐
栅格对齐
平面化
塌陷
曲面属性
权重:
编辑顶点颜色
颜色:
照明:
Alpha:
顶点选择方式
颜色
照明
范围:
选择
1.点击创建，在网格物体上创建一个点。
2.选择一个点，点击删除。
1.创建一个球。
2.点击附加，球体被附加到网格物体上。
3.选择球体的所有点。
4.点击分离，然后单独选择球体。
1.选择一个顶点。
2.点击断开，按钮把相邻连接的面分离开，并创建一个分离的顶点。
1.选择一个顶点。
2.点击切角，在所有通向原始子对象的可见边上创建与新点连接的新面。

图 2–40

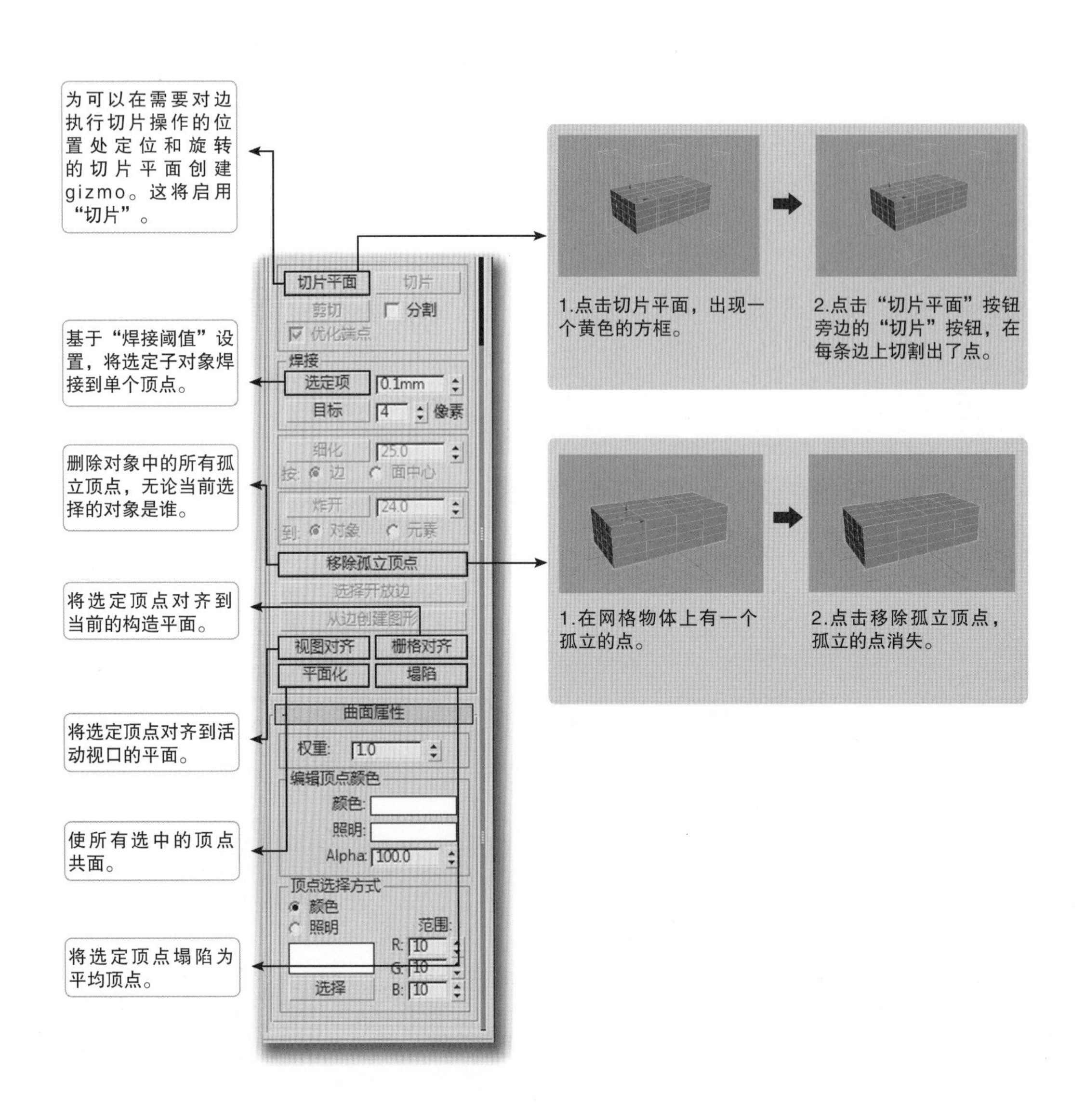
为可以在需要对边执行切片操作的位置处定位和旋转的切片平面创建gizmo。这将启用“切片”。
基于“焊接阈值”设置，将选定子对象焊接到单个顶点。
删除对象中的所有孤立顶点，无论当前选择的对象是谁。
将选定顶点对齐到当前的构造平面。
将选定顶点对齐到活动视口的平面。
使所有选中的顶点共面。
将选定顶点塌陷为平均顶点。
切片平面
切片
剪切
分割
优化端点
焊接
选定项
0.1mm
目标
4
像素
细化
25.0
按: 边
面中心
炸开
24.0
到: 对象
元素
移除孤立顶点
选择开放边
从边创建图形
视图对齐
栅格对齐
平面化
塌陷
曲面属性
权重:
1.0
编辑顶点颜色
颜色:
照明:
Alpha:
100.0
顶点选择方式
颜色
照明
范围:
R:
10
G:
10
选择
B:
10
1.点击切片平面，出现一个黄色的方框。
2.点击“切片平面”按钮旁边的“切片”按钮，在每条边上切割出了点。
1.在网格物体上有一个孤立的点。
2.点击移除孤立顶点，孤立的点消失。

图 2–41

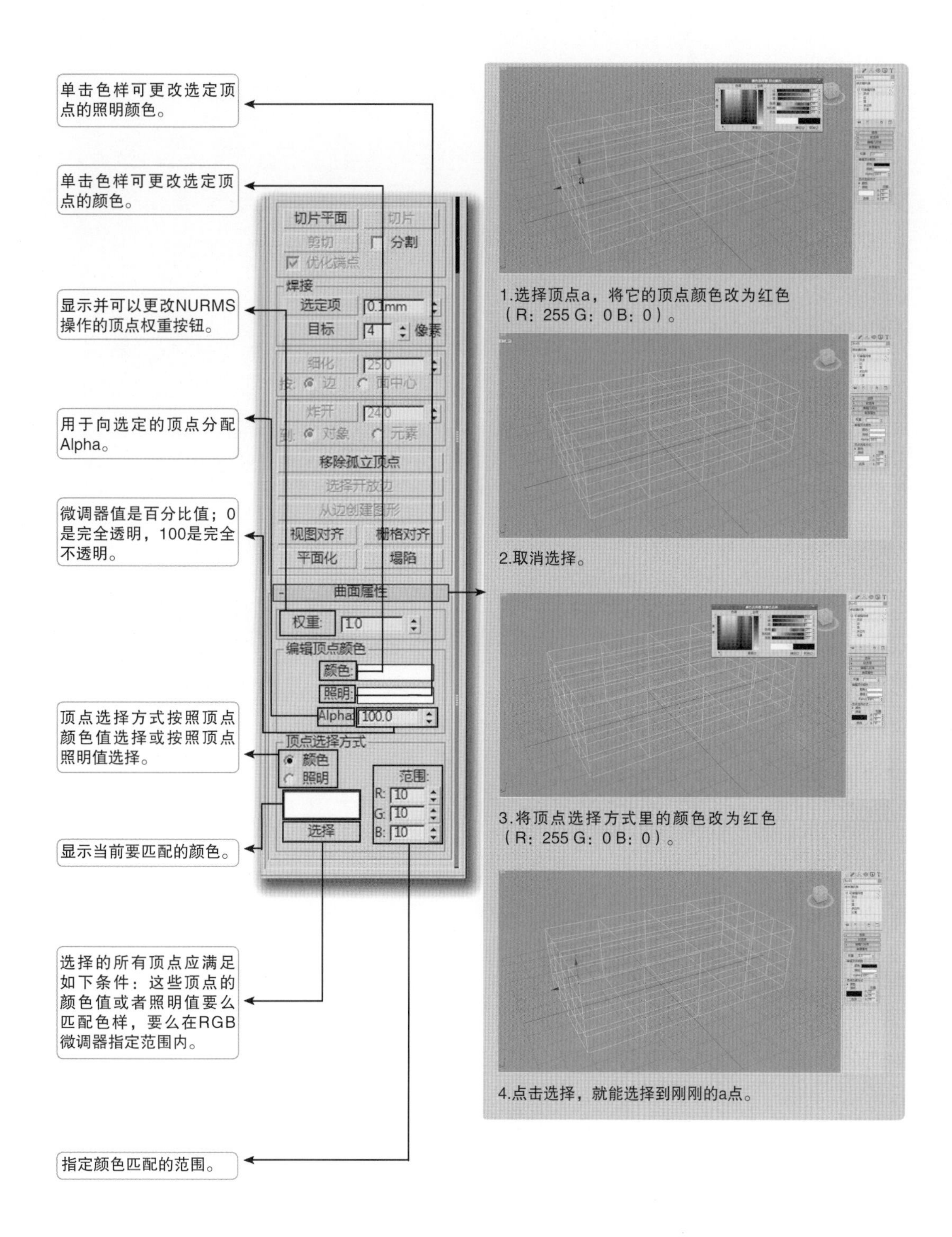
单击色样可更改选定顶点的照明颜色。
单击色样可更改选定顶点的颜色。
显示并可以更改NURMS操作的顶点权重按钮。
用于向选定的顶点分配Alpha。
微调器值是百分比值；0是完全透明，100是完全不透明。
顶点选择方式按照顶点颜色值选择或按照顶点照明值选择。
显示当前要匹配的颜色。
选择的所有顶点应满足如下条件：这些顶点的颜色值或者照明值要么匹配色样，要么在RGB微调器指定范围内。
指定颜色匹配的范围。
切片平面
切片
剪切
分割
优化端点
焊接
选定项
0.1mm
目标
4
像素
细化
250
按：
边
面中心
炸开
24.0
到：
对象
元素
移除孤立顶点
选择开放边
从边创建图形
视图对齐
栅格对齐
平面化
塌陷
曲面属性
权重：
1.0
编辑顶点颜色
颜色：
照明：
Alpha：
100.0
顶点选择方式
颜色
照明
范围：
R：10
G：10
B：10
选择
1.选择顶点a，将它的顶点颜色改为红色（R：255 G：0 B：0）。
2.取消选择。
3.将顶点选择方式里的颜色改为红色（R：255 G：0 B：0）。
4.点击选择，就能选择到刚刚的a点。

图 2–42

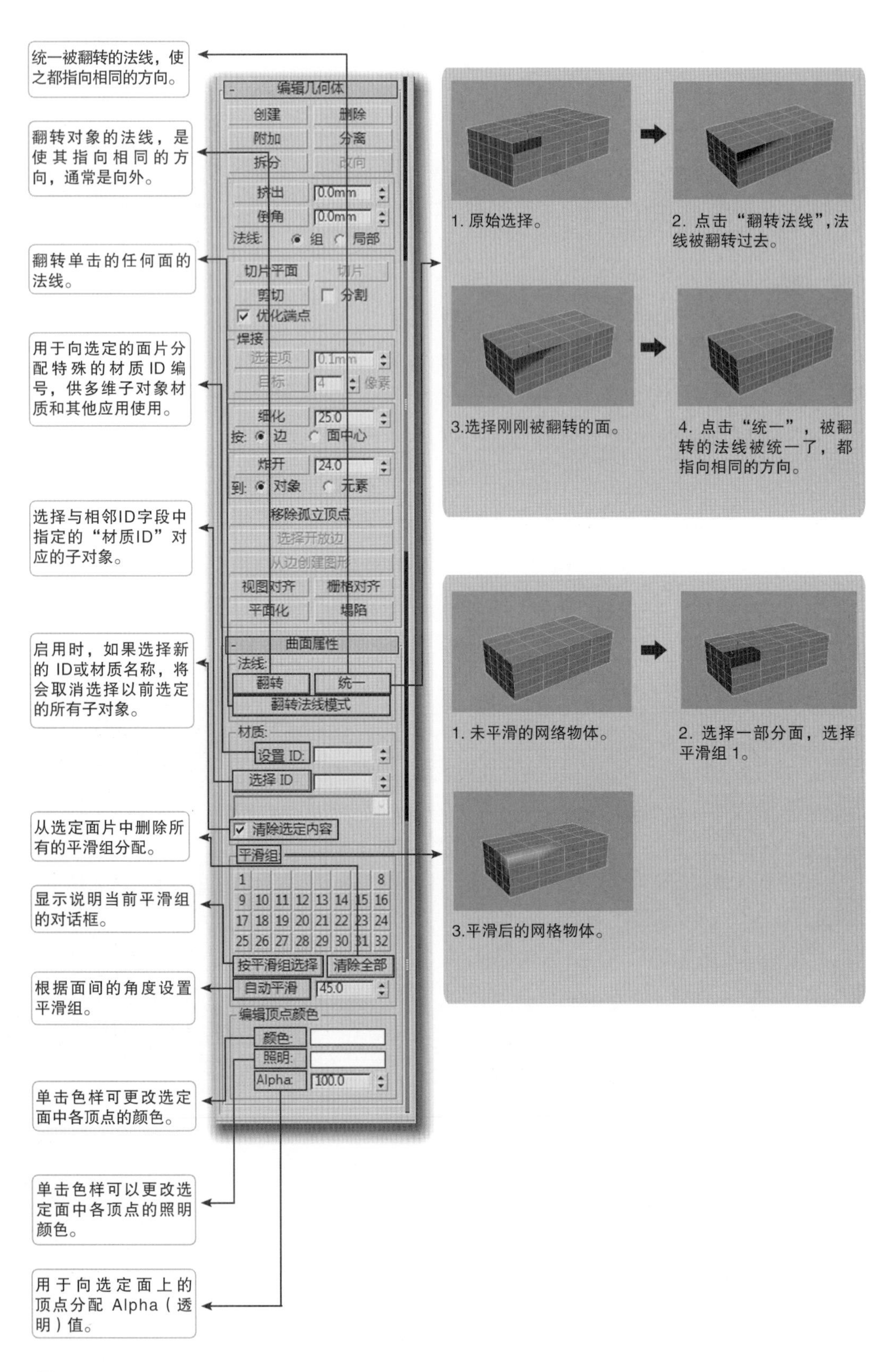

统一被翻转的法线，使之都指向相同的方向。
翻转对象的法线，是使其指向相同的方向，通常是向外。
翻转单击的任何面的法线。
用于向选定的面片分配特殊的材质ID编号，供多维子对象材质和其他应用使用。
选择与相邻ID字段中指定的“材质ID”对应的子对象。
启用时，如果选择新的ID或材质名称，将会取消选择以前选定的所有子对象。
从选定面片中删除所有的平滑组分配。
显示说明当前平滑组的对话框。
根据面间的角度设置平滑组。
单击色样可更改选定面中各顶点的颜色。
单击色样可以更改选定面中各顶点的照明颜色。
用于向选定面上的顶点分配Alpha（透明）值。
编辑几何体
创建
删除
附加
分离
拆分
改向
挤出
0.0mm
倒角
0.0mm
法线:
组
局部
切片平面
切片
剪切
分割
优化端点
焊接
选定项
0.1mm
目标
4
像素
细化
25.0
按:
边
面中心
炸开
24.0
到:
对象
元素
移除孤立顶点
选择开放边
从边创建图形
视图对齐
栅格对齐
平面化
塌陷
曲面属性
法线:
翻转
统一
翻转法线模式
材质:
设置ID:
选择ID
清除选定内容
平滑组
1
8
9
10
11
12
13
14
15
16
17
18
19
20
21
22
23
24
25
26
27
28
29
30
31
32
按平滑组选择
清除全部
自动平滑
45.0
编辑顶点颜色
颜色:
照明:
Alpha:
100.0
1. 原始选择。
2. 点击“翻转法线”，法线被翻转过去。
3.选择刚刚被翻转的面。
4. 点击“统一”，被翻转的法线被统一了，都指向相同的方向。
1. 未平滑的网络物体。
2. 选择一部分面，选择平滑组1。
3.平滑后的网格物体。

图 2-43

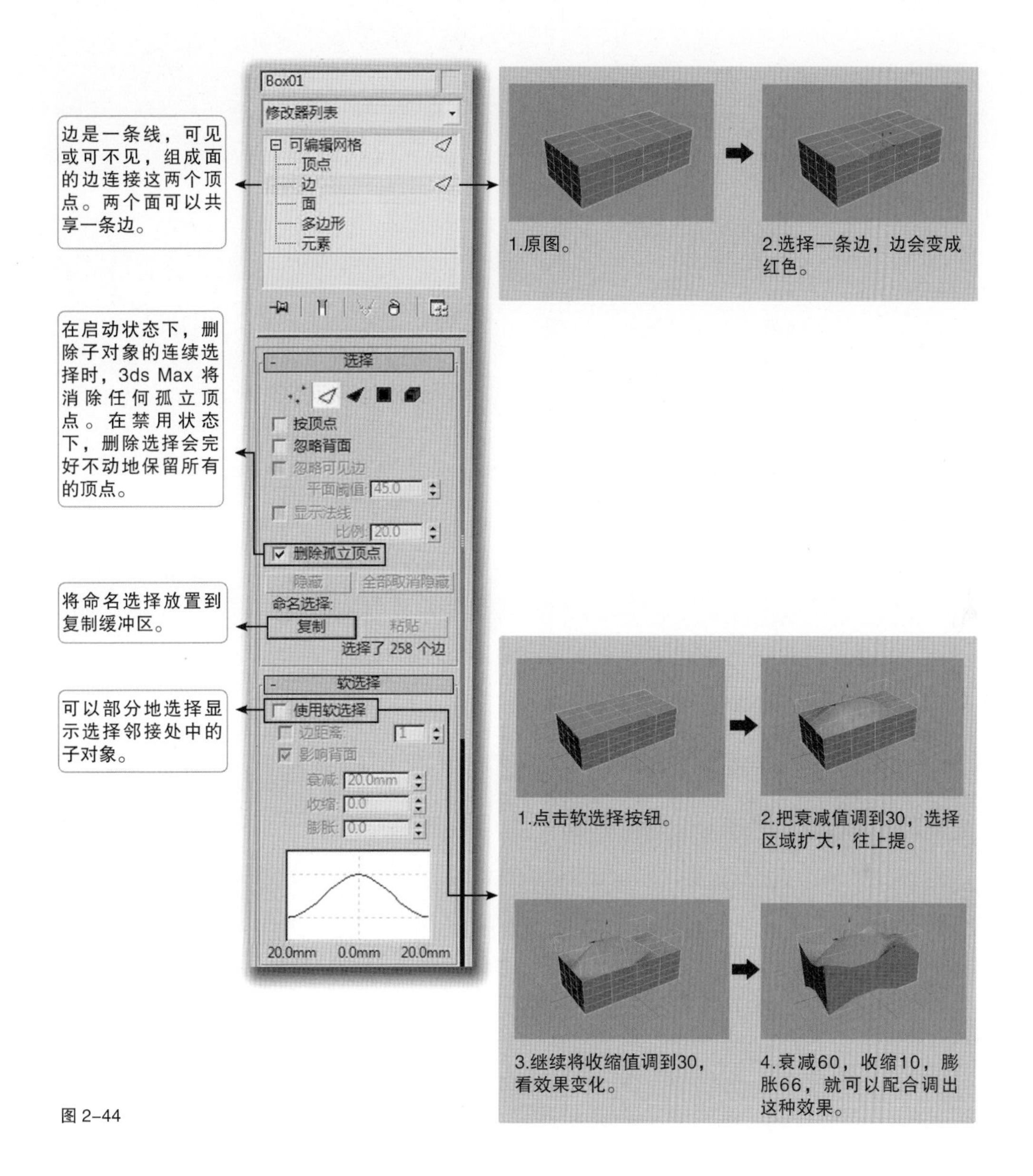
边是一条线，可见或可不见，组成面的边连接这两个顶点。两个面可以共享一条边。
在启动状态下，删除子对象的连续选择时，3ds Max 将消除任何孤立顶点。在禁用状态下，删除选择会完好不动地保留所有的顶点。
将命名选择放置到复制缓冲区。
可以部分地选择显示选择邻接处中的子对象。
Box01
修改器列表
可编辑网格
顶点
边
面
多边形
元素
选择
按顶点
忽略背面
忽略可见边
平面阈值 45.0
显示法线
比例 20.0
删除孤立顶点
隐藏
全部取消隐藏
命名选择
复制
粘贴
选择了 258 个边
软选择
使用软选择
边距离 1
影响背面
衰减 20.0mm
收缩 0.0
膨胀 0.0
20.0mm 0.0mm 20.0mm
1.原图。
2.选择一条边，边会变成红色。
1.点击软选择按钮。
2.把衰减值调到30，选择区域扩大，往上提。
3.继续将收缩值调到30，看效果变化。
4.衰减60，收缩10，膨胀66，就可以配合调出这种效果。

图 2-44

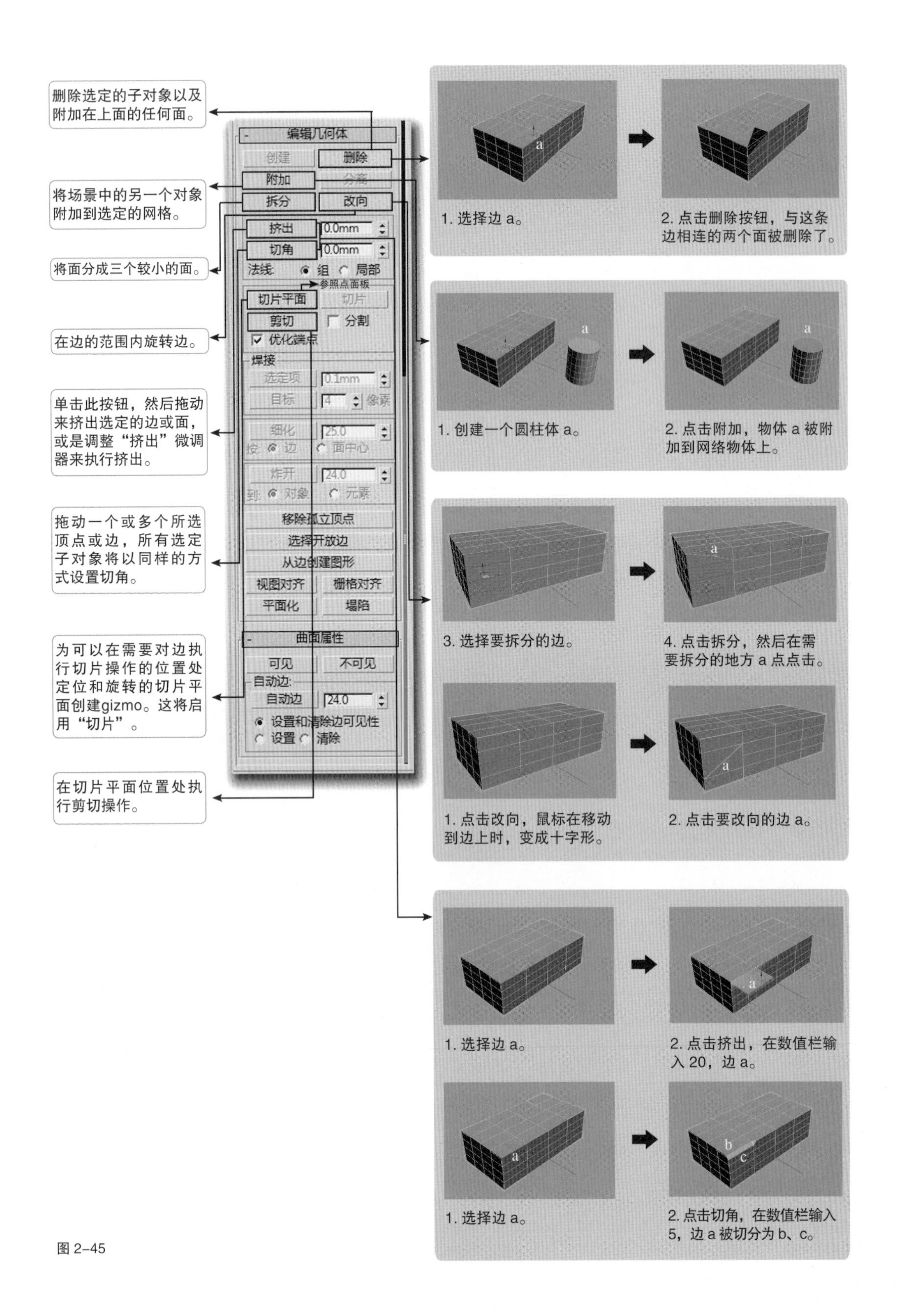
删除选定的子对象以及附加在上面的任何面。
将场景中的另一个对象附加到选定的网格。
将面分成三个较小的面。
在边的范围内旋转边。
单击此按钮，然后拖动来挤出选定的边或面，或是调整“挤出”微调器来执行挤出。
拖动一个或多个所选顶点或边，所有选定子对象将以同样的方式设置切角。
为可以在需要对边执行切片操作的位置处定位和旋转的切片平面创建gizmo。这将启用“切片”。
在切片平面位置处执行剪切操作。
编辑几何体
创建
删除
附加
分离
拆分
改向
挤出
0.0mm
切角
0.0mm
法线：
组
局部
参照点面板
切片平面
切片
剪切
分割
优化端点
焊接
选定项
0.1mm
目标
4
像素
细化
25.0
按：
边
面中心
炸开
24.0
到：
对象
元素
移除孤立顶点
选择开放边
从边创建图形
视图对齐
栅格对齐
平面化
塌陷
曲面属性
可见
不可见
自动边：
自动边
24.0
设置和清除边可见性
设置
清除
1. 选择边 a。
2. 点击删除按钮，与这条边相连的两个面被删除了。
1. 创建一个圆柱体 a。
2. 点击附加，物体 a 被附加到网络物体上。
3. 选择要拆分的边。
4. 点击拆分，然后在需要拆分的地方 a 点点击。
1. 点击改向，鼠标在移动到边上时，变成十字形。
2. 点击要改向的边 a。
1. 选择边 a。
2. 点击挤出，在数值栏输入 20，边 a。
1. 选择边 a。
2. 点击切角，在数值栏输入 5，边 a 被切分为 b、c。

图 2–45

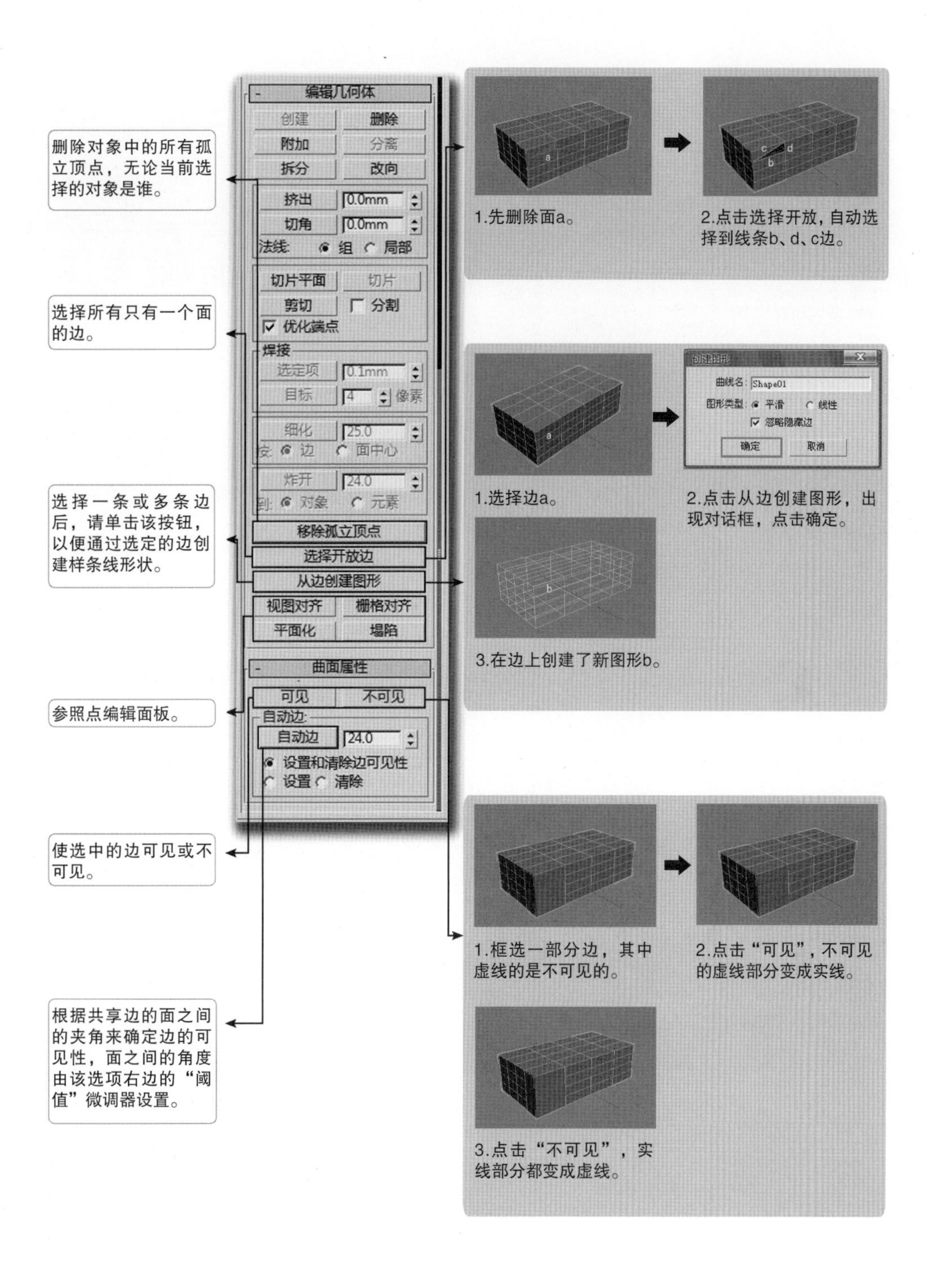

删除对象中的所有孤立顶点，无论当前选择的对象是谁。
选择所有只有一个面的边。
选择一条或多条边后，请单击该按钮，以便通过选定的边创建样条线形状。
参照点编辑面板。
使选中的边可见或不可见。
根据共享边的面之间的夹角来确定边的可见性，面之间的角度由该选项右边的“阈值”微调器设置。
编辑几何体
创建
删除
附加
分离
拆分
改向
挤出
0.0mm
切角
0.0mm
法线:
组
局部
切片平面
切片
剪切
分割
优化端点
焊接
选定项
0.1mm
目标
4
像素
细化
25.0
边
面中心
炸开
24.0
对象
元素
移除孤立顶点
选择开放边
从边创建图形
视图对齐
栅格对齐
平面化
塌陷
曲面属性
可见
不可见
自动边
自动边
24.0
设置和清除边可见性
设置
清除
1.先删除面a。
2.点击选择开放，自动选择到线条b、d、c边。
1.选择边a。
2.点击从边创建图形，出现对话框，点击确定。
创建图形
曲线名:
Shape01
图形类型:
平滑
线性
忽略隐藏边
确定
取消
3.在边上创建了新图形b。
1.框选一部分边，其中虚线的是不可见的。
2.点击“可见”，不可见的虚线部分变成实线。
3.点击“不可见”，实线部分都变成虚线。

图 2–46

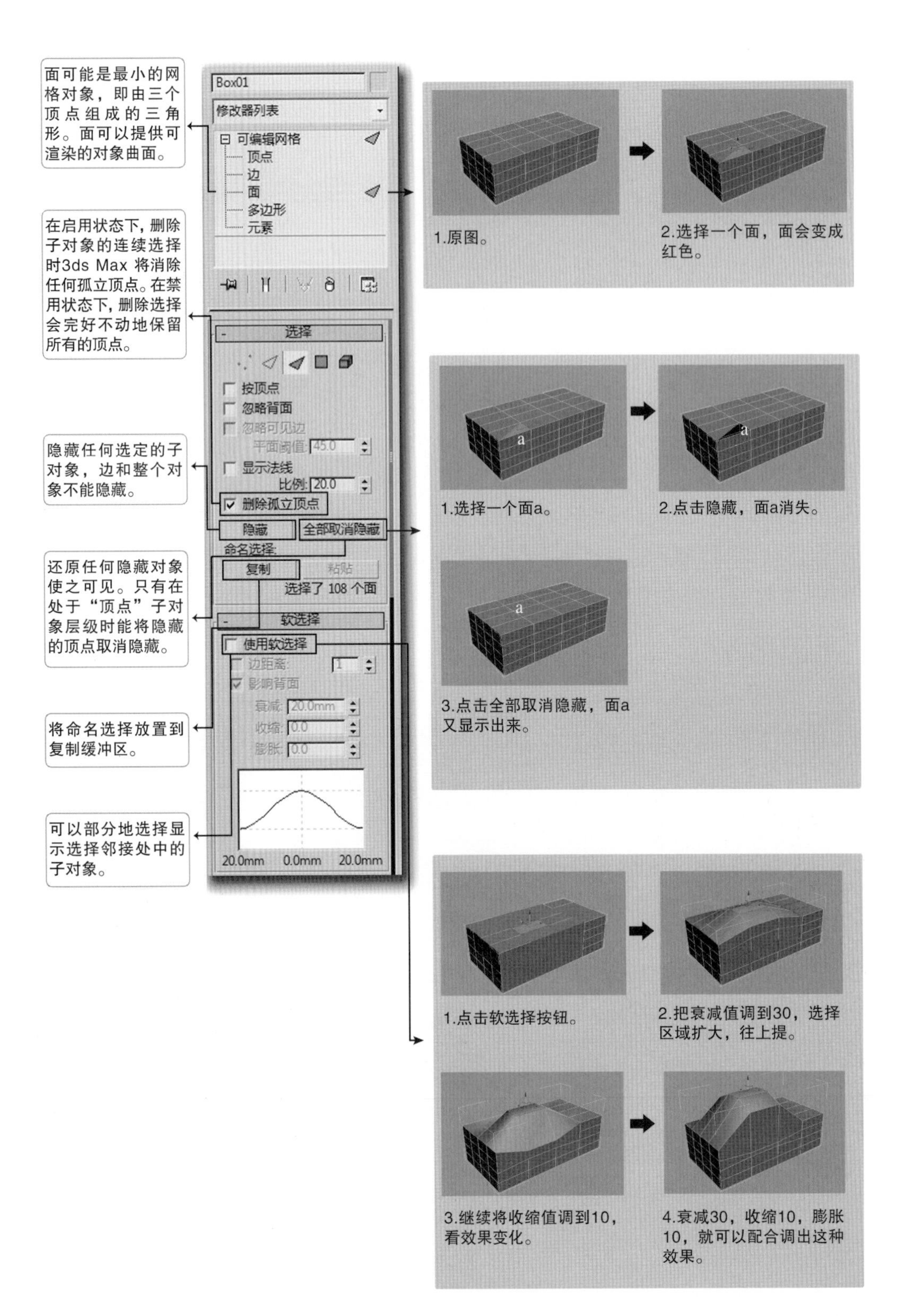
面可能是最小的网格对象，即由三个顶点组成的三角形。面可以提供可渲染的对象曲面。
在启用状态下，删除子对象的连续选择时3ds Max 将消除任何孤立顶点。在禁用状态下，删除选择会完好不动地保留所有的顶点。
隐藏任何选定的子对象，边和整个对象不能隐藏。
还原任何隐藏对象使之可见。只有在处于“顶点”子对象层级时能将隐藏的顶点取消隐藏。
将命名选择放置到复制缓冲区。
可以部分地选择显示选择邻接处中的子对象。
Box01
修改器列表
可编辑网格
顶点
边
面
多边形
元素
选择
按顶点
忽略背面
忽略可见边
平面阈值: 45.0
显示法线
比例: 20.0
删除孤立顶点
隐藏
全部取消隐藏
命名选择:
复制
粘贴
选择了 108 个面
软选择
使用软选择
边距离:
影响背面
衰减: 20.0mm
收缩: 0.0
膨胀: 0.0
20.0mm
0.0mm
20.0mm
1.原图。
2.选择一个面，面会变成红色。
1.选择一个面a。
2.点击隐藏，面a消失。
3.点击全部取消隐藏，面a又显示出来。
1.点击软选择按钮。
2.把衰减值调到30，选择区域扩大，往上提。
3.继续将收缩值调到10，看效果变化。
4.衰减30，收缩10，膨胀10，就可以配合调出这种效果。

图 2–47

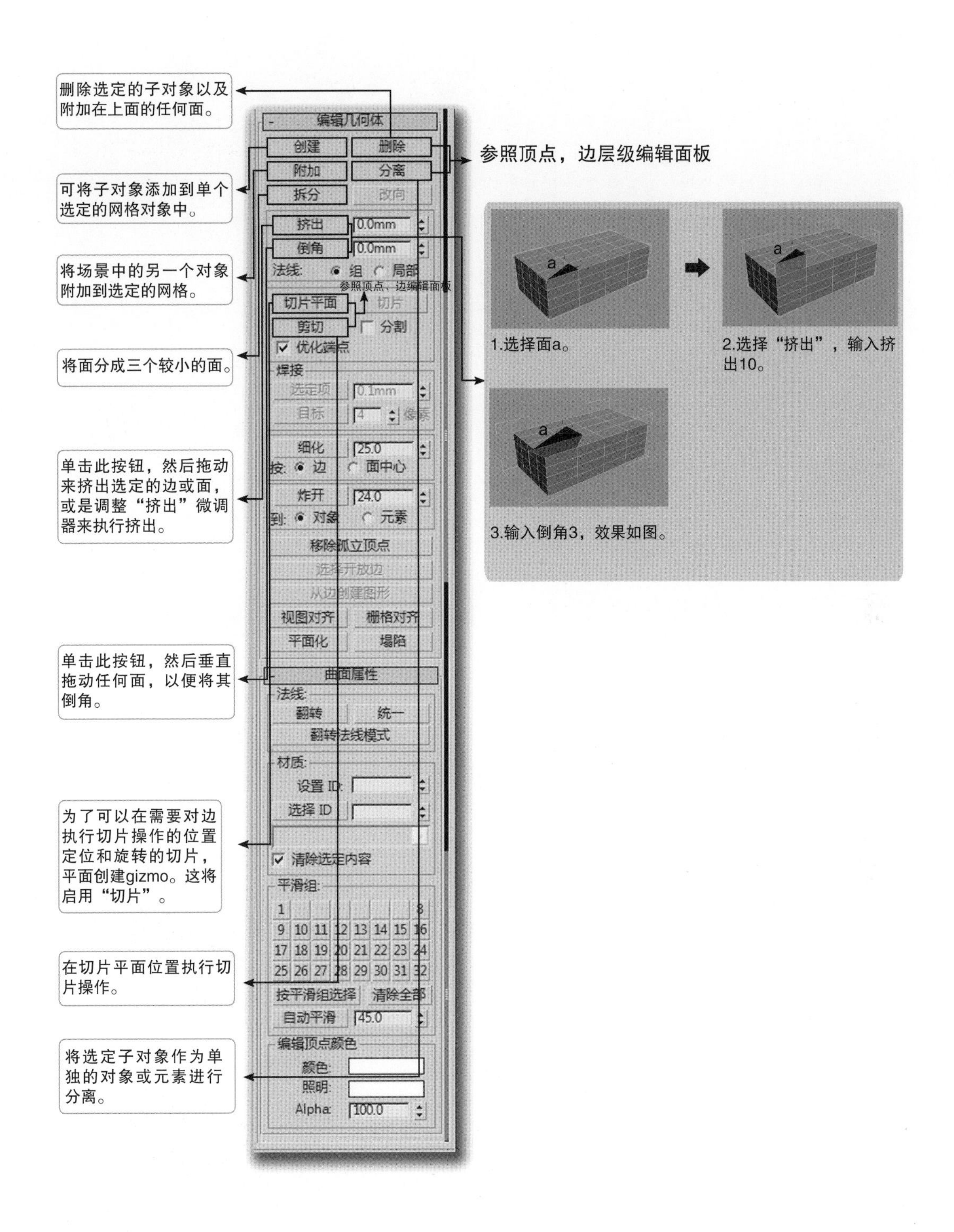
删除选定的子对象以及附加在上面的任何面。
可将子对象添加到单个选定的网格对象中。
将场景中的另一个对象附加到选定的网格。
将面分成三个较小的面。
单击此按钮，然后拖动来挤出选定的边或面，或是调整“挤出”微调器来执行挤出。
单击此按钮，然后垂直拖动任何面，以便将其倒角。
为了可以在需要对边执行切片操作的位置定位和旋转的切片，平面创建gizmo。这将启用“切片”。
在切片平面位置执行切片操作。
将选定子对象作为单独的对象或元素进行分离。
参照顶点，边层级编辑面板
编辑几何体
创建
删除
附加
分离
拆分
改向
挤出
0.0mm
倒角
0.0mm
法线:
组
局部
参照顶点、边编辑面板
切片平面
切片
剪切
分割
优化端点
焊接
选定项
0.1mm
目标
4
像素
细化
25.0
按:
边
面中心
炸开
24.0
到:
对象
元素
移除孤立顶点
选择开放边
从边创建图形
视图对齐
栅格对齐
平面化
塌陷
曲面属性
法线:
翻转
统一
翻转法线模式
材质:
设置 ID:
选择 ID
清除选定内容
平滑组:
按平滑组选择
清除全部
自动平滑
45.0
编辑顶点颜色
颜色:
照明:
Alpha:
100.0
a
1.选择面a。
2.选择“挤出”，输入挤出10。
3.输入倒角3，效果如图。

图 2–48

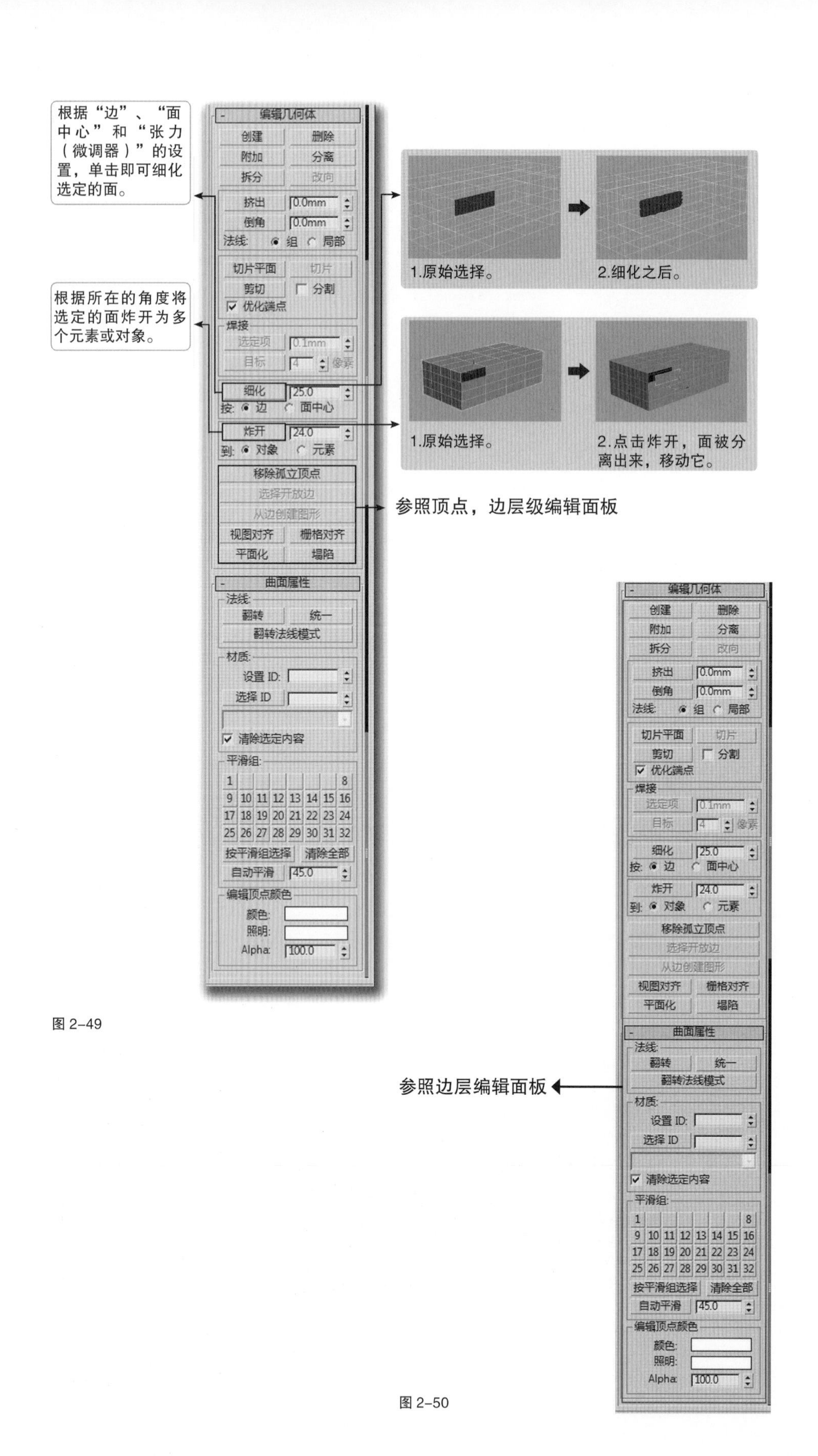
根据“边”、“面中心”和“张力（微调器）”的设置，单击即可细化选定的面。
根据所在的角度将选定的面炸开为多个元素或对象。
1.原始选择。
2.细化之后。
1.原始选择。
2.点击炸开，面被分离出来，移动它。
参照顶点，边层级编辑面板
参照边层编辑面板

图 2–49

图 2–50

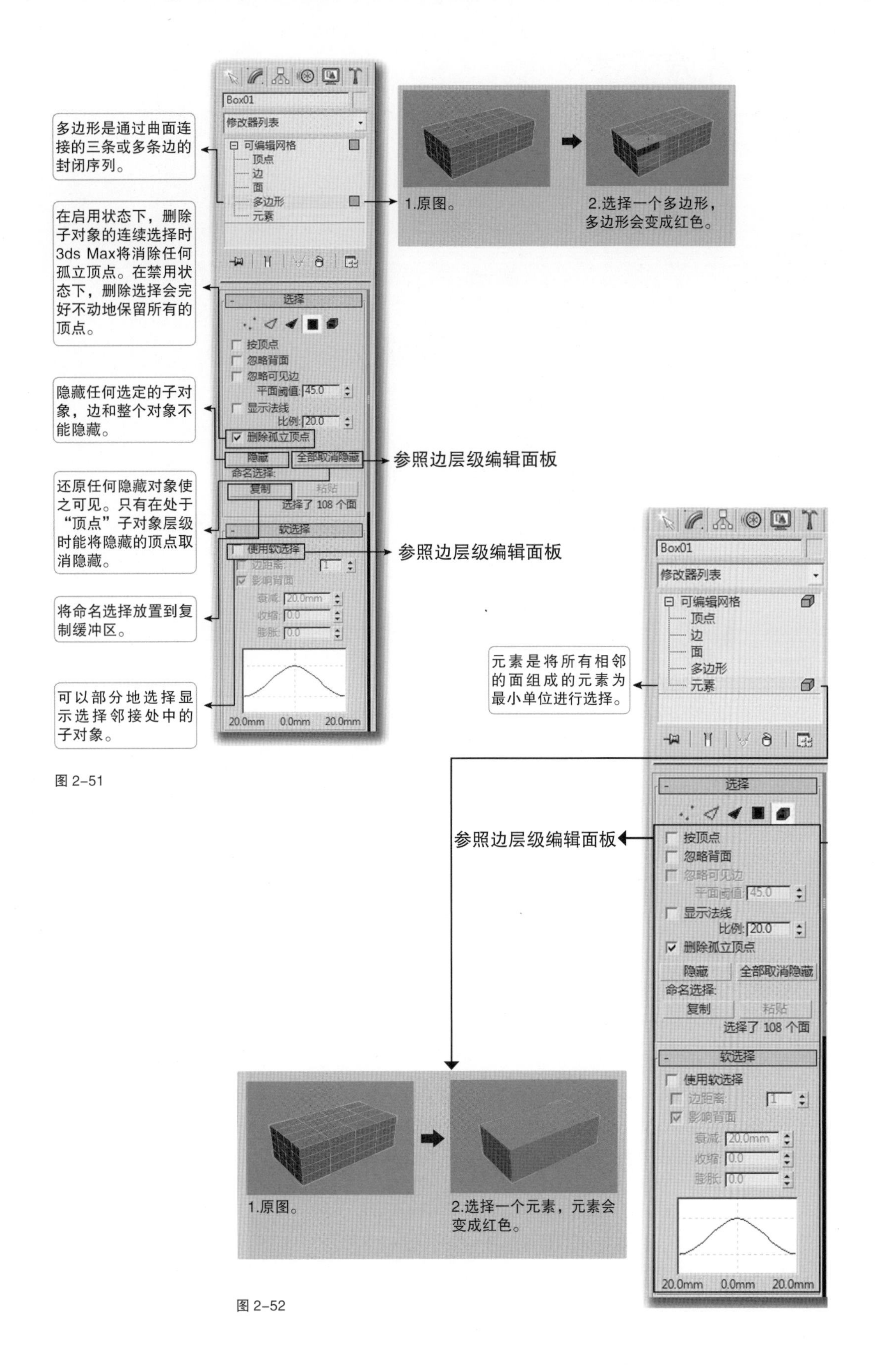

Box01
修改器列表
可编辑网格
顶点
边
面
多边形
元素
多边形是通过曲面连接的三条或多条边的封闭序列。
1.原图。
2.选择一个多边形，多边形会变成红色。
在启用状态下，删除子对象的连续选择时3ds Max将消除任何孤立顶点。在禁用状态下，删除选择会完好不动地保留所有的顶点。
选择
按顶点
忽略背面
忽略可见边
平面阈值:45.0
显示法线
比例:20.0
删除孤立顶点
隐藏任何选定的子对象，边和整个对象不能隐藏。
隐藏
全部取消隐藏
参照边层级编辑面板
命名选择:
复制
粘贴
选择了 108 个面
还原任何隐藏对象使之可见。只有在处于"顶点"子对象层级时能将隐藏的顶点取消隐藏。
软选择
使用软选择
参照边层级编辑面板
边距离:
影响背面
衰减:20.0mm
收缩:0.0
膨胀:0.0
将命名选择放置到复制缓冲区。
可以部分地选择显示选择邻接处中的子对象。
20.0mm
0.0mm
20.0mm
元素是将所有相邻的面组成的元素为最小单位进行选择。
参照边层级编辑面板
1.原图。
2.选择一个元素，元素会变成红色。

图 2–51

图 2–52

2.4 面片编辑建模

3ds Max 中面片建模没有太多的命令，经常用到的就是添加三角形面片、添加矩形面片和焊接命令。这种建模方式对空间感要求较高，要求对模型的形体结构有充分的认识。如图 2—53 所示，面片次对象层级包括顶点、边、面片、元素、控制柄，大家可以通过这些次对象层级进行调节，以达到修改的目的。

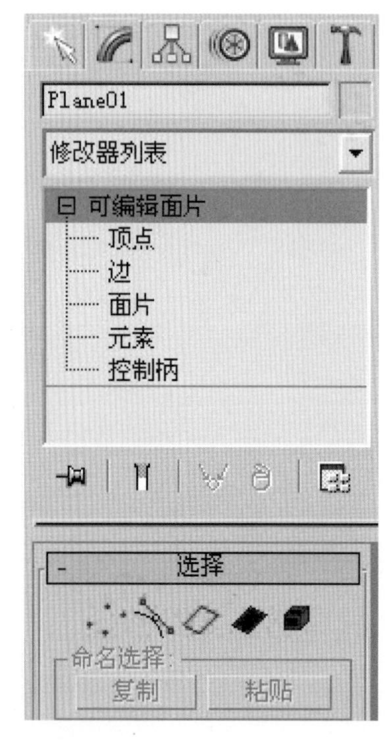

图 2-53

● 顶点——用于选择面片对象中的顶点控制点及其向量控制柄。

● 边——用于选择面片对象的边界边。在该层级，可以细分边，还可以向开放的边添加新的面片。

● 面片——在该层级，可以分离或删除面片，还可以细分其曲面。细分面片时，其曲面将会分裂成较小的面片。其中每个面片有自己的顶点和边。

● 元素——构成连续的面。

● 控制柄——用于选择与每个顶点关联的向量控制柄。

下面，就让我们来看看面片中各个子对象层级的具体操作。

2.4.1 顶点层级

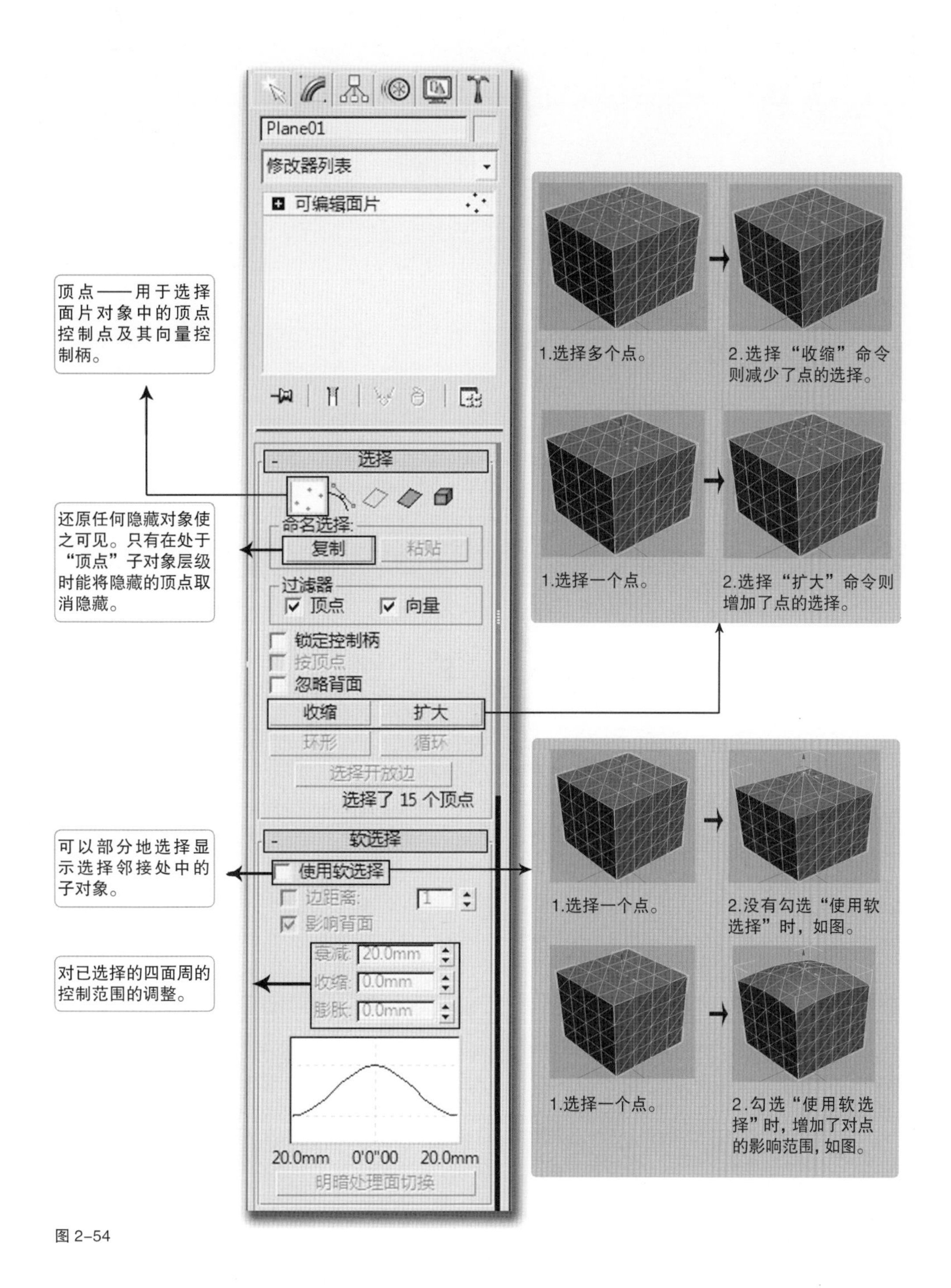

图 2–54

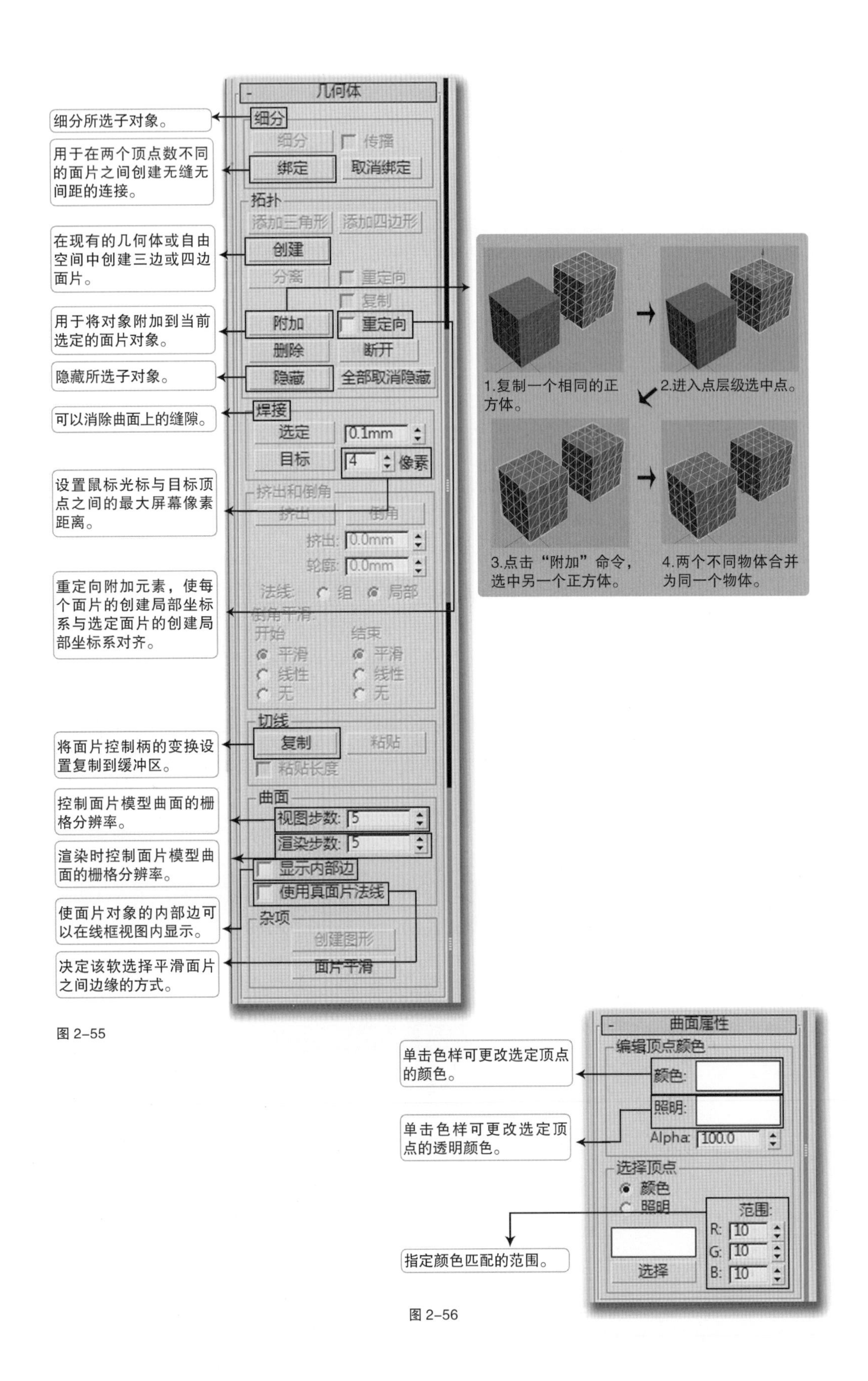
几何体
细分
细分所选子对象。
细分
传播
绑定
取消绑定
用于在两个顶点数不同的面片之间创建无缝无间距的连接。
拓扑
添加三角形
添加四边形
创建
在现有的几何体或自由空间中创建三边或四边面片。
分离
重定向
复制
附加
重定向
用于将对象附加到当前选定的面片对象。
删除
断开
隐藏
全部取消隐藏
隐藏所选子对象。
焊接
可以消除曲面上的缝隙。
选定
0.1mm
目标
4
像素
设置鼠标光标与目标顶点之间的最大屏幕像素距离。
挤出和倒角
挤出
倒角
挤出:
0.0mm
轮廓:
0.0mm
法线
组
局部
倒角平滑:
开始
结束
平滑
线性
无
重定向附加元素，使每个面片的创建局部坐标系与选定面片的创建局部坐标系对齐。
切线
复制
粘贴
粘贴长度
将面片控制柄的变换设置复制到缓冲区。
曲面
视图步数:
5
渲染步数:
5
控制面片模型曲面的栅格分辨率。
渲染时控制面片模型曲面的栅格分辨率。
显示内部边
使用真面片法线
使面片对象的内部边可以在线框视图内显示。
杂项
创建图形
面片平滑
决定该软选择平滑面片之间边缘的方式。
1.复制一个相同的正方体。
2.进入点层级选中点。
3.点击“附加”命令，选中另一个正方体。
4.两个不同物体合并为同一个物体。
曲面属性
编辑顶点颜色
颜色:
照明:
Alpha:
100.0
单击色样可更改选定顶点的颜色。
单击色样可更改选定顶点的透明颜色。
选择顶点
颜色
照明
范围:
R:
10
G:
10
B:
10
选择
指定颜色匹配的范围。

图 2-55

图 2-56

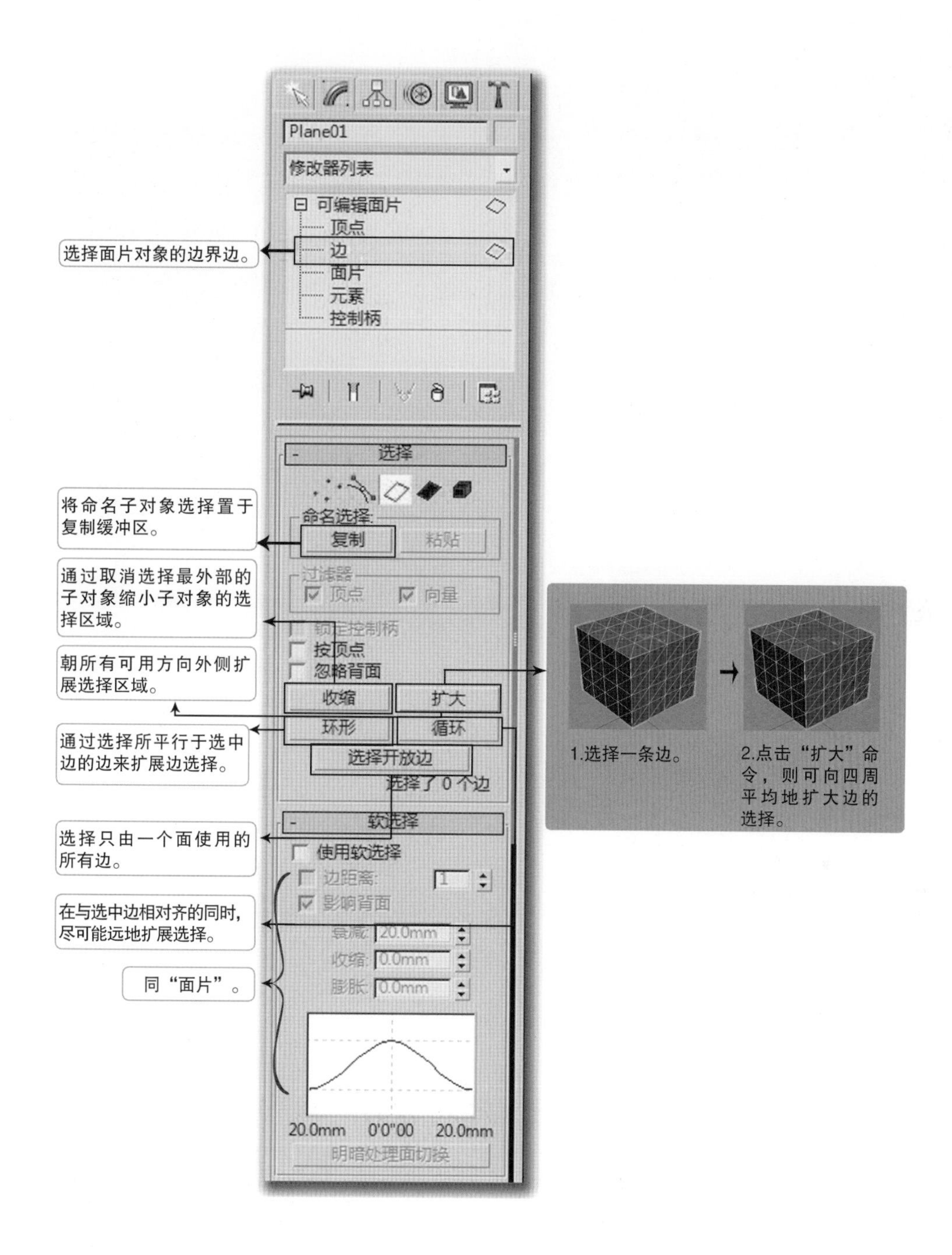
Plane01
修改器列表
可编辑面片
顶点
边
面片
元素
控制柄
选择面片对象的边界边。
选择
命名选择:
复制
粘贴
将命名子对象选择置于复制缓冲区。
过滤器
顶点
向量
锁定控制柄
按顶点
忽略背面
通过取消选择最外部的子对象缩小子对象的选择区域。
朝所有可用方向外侧扩展选择区域。
收缩
扩大
环形
循环
选择开放边
选择了 0 个边
通过选择所平行于选中边的边来扩展边选择。
软选择
使用软选择
边距离:
影响背面
衰减: 20.0mm
收缩: 0.0mm
膨胀: 0.0mm
选择只由一个面使用的所有边。
在与选中边相对齐的同时，尽可能远地扩展选择。
同“面片”。
20.0mm
0'0"00
20.0mm
明暗处理面切换
1.选择一条边。
2.点击“扩大”命令，则可向四周平均地扩大边的选择。

图 2-57

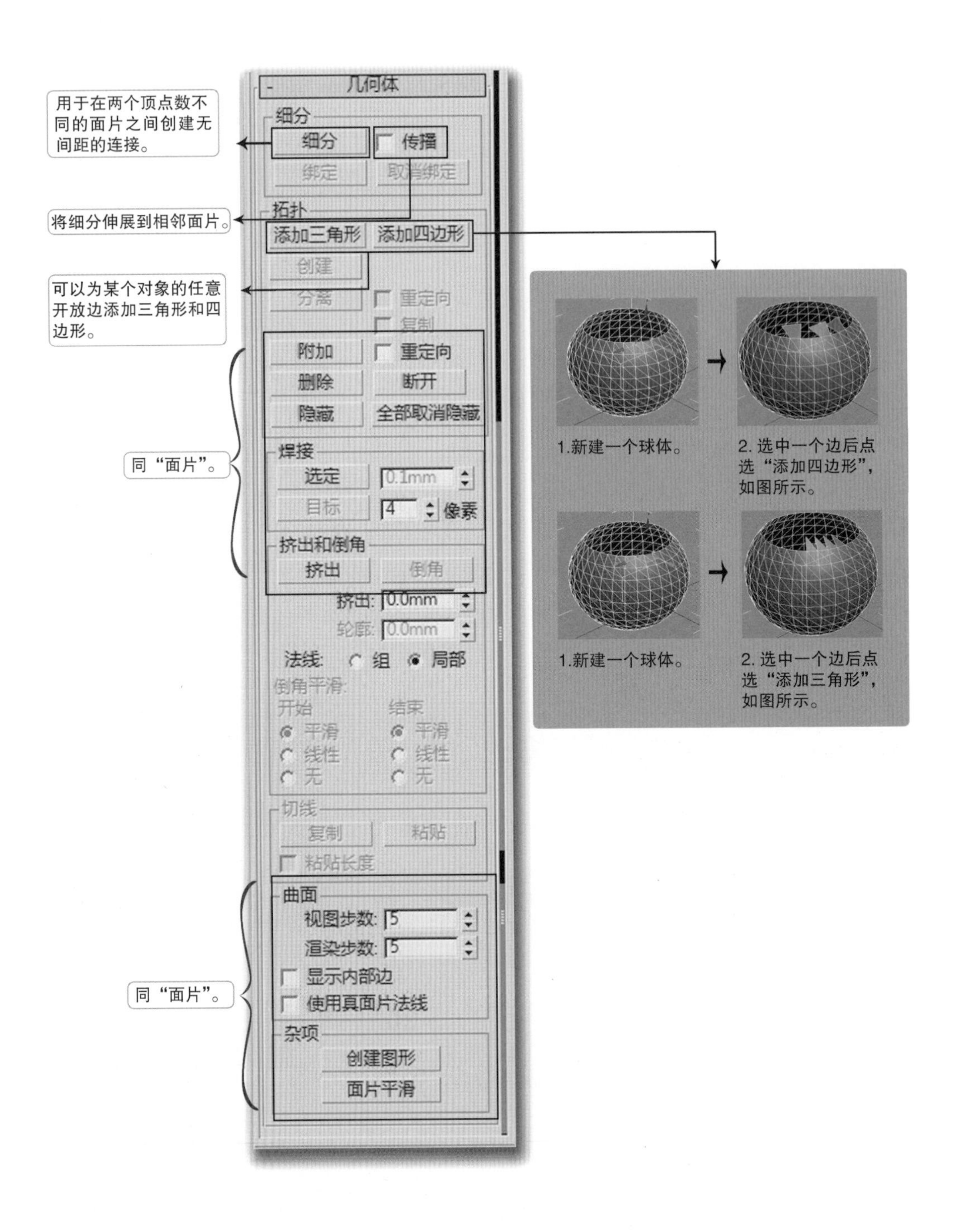

用于在两个顶点数不同的面片之间创建无间距的连接。
将细分伸展到相邻面片。
可以为某个对象的任意开放边添加三角形和四边形。
同“面片”。
同“面片”。
几何体
细分
细分
传播
绑定
取消绑定
拓扑
添加三角形
添加四边形
创建
分离
重定向
复制
附加
重定向
删除
断开
隐藏
全部取消隐藏
焊接
选定
0.1mm
目标
4
像素
挤出和倒角
挤出
倒角
挤出:
0.0mm
轮廓:
0.0mm
法线:
组
局部
倒角平滑:
开始
结束
平滑
线性
无
平滑
线性
无
切线
复制
粘贴
粘贴长度
曲面
视图步数:
5
渲染步数:
5
显示内部边
使用真面片法线
杂项
创建图形
面片平滑
1.新建一个球体。
2. 选中一个边后点选“添加四边形”，如图所示。
1.新建一个球体。
2. 选中一个边后点选“添加三角形”，如图所示。

图 2–58

2.4.2 面片层级

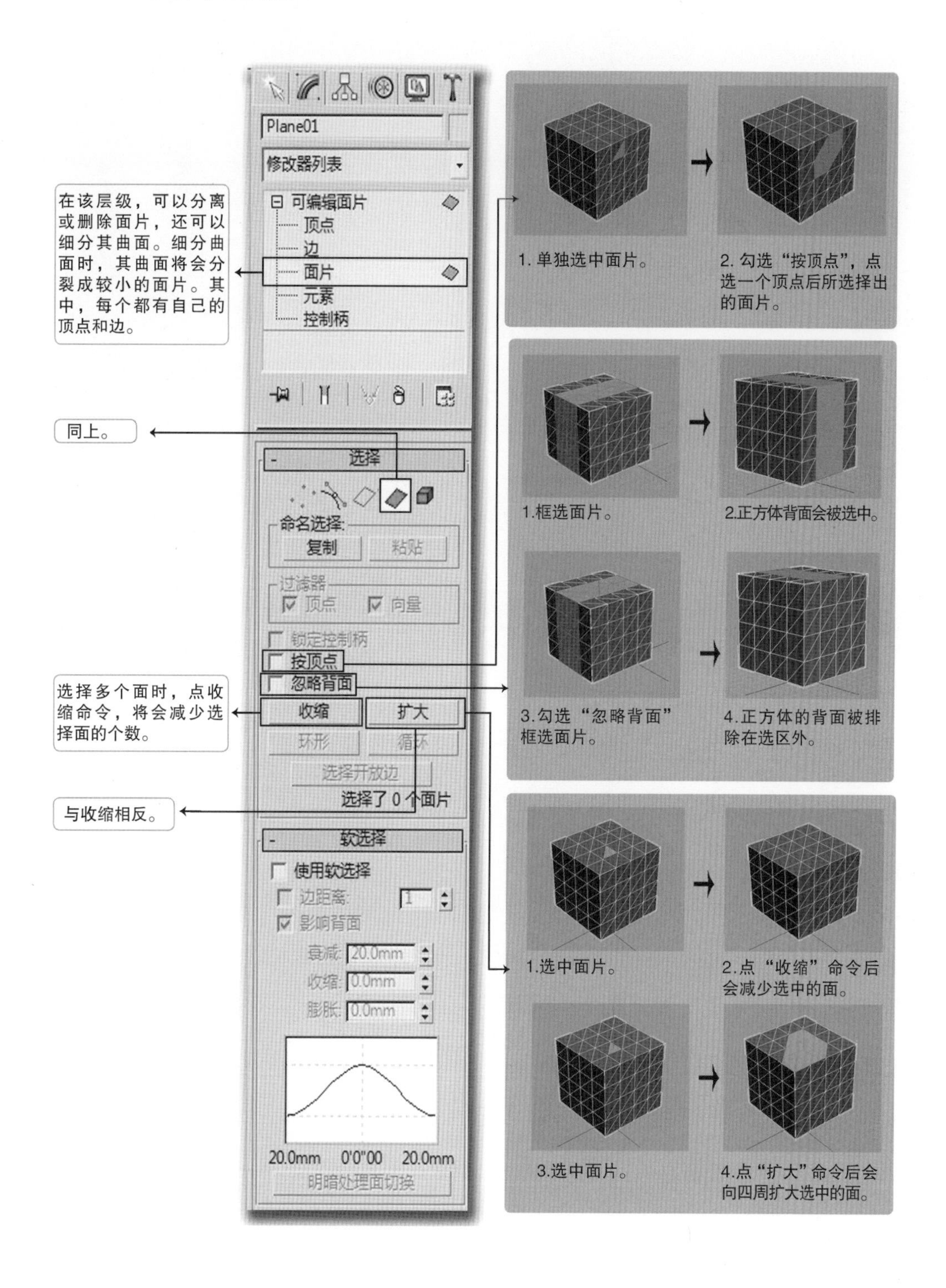

图 2-59

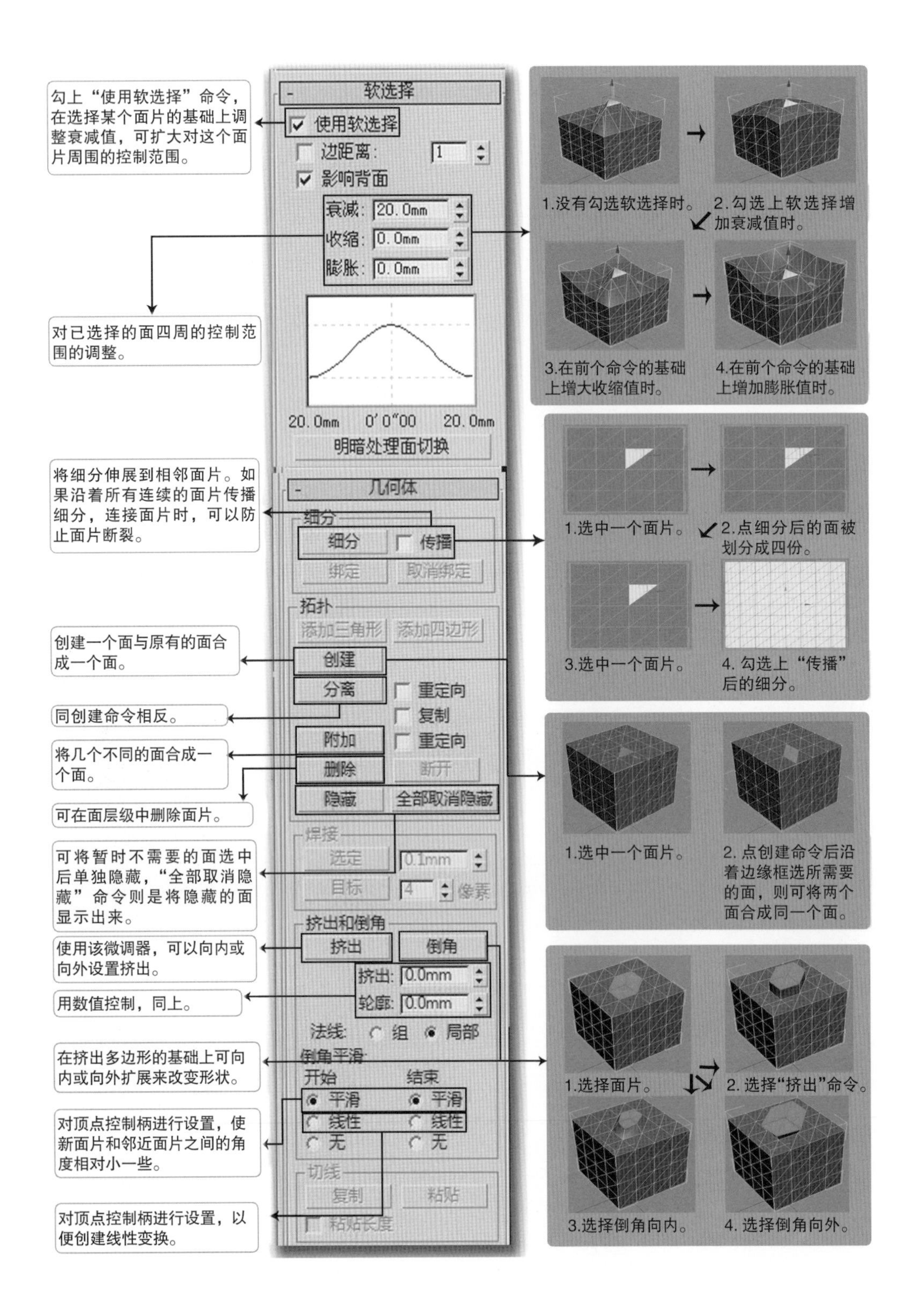

勾上“使用软选择”命令，在选择某个面片的基础上调整衰减值，可扩大对这个面片周围的控制范围。
软选择
使用软选择
边距离:
影响背面
衰减: 20.0mm
收缩: 0.0mm
膨胀: 0.0mm
20.0mm 0'0"00 20.0mm
明暗处理面切换
对已选择的面四周的控制范围的调整。
1.没有勾选软选择时。
2.勾选上软选择增加衰减值时。
3.在前个命令的基础上增大收缩值时。
4.在前个命令的基础上增加膨胀值时。
将细分伸展到相邻面片。如果沿着所有连续的面片传播细分，连接面片时，可以防止面片断裂。
几何体
细分
细分
传播
绑定
取消绑定
拓扑
添加三角形
添加四边形
创建
分离
重定向
复制
附加
重定向
删除
断开
隐藏
全部取消隐藏
焊接
选定
0.1mm
目标
像素
挤出和倒角
挤出
倒角
挤出: 0.0mm
轮廓: 0.0mm
法线: 组 局部
倒角平滑
开始
结束
平滑
平滑
线性
线性
无
无
切线
复制
粘贴
粘贴长度
1.选中一个面片。
2.点细分后的面被划分成四份。
3.选中一个面片。
4. 勾选上“传播”后的细分。
创建一个面与原有的面合成一个面。
同创建命令相反。
将几个不同的面合成一个面。
可在面层级中删除面片。
1.选中一个面片。
2. 点创建命令后沿着边缘框选所需要的面，则可将两个面合成同一个面。
可将暂时不需要的面选中后单独隐藏，“全部取消隐藏”命令则是将隐藏的面显示出来。
使用该微调器，可以向内或向外设置挤出。
用数值控制，同上。
在挤出多边形的基础上可向内或向外扩展来改变形状。
对顶点控制柄进行设置，使新面片和邻近面片之间的角度相对小一些。
对顶点控制柄进行设置，以便创建线性变换。
1.选择面片。
2. 选择“挤出”命令。
3.选择倒角向内。
4. 选择倒角向外。

图 2-60

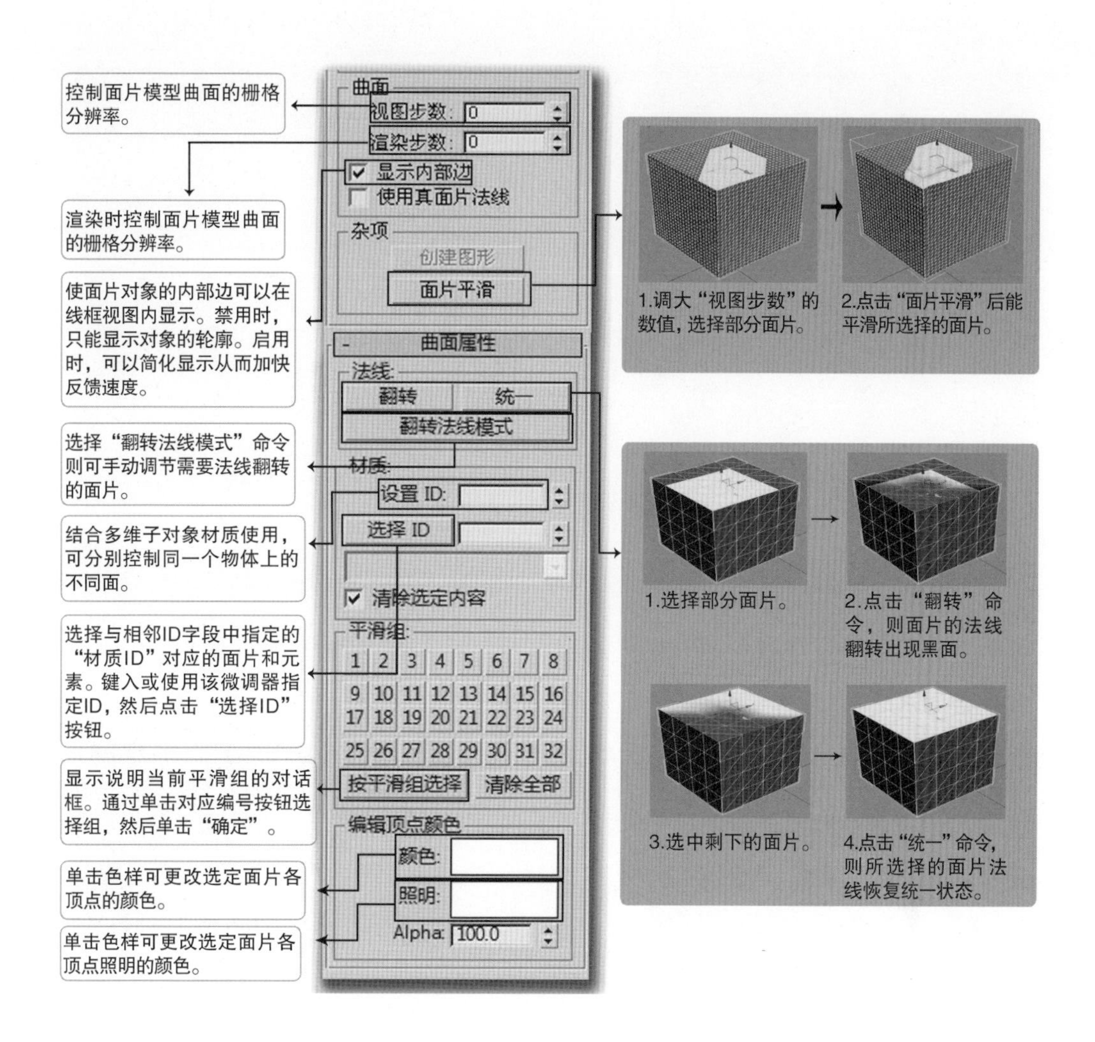
控制面片模型曲面的栅格分辨率。
渲染时控制面片模型曲面的栅格分辨率。
使面片对象的内部边可以在线框视图内显示。禁用时，只能显示对象的轮廓。启用时，可以简化显示从而加快反馈速度。
选择“翻转法线模式”命令则可手动调节需要法线翻转的面片。
结合多维子对象材质使用，可分别控制同一个物体上的不同面。
选择与相邻ID字段中指定的“材质ID”对应的面片和元素。键入或使用该微调器指定ID，然后点击“选择ID”按钮。
显示说明当前平滑组的对话框。通过单击对应编号按钮选择组，然后单击“确定”。
单击色样可更改选定面片各顶点的颜色。
单击色样可更改选定面片各顶点照明的颜色。
曲面
视图步数:
渲染步数:
显示内部边
使用真面片法线
杂项
创建图形
面片平滑
曲面属性
法线:
翻转
统一
翻转法线模式
材质:
设置 ID:
选择 ID
清除选定内容
平滑组:
1 2 3 4 5 6 7 8
9 10 11 12 13 14 15 16
17 18 19 20 21 22 23 24
25 26 27 28 29 30 31 32
按平滑组选择
清除全部
编辑顶点颜色
颜色:
照明:
Alpha: 100.0
1.调大“视图步数”的数值，选择部分面片。
2.点击“面片平滑”后能平滑所选择的面片。
1.选择部分面片。
2.点击“翻转”命令，则面片的法线翻转出现黑面。
3.选中剩下的面片。
4.点击“统一”命令，则所选择的面片法线恢复统一状态。

图 2–61

2.4.3 元素层级

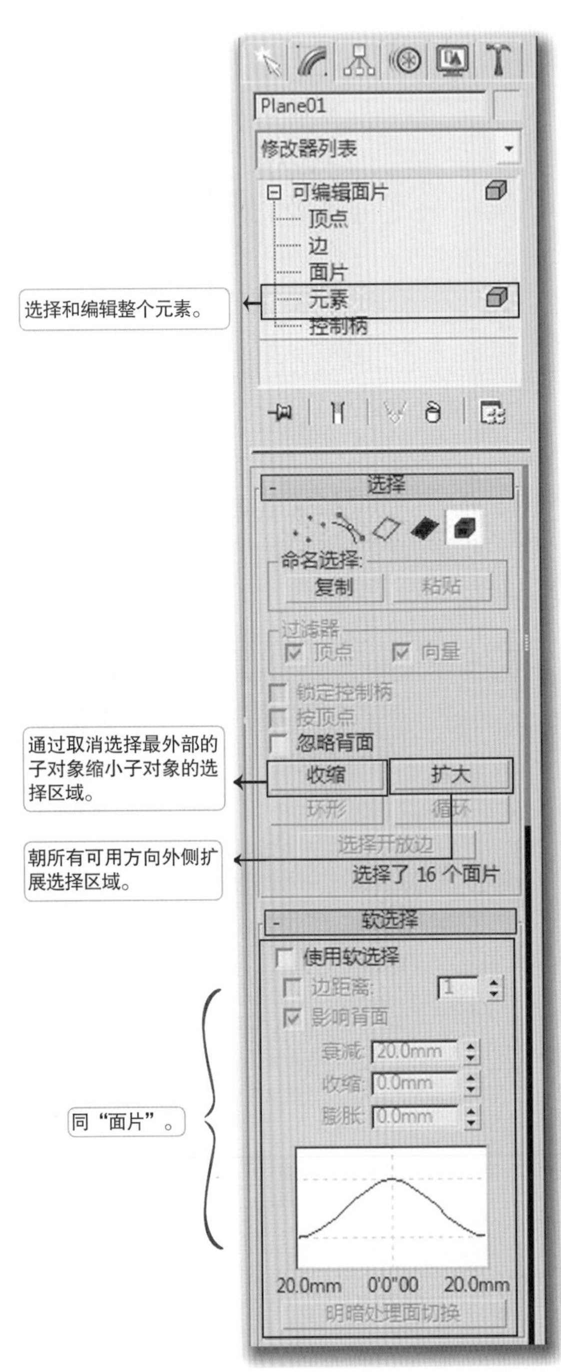

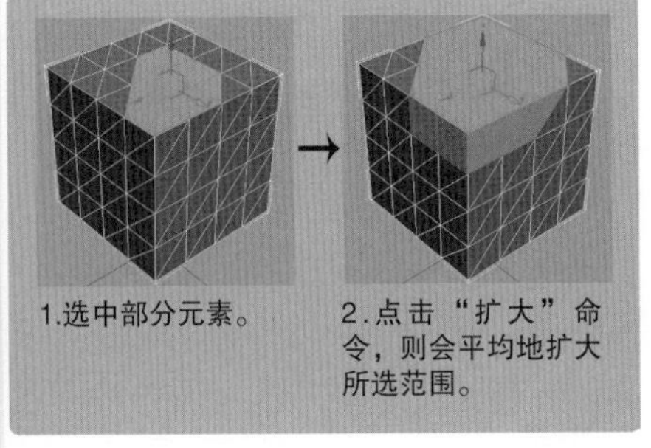

图 2-62

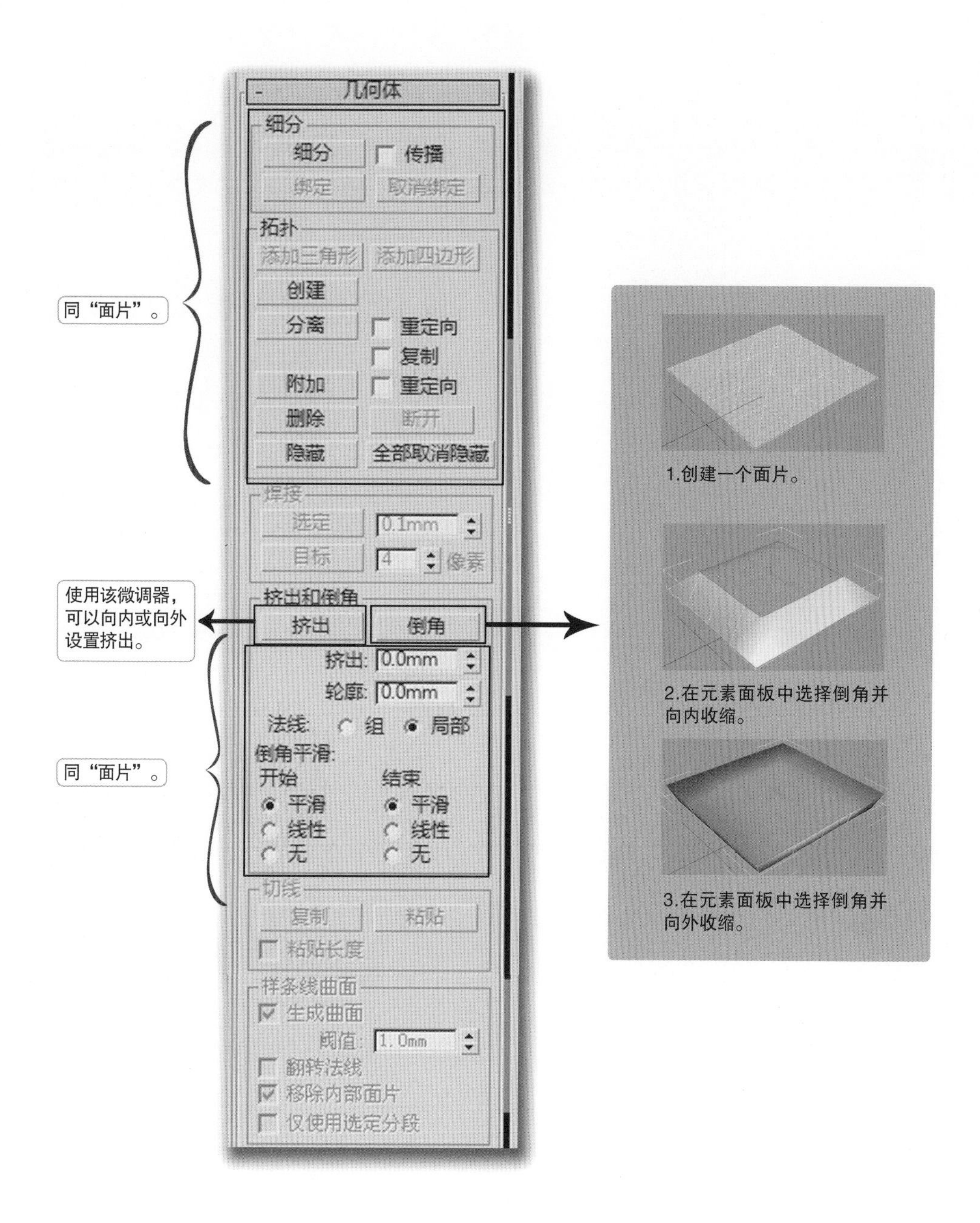
几何体
细分
细分
传播
绑定
取消绑定
拓扑
添加三角形
添加四边形
创建
分离
重定向
复制
附加
重定向
删除
断开
隐藏
全部取消隐藏
焊接
选定
0.1mm
目标
4
像素
挤出和倒角
挤出
倒角
挤出: 0.0mm
轮廓: 0.0mm
法线: 组 局部
倒角平滑:
开始
结束
平滑
平滑
线性
线性
无
无
切线
复制
粘贴
粘贴长度
样条线曲面
生成曲面
阈值: 1.0mm
翻转法线
移除内部面片
仅使用选定分段
同“面片”。
使用该微调器，可以向内或向外设置挤出。
同“面片”。
1.创建一个面片。
2.在元素面板中选择倒角并向内收缩。
3.在元素面板中选择倒角并向外收缩。

图 2–63

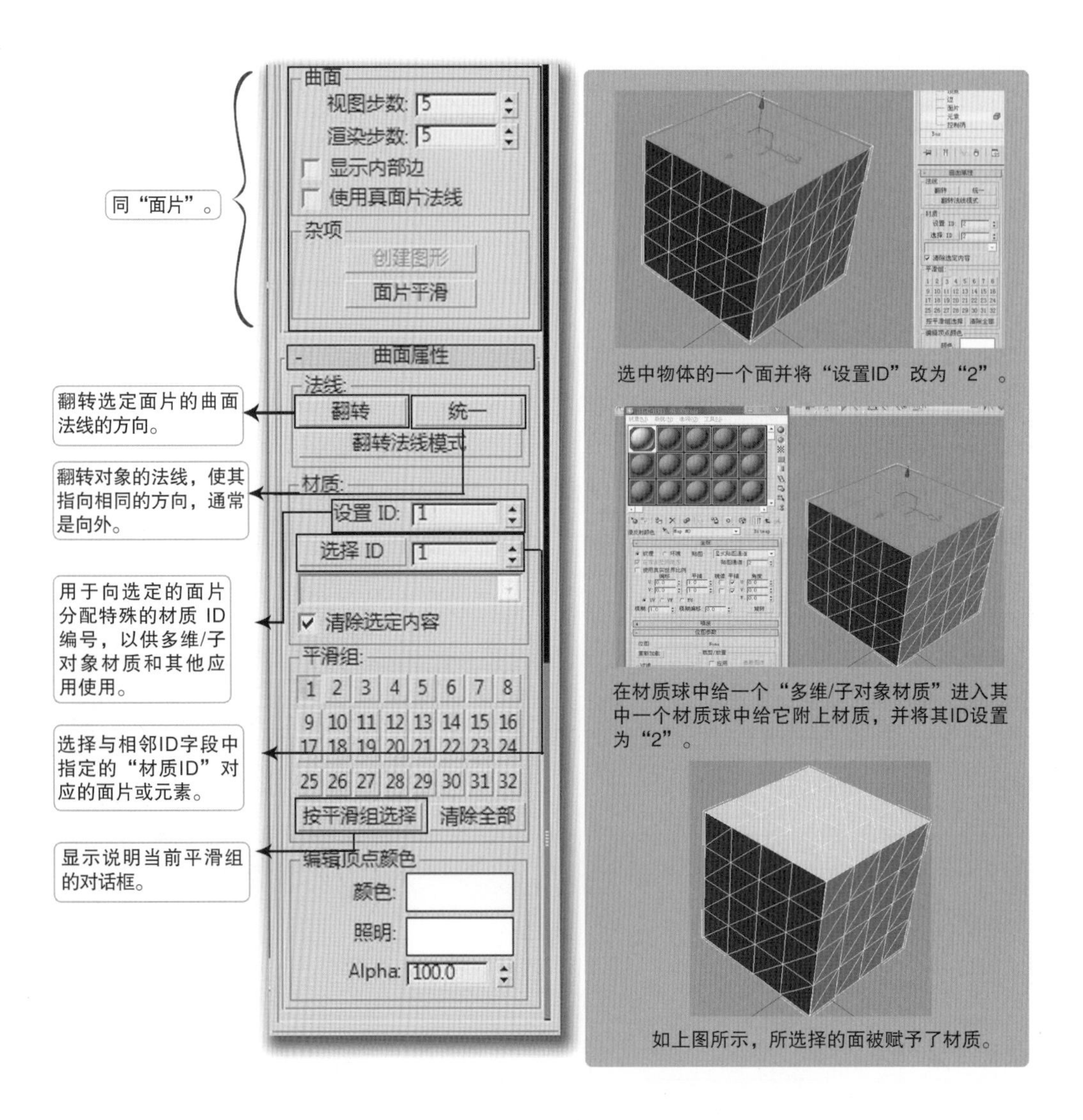
同"面片"。
曲面
视图步数:
渲染步数:
显示内部边
使用真面片法线
杂项
创建图形
面片平滑
曲面属性
法线:
翻转
统一
翻转法线模式
材质:
设置 ID:
选择 ID
清除选定内容
平滑组:
按平滑组选择
清除全部
编辑顶点颜色
颜色:
照明:
Alpha:
翻转选定面片的曲面法线的方向。
翻转对象的法线，使其指向相同的方向，通常是向外。
用于向选定的面片分配特殊的材质 ID 编号，以供多维/子对象材质和其他应用使用。
选择与相邻ID字段中指定的"材质ID"对应的面片或元素。
显示说明当前平滑组的对话框。
选中物体的一个面并将"设置ID"改为"2"。
在材质球中给一个"多维/子对象材质"进入其中一个材质球中给它附上材质，并将其ID设置为"2"。
如上图所示，所选择的面被赋予了材质。

图 2-64

2.4.4 控制柄层级

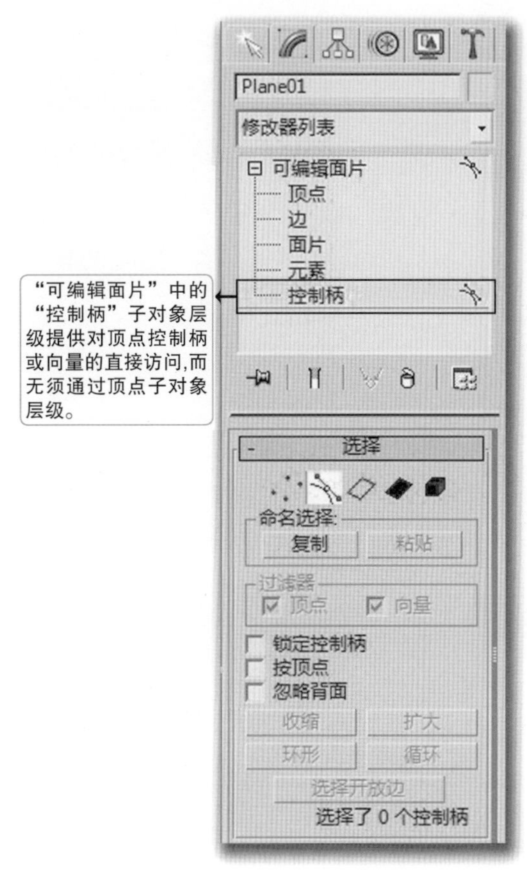

图 2–65

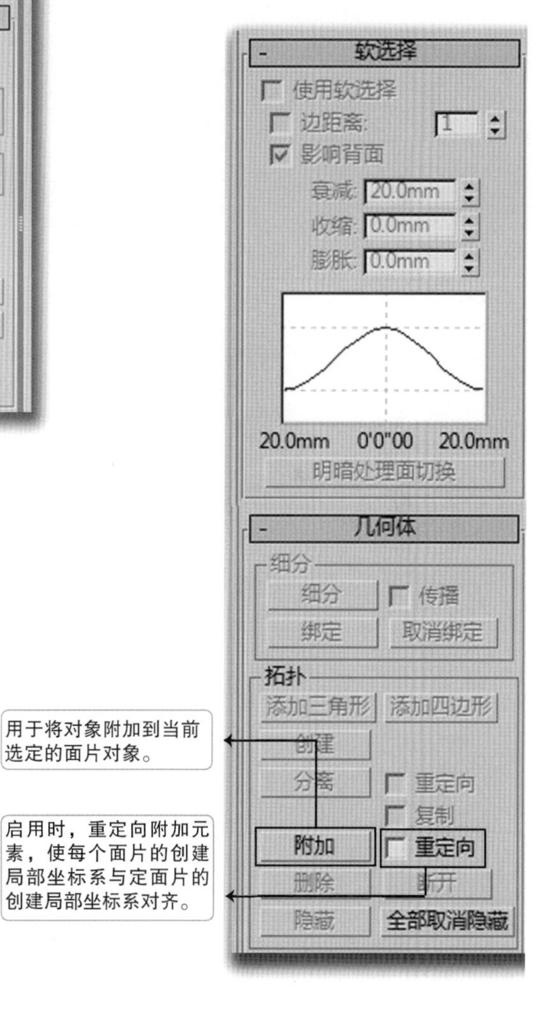

图 2–66

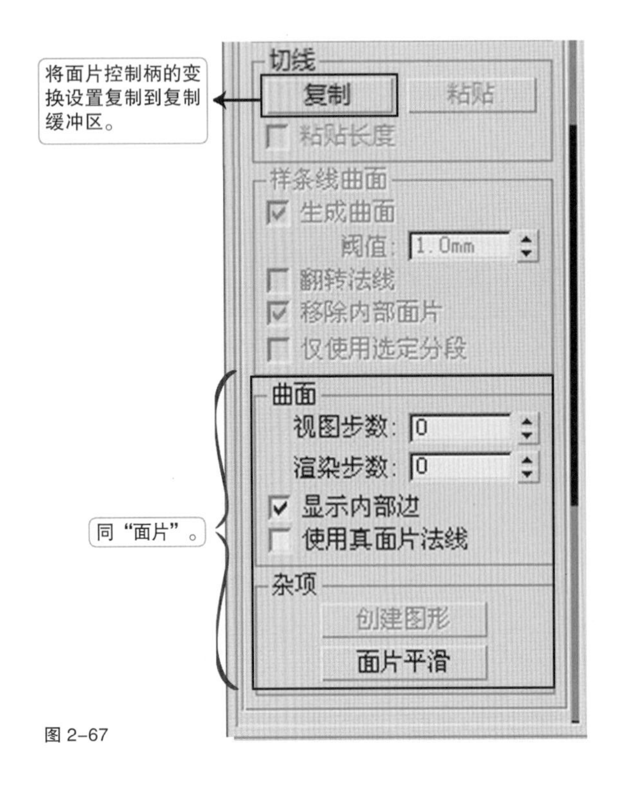

图 2-67

图 2-68

2.5 多边形建模

3ds Max 中多边形建模方法非常适合初学者学习，并且可以在建模的过程中给使用者更多的可编辑空间。本章节，我们将深入浅出地对多边形建模进行剖析，使同学们可以比较全面地了解和掌握多边形建模方式与流程。

2.5.1 认识多边形建模

a. 多边形建模的优势：首先，多边形建模操作感强，极易上手；其次，多边形建模可以对模型的网格密度进行较好的控制，使最终模型的网格分布稀疏得当；此外多边形建模的效率高，是建造复杂模型的首选。

b. 多边形建模需要注意的两个方面：对模型结构的把握和对模型网格分布的控制。

【小贴士：几乎所有的几何体类型都可以塌陷为可编辑多边形网格，物体一经塌陷，之前的修改历史就没有了。】

2.5.2 多边形编辑

多边形编辑建模与上一讲中我们已经提到的网格与面片编辑建模相似，有了前面的基础，相信大家在多边形建模的掌握上会更轻松。如图 2—69 所示，多边形的次对象层级包括顶点、边、边界、多边形、元素，大家可以通过这些次对象层级进行调节，达到修改的目的。

编辑顶点次对象层级

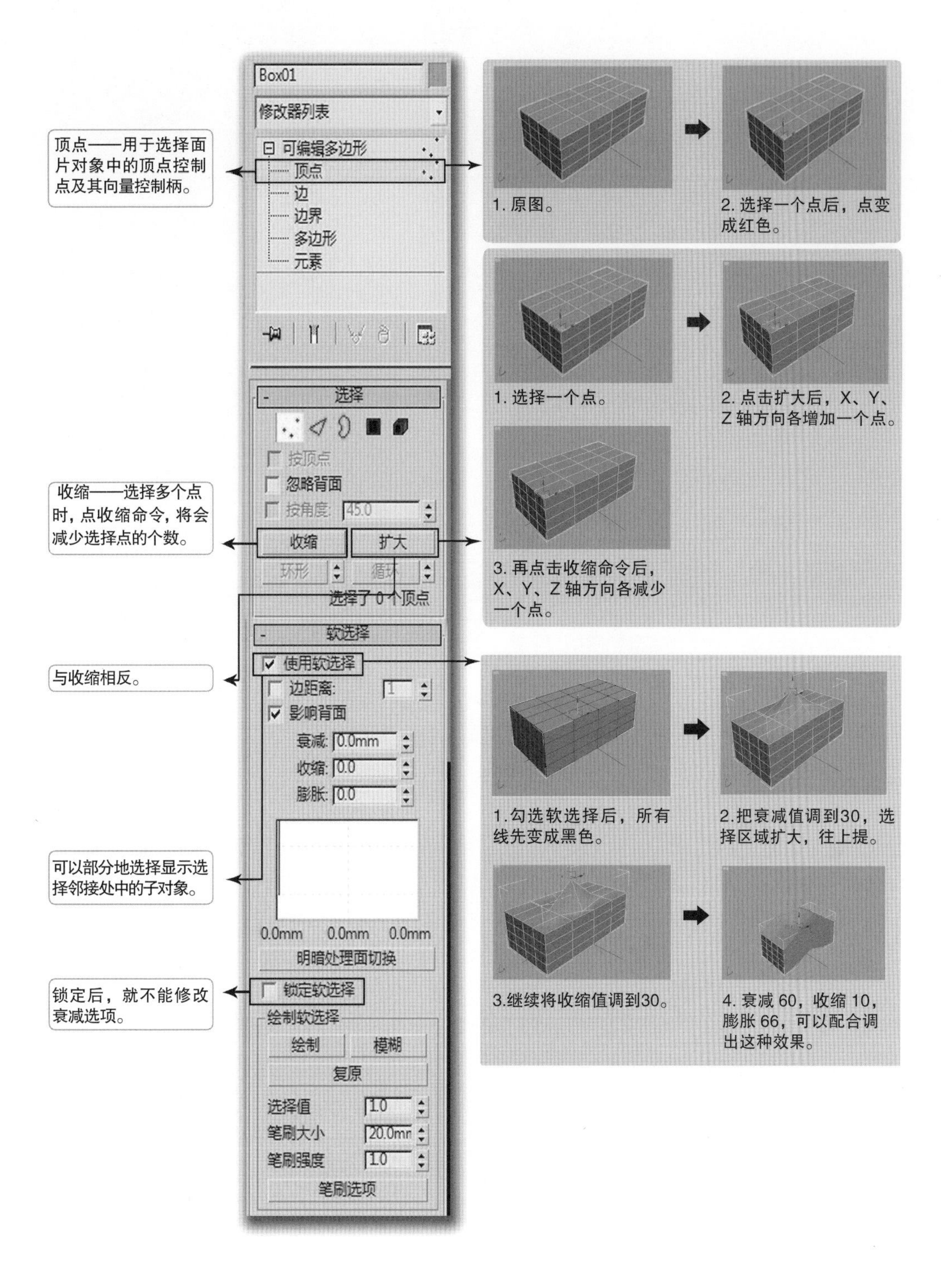

图 2–69

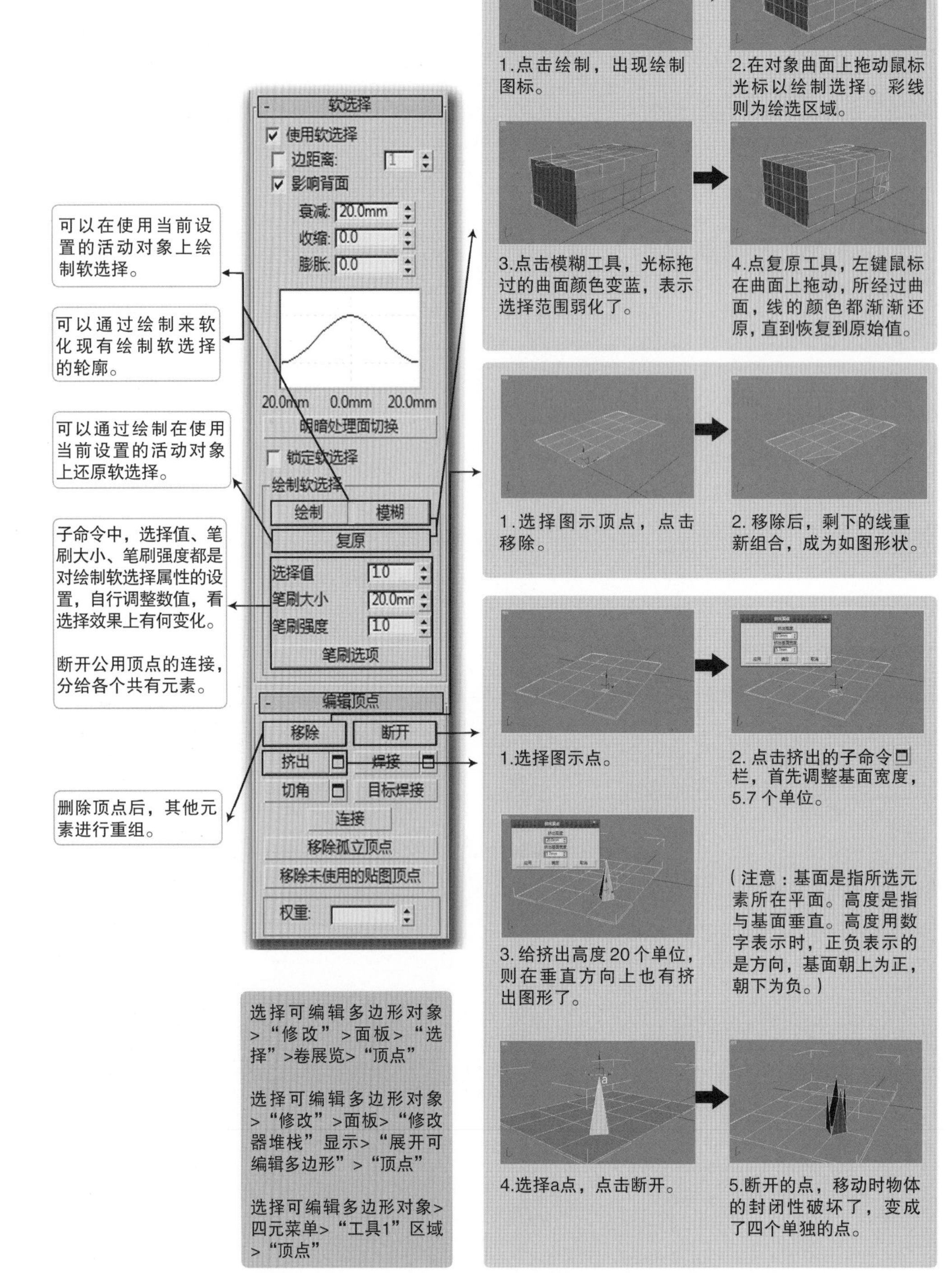

选择可编辑多边形对象>“修改”>面板>“选择”>卷展览>“顶点”

选择可编辑多边形对象>“修改”>面板>“修改器堆栈”显示>“展开可编辑多边形”>“顶点”

选择可编辑多边形对象>四元菜单>“工具1”区域>“顶点”

图 2–70

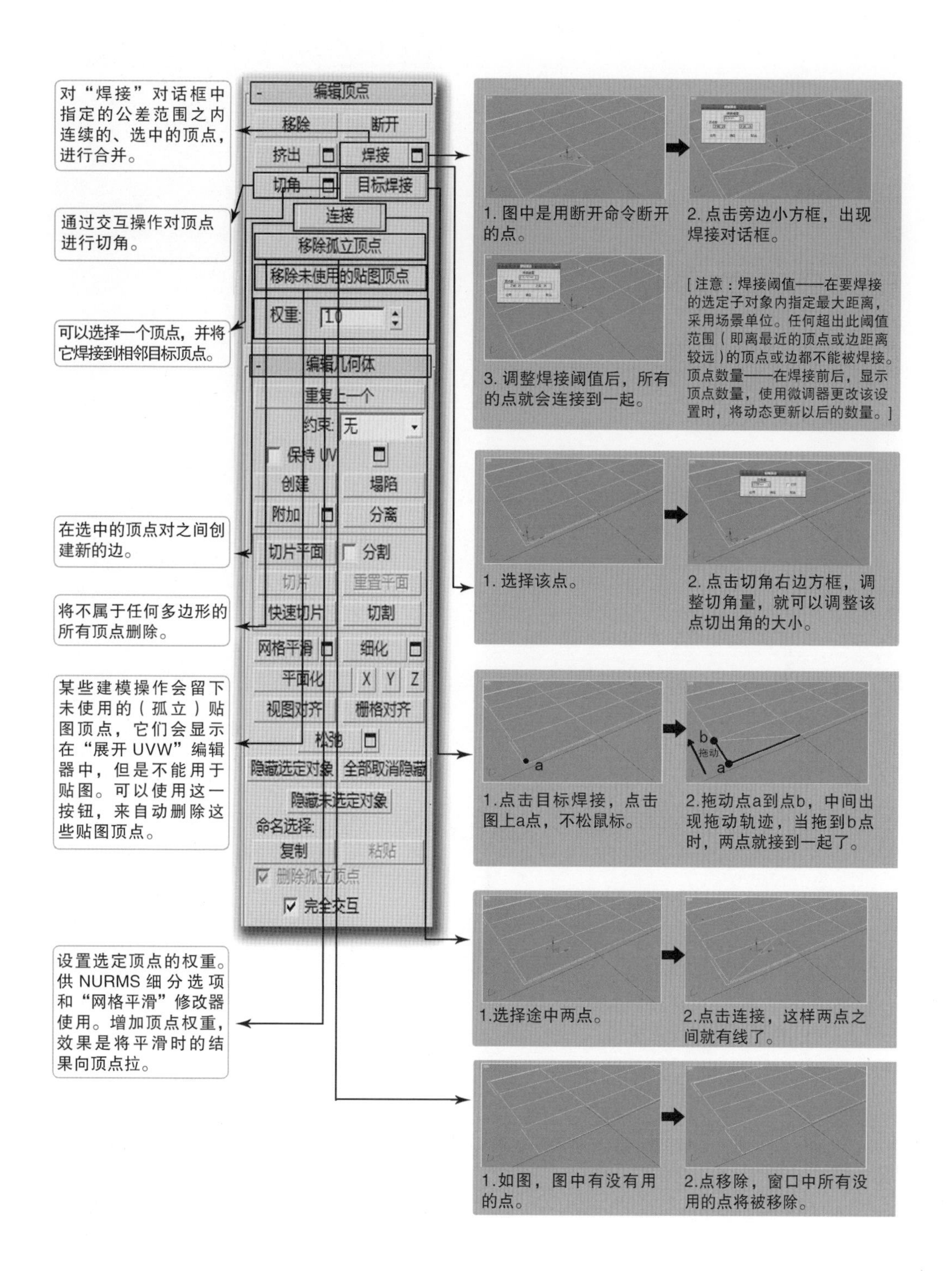
对“焊接”对话框中指定的公差范围之内连续的、选中的顶点，进行合并。
通过交互操作对顶点进行切角。
可以选择一个顶点，并将它焊接到相邻目标顶点。
在选中的顶点对之间创建新的边。
将不属于任何多边形的所有顶点删除。
某些建模操作会留下未使用的（孤立）贴图顶点，它们会显示在“展开UVW”编辑器中，但是不能用于贴图。可以使用这一按钮，来自动删除这些贴图顶点。
设置选定顶点的权重。供NURMS细分选项和“网格平滑”修改器使用。增加顶点权重，效果是将平滑时的结果向顶点拉。
编辑顶点
移除
断开
挤出
焊接
切角
目标焊接
连接
移除孤立顶点
移除未使用的贴图顶点
权重:
编辑几何体
重复上一个
约束:
无
保持UV
创建
塌陷
附加
分离
切片平面
分割
切片
重置平面
快速切片
切割
网格平滑
细化
平面化
X
Y
Z
视图对齐
栅格对齐
松弛
隐藏选定对象
全部取消隐藏
隐藏未选定对象
命名选择:
复制
粘贴
删除孤立顶点
完全交互
1. 图中是用断开命令断开的点。
2. 点击旁边小方框，出现焊接对话框。
3. 调整焊接阈值后，所有的点就会连接到一起。
[注意：焊接阈值——在要焊接的选定子对象内指定最大距离，采用场景单位。任何超出此阈值范围（即离最近的顶点或边距离较远）的顶点或边都不能被焊接。顶点数量——在焊接前后，显示顶点数量，使用微调器更改该设置时，将动态更新以后的数量。]
1. 选择该点。
2. 点击切角右边方框，调整切角量，就可以调整该点切出角的大小。
a
b
拖动
1.点击目标焊接，点击图上a点，不松鼠标。
2.拖动点a到点b，中间出现拖动轨迹，当拖到b点时，两点就接到一起了。
1.选择途中两点。
2.点击连接，这样两点之间就有线了。
1.如图，图中有没有用的点。
2.点移除，窗口中所有没用的点将被移除。

图 2–71

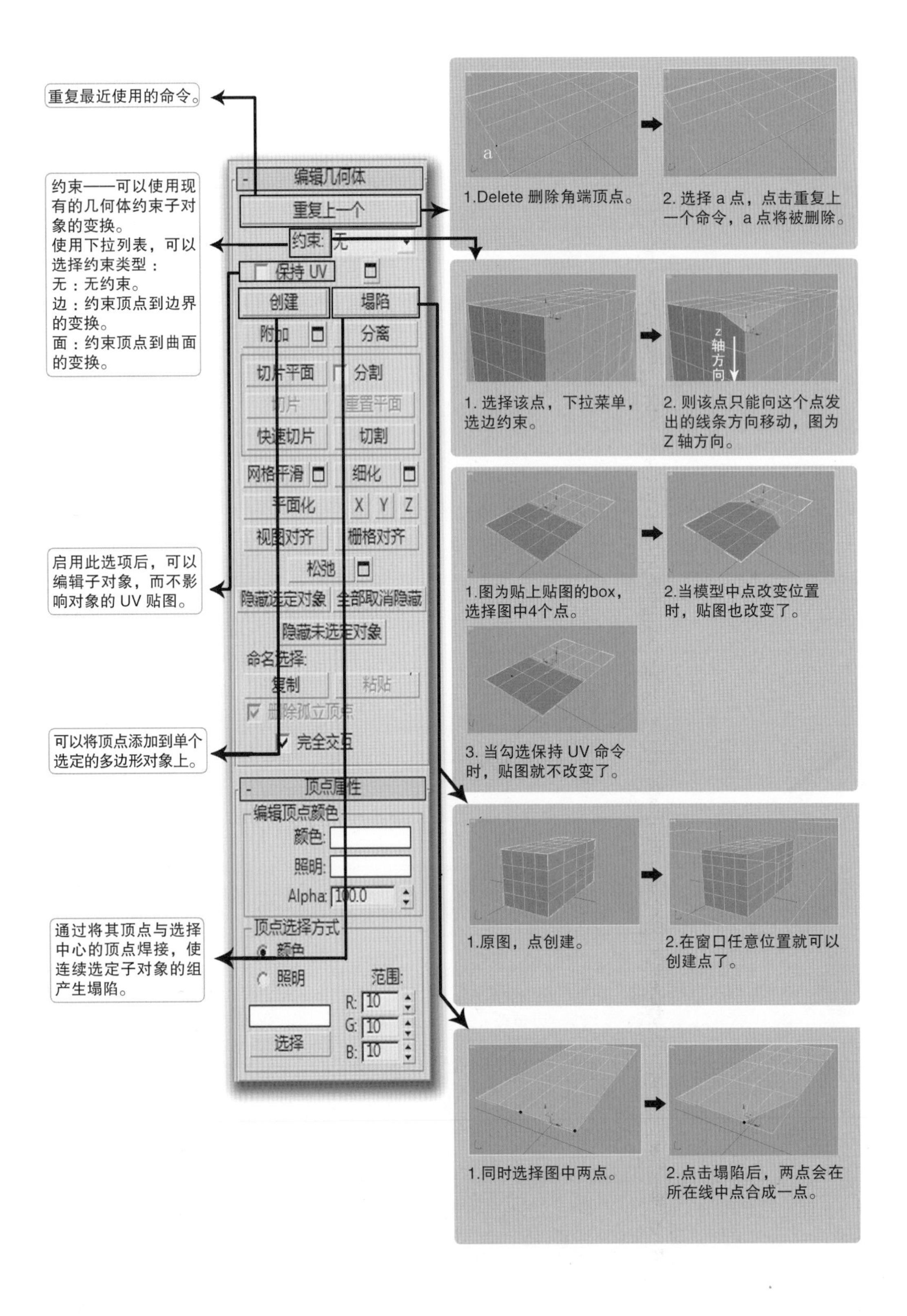
重复最近使用的命令。
约束——可以使用现有的几何体约束子对象的变换。
使用下拉列表，可以选择约束类型：
无：无约束。
边：约束顶点到边界的变换。
面：约束顶点到曲面的变换。
启用此选项后，可以编辑子对象，而不影响对象的 UV 贴图。
可以将顶点添加到单个选定的多边形对象上。
通过将其顶点与选择中心的顶点焊接，使连续选定子对象的组产生塌陷。
编辑几何体
重复上一个
约束:
无
保持 UV
创建
塌陷
附加
分离
切片平面
分割
切片
重置平面
快速切片
切割
网格平滑
细化
平面化
X
Y
Z
视图对齐
栅格对齐
松弛
隐藏选定对象
全部取消隐藏
隐藏未选定对象
命名选择:
复制
粘贴
删除孤立顶点
完全交互
顶点属性
编辑顶点颜色
颜色:
照明:
Alpha:
100.0
顶点选择方式
颜色
照明
范围:
R:
10
G:
10
B:
10
选择
a
1.Delete 删除角端顶点。
2. 选择 a 点，点击重复上一个命令，a 点将被删除。
z 轴方向
1. 选择该点，下拉菜单，选边约束。
2. 则该点只能向这个点发出的线条方向移动，图为 Z 轴方向。
1.图为贴上贴图的box，选择图中4个点。
2.当模型中点改变位置时，贴图也改变了。
3. 当勾选保持 UV 命令时，贴图就不改变了。
1.原图，点创建。
2.在窗口任意位置就可以创建点了。
1.同时选择图中两点。
2.点击塌陷后，两点会在所在线中点合成一点。

图 2-72

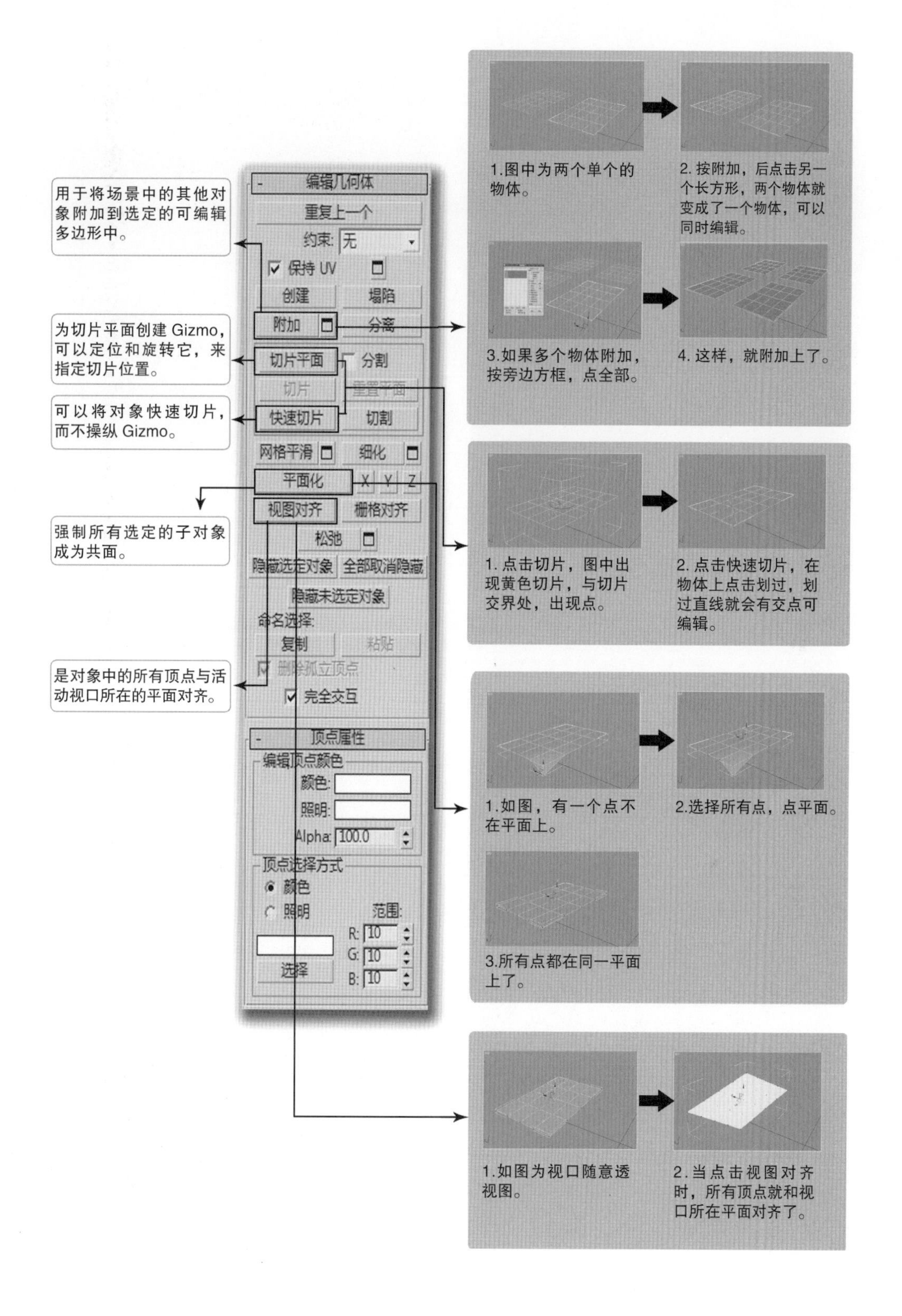
用于将场景中的其他对象附加到选定的可编辑多边形中。
为切片平面创建 Gizmo，可以定位和旋转它，来指定切片位置。
可以将对象快速切片，而不操纵 Gizmo。
强制所有选定的子对象成为共面。
是对象中的所有顶点与活动视口所在的平面对齐。
编辑几何体
重复上一个
约束:
无
保持 UV
创建
塌陷
附加
分离
切片平面
分割
切片
重置平面
快速切片
切割
网格平滑
细化
平面化
X
Y
Z
视图对齐
栅格对齐
松弛
隐藏选定对象
全部取消隐藏
隐藏未选定对象
命名选择:
复制
粘贴
删除孤立顶点
完全交互
顶点属性
编辑顶点颜色
颜色:
照明:
Alpha:
100.0
顶点选择方式
颜色
照明
范围:
R:
10
G:
10
B:
10
选择
1.图中为两个单个的物体。
2. 按附加，后点击另一个长方形，两个物体就变成了一个物体，可以同时编辑。
3.如果多个物体附加，按旁边方框，点全部。
4. 这样，就附加上了。
1. 点击切片，图中出现黄色切片，与切片交界处，出现点。
2. 点击快速切片，在物体上点击划过，划过直线就会有交点可编辑。
1.如图，有一个点不在平面上。
2.选择所有点，点平面。
3.所有点都在同一平面上了。
1.如图为视口随意透视图。
2.当点击视图对齐时，所有顶点就和视口所在平面对齐了。

图 2-73

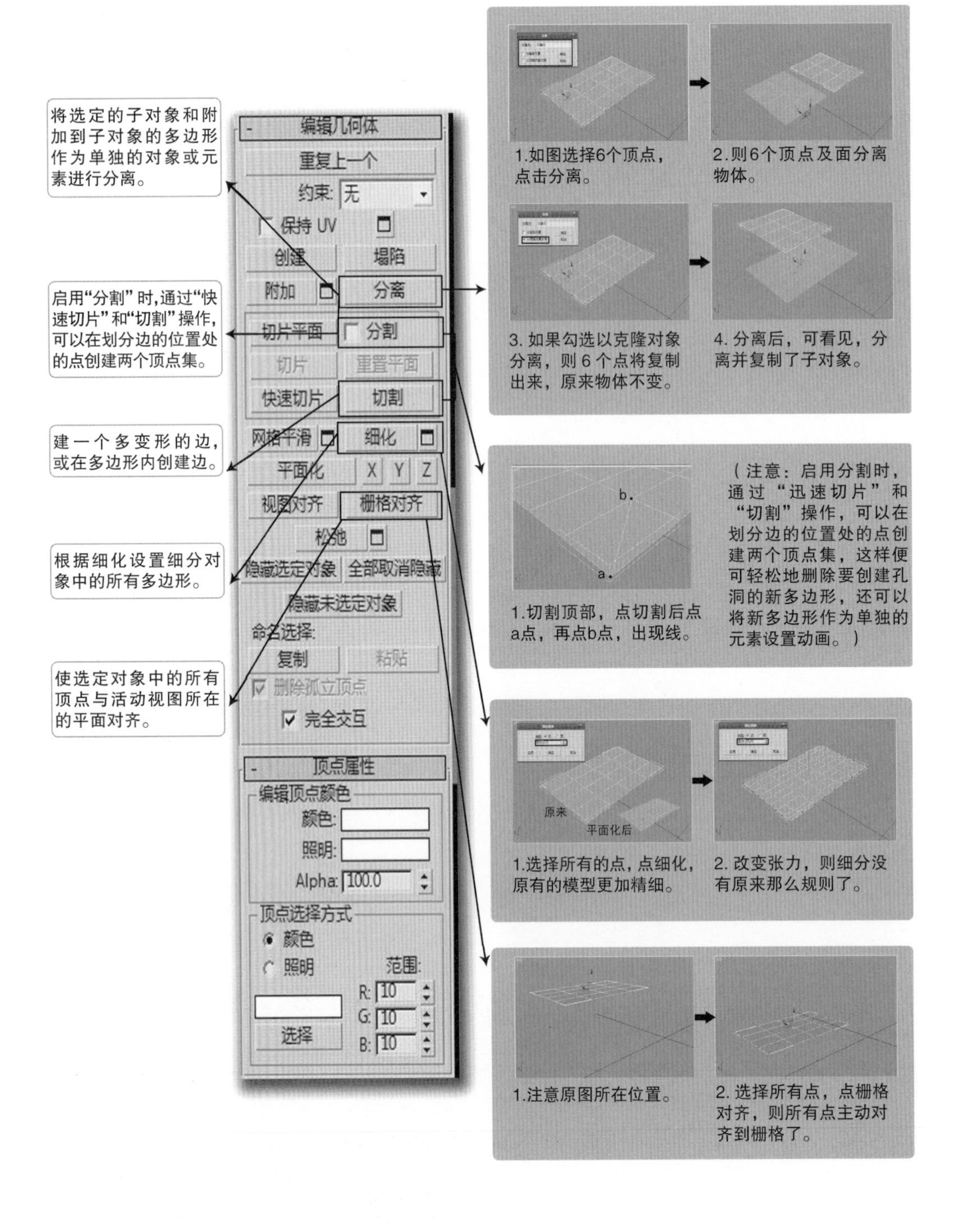
将选定的子对象和附加到子对象的多边形作为单独的对象或元素进行分离。
启用“分割”时,通过“快速切片”和“切割”操作,可以在划分边的位置处的点创建两个顶点集。
建一个多变形的边,或在多边形内创建边。
根据细化设置细分对象中的所有多边形。
使选定对象中的所有顶点与活动视图所在的平面对齐。
编辑几何体
重复上一个
约束: 无
保持 UV
创建
塌陷
附加
分离
切片平面
分割
切片
重置平面
快速切片
切割
网格平滑
细化
平面化
X
Y
Z
视图对齐
栅格对齐
松弛
隐藏选定对象
全部取消隐藏
隐藏未选定对象
命名选择:
复制
粘贴
删除孤立顶点
完全交互
顶点属性
编辑顶点颜色
颜色:
照明:
Alpha: 100.0
顶点选择方式
颜色
照明
范围:
R: 10
G: 10
B: 10
选择
1.如图选择6个顶点，点击分离。
2.则6个顶点及面分离物体。
3. 如果勾选以克隆对象分离，则 6 个点将复制出来，原来物体不变。
4. 分离后，可看见，分离并复制了子对象。
b.
a.
1.切割顶部，点切割后点a点，再点b点，出现线。
（注意：启用分割时，通过“迅速切片”和“切割”操作，可以在划分边的位置处的点创建两个顶点集，这样便可轻松地删除要创建孔洞的新多边形，还可以将新多边形作为单独的元素设置动画。）
原来
平面化后
1.选择所有的点，点细化，原有的模型更加精细。
2. 改变张力，则细分没有原来那么规则了。
1.注意原图所在位置。
2. 选择所有点，点栅格对齐，则所有点主动对齐到栅格了。

图 2-74

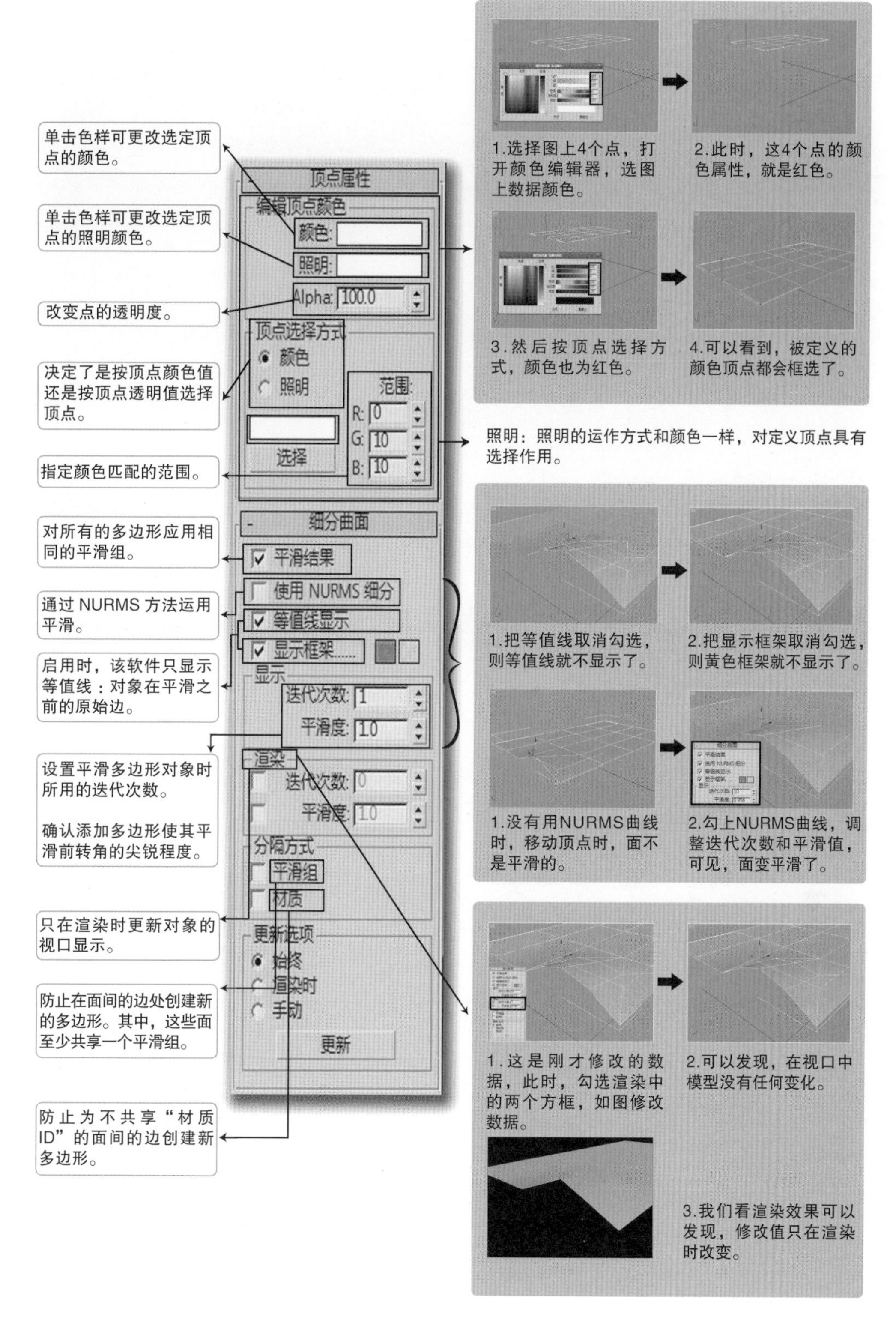

单击色样可更改选定顶点的颜色。
单击色样可更改选定顶点的照明颜色。
改变点的透明度。
决定了是按顶点颜色值还是按顶点透明值选择顶点。
指定颜色匹配的范围。
对所有的多边形应用相同的平滑组。
通过 NURMS 方法运用平滑。
启用时，该软件只显示等值线：对象在平滑之前的原始边。
设置平滑多边形对象时所用的迭代次数。
确认添加多边形使其平滑前转角的尖锐程度。
只在渲染时更新对象的视口显示。
防止在面间的边处创建新的多边形。其中，这些面至少共享一个平滑组。
防止为不共享“材质ID”的面间的边创建新多边形。
顶点属性
编辑顶点颜色
颜色:
照明:
Alpha: 100.0
顶点选择方式
颜色
照明
范围:
R: 0
G: 10
B: 10
选择
细分曲面
平滑结果
使用 NURMS 细分
等值线显示
显示框架......
显示
迭代次数: 1
平滑度: 1.0
渲染
迭代次数: 0
平滑度: 1.0
分隔方式
平滑组
材质
更新选项
始终
渲染时
手动
更新
1.选择图上4个点，打开颜色编辑器，选图上数据颜色。
2.此时，这4个点的颜色属性，就是红色。
3.然后按顶点选择方式，颜色也为红色。
4.可以看到，被定义的颜色顶点都会框选了。
照明：照明的运作方式和颜色一样，对定义顶点具有选择作用。
1.把等值线取消勾选，则等值线就不显示了。
2.把显示框架取消勾选，则黄色框架就不显示了。
1.没有用NURMS曲线时，移动顶点时，面不是平滑的。
2.勾上NURMS曲线，调整迭代次数和平滑值，可见，面变平滑了。
1.这是刚才修改的数据，此时，勾选渲染中的两个方框，如图修改数据。
2.可以发现，在视口中模型没有任何变化。
3.我们看渲染效果可以发现，修改值只在渲染时改变。

图 2–75

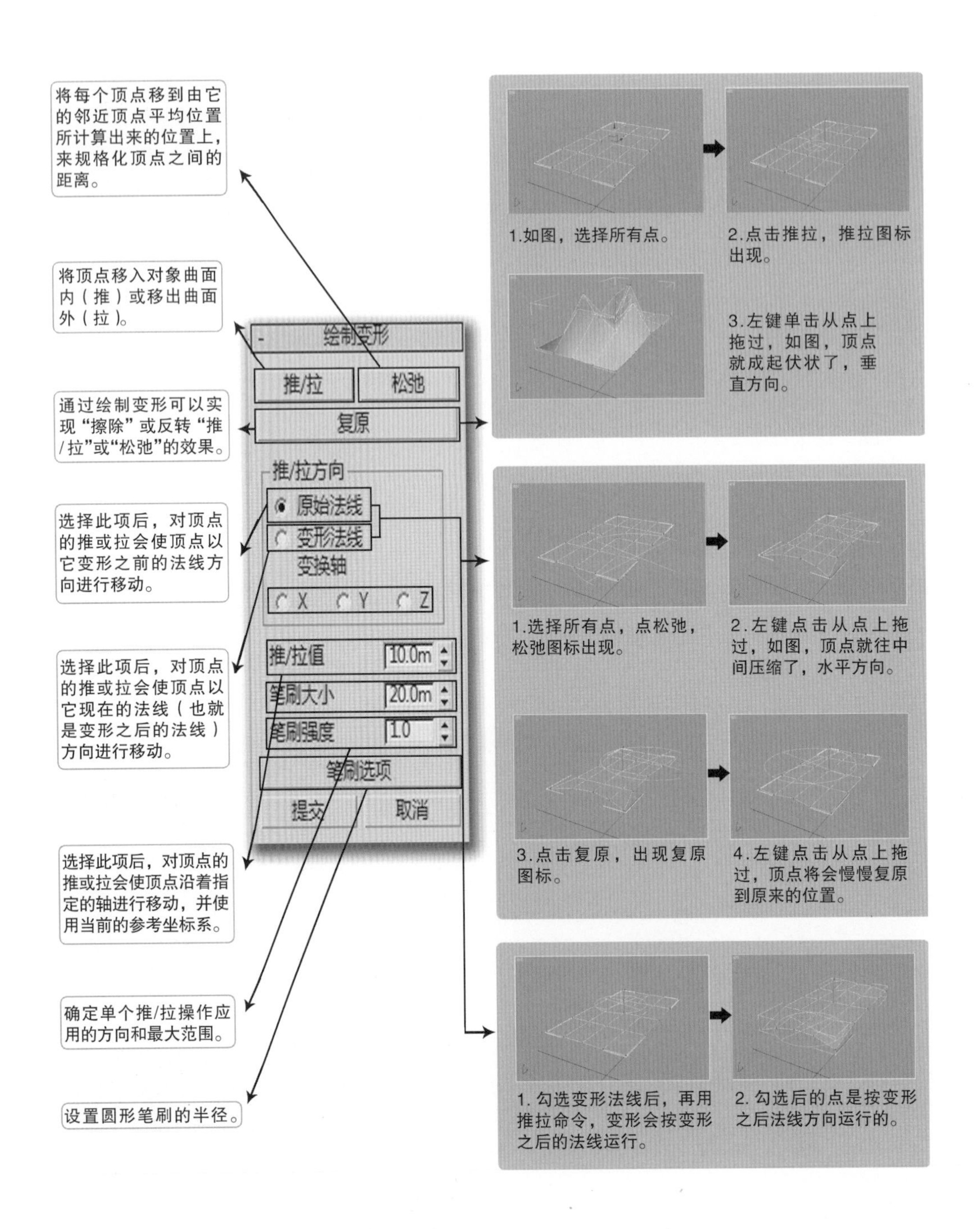

将每个顶点移到由它的邻近顶点平均位置所计算出来的位置上，来规格化顶点之间的距离。
将顶点移入对象曲面内（推）或移出曲面外（拉）。
通过绘制变形可以实现“擦除”或反转“推/拉”或“松弛”的效果。
选择此项后，对顶点的推或拉会使顶点以它变形之前的法线方向进行移动。
选择此项后，对顶点的推或拉会使顶点以它现在的法线（也就是变形之后的法线）方向进行移动。
选择此项后，对顶点的推或拉会使顶点沿着指定的轴进行移动，并使用当前的参考坐标系。
确定单个推/拉操作应用的方向和最大范围。
设置圆形笔刷的半径。
绘制变形
推/拉
松弛
复原
推/拉方向
原始法线
变形法线
变换轴
X
Y
Z
推/拉值
10.0m
笔刷大小
20.0m
笔刷强度
1.0
笔刷选项
提交
取消
1.如图，选择所有点。
2.点击推拉，推拉图标出现。
3.左键单击从点上拖过，如图，顶点就成起伏状了，垂直方向。
1.选择所有点，点松弛，松弛图标出现。
2.左键点击从点上拖过，如图，顶点就往中间压缩了，水平方向。
3.点击复原，出现复原图标。
4.左键点击从点上拖过，顶点将会慢慢复原到原来的位置。
1. 勾选变形法线后，再用推拉命令，变形会按变形之后的法线运行。
2. 勾选后的点是按变形之后法线方向运行的。

图 2-76

编辑边次对象层级

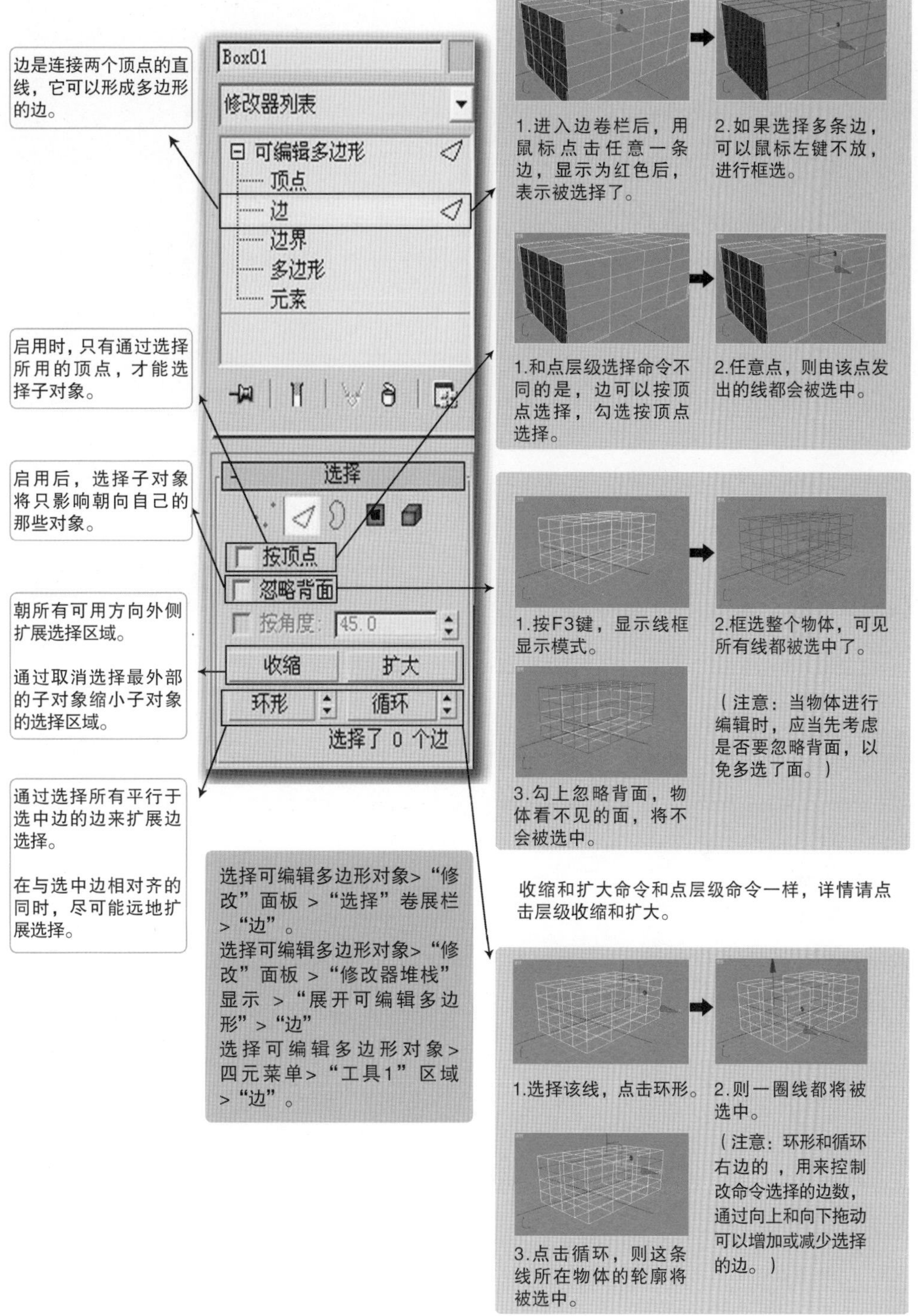

图 2-77

通过将其顶点与选择中心的顶点焊接，使连续选定子对象的组产生塌陷。（仅限于“顶点”、“边”、“边框”和“多边形”层级）

使用当前设置平滑对象。此命令使用细分功能，它与“网格平滑”修改器中的“NURMS细分”类似，但是与“NURMS细分”不同的是，它立即将平滑应用到控制网格的选定区域上。

根据细化设置细分对象中的所有多边形。
增加局部网格密度和建立模型时，可以使用细化功能。操作者可以对选择的任何多边形进行细分，两种细化方法包括“边”和“面”。

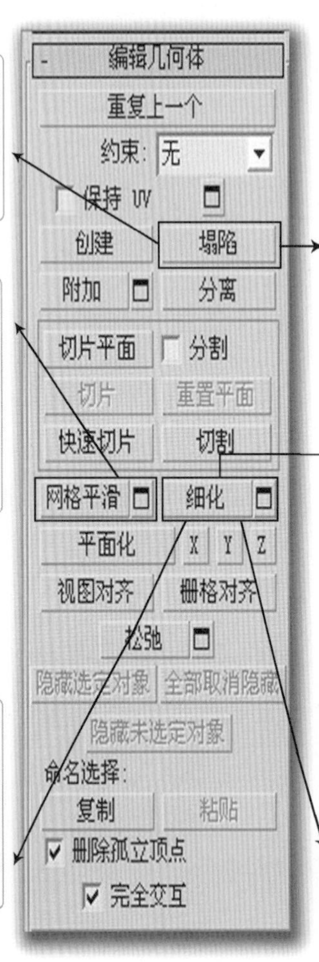

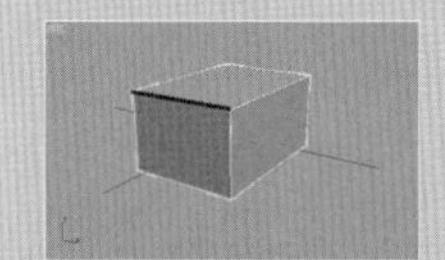

1. 如图，选择一条边。

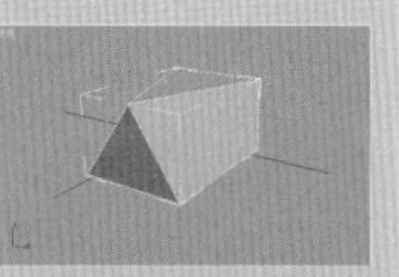

2. 点击坍塌后，可见该边顶点与选择中心顶点结成一点了。

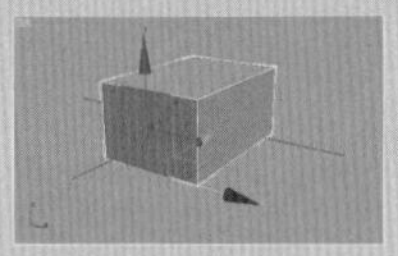

3. 选择如图两条线，看看两条线和一条线塌陷效果的不同。

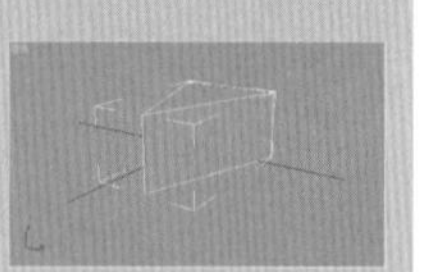

4. 点击塌陷后，两条线的顶点和选择中心结成一条线。

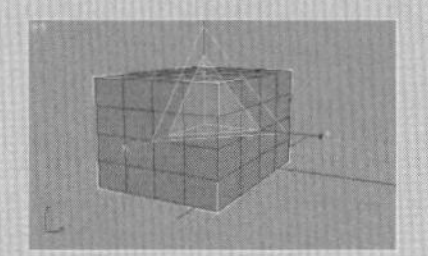

1.选择所有线，点击网格平滑。

2.平滑后，物体的细分值更高了，同时更加圆滑。

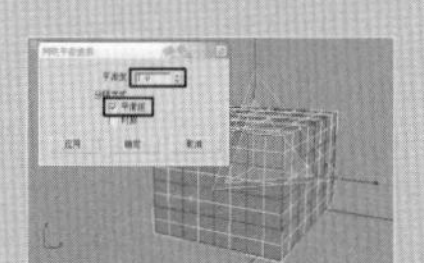

3.点击旁边方框，调整平滑度可以改变其平滑的大小。勾选平滑组。

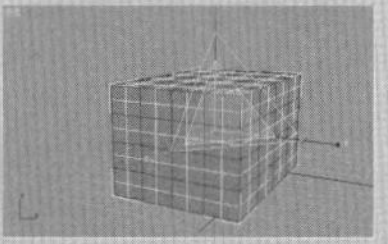

4.可见勾选平滑组后，只对物体产生细分，没有平滑了。

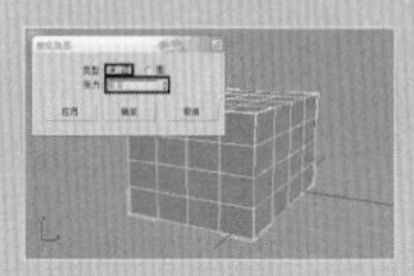

1.打开细分旁边方框，可见可对边和面分别细化，先选边，按确定。

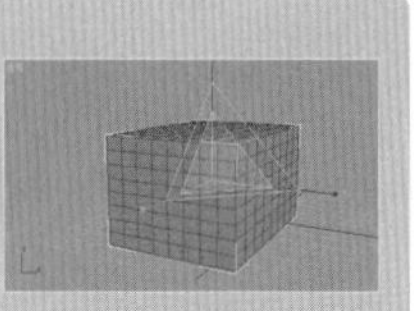

2.可见边的细分值提高了，模型更加精细。

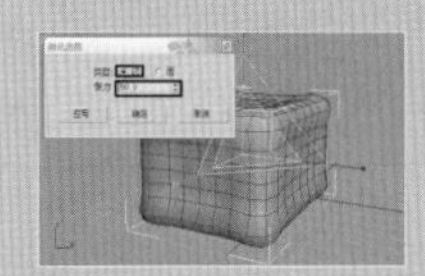

3.张力设置为50时，细分从中心向四周扩张。

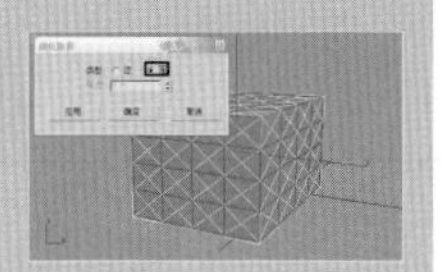

4.当对面细分时，每个面都提高了细分值。

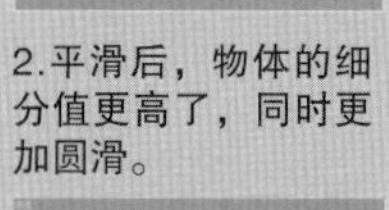

图 2-78

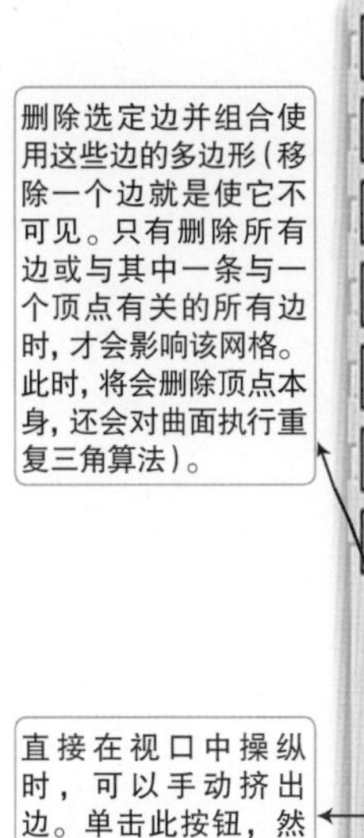

删除选定边并组合使用这些边的多边形（移除一个边就是使它不可见。只有删除所有边或与其中一条与一个顶点有关的所有边时，才会影响该网格。此时，将会删除顶点本身，还会对曲面执行重复三角算法）。

直接在视口中操纵时，可以手动挤出边。单击此按钮，然后垂直拖动任意边，以便将其挤出。

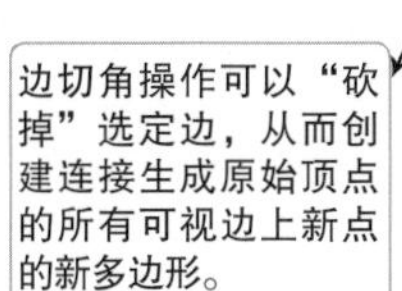

边切角操作可以“砍掉”选定边，从而创建连接生成原始顶点的所有可视边上新点的新多边形。

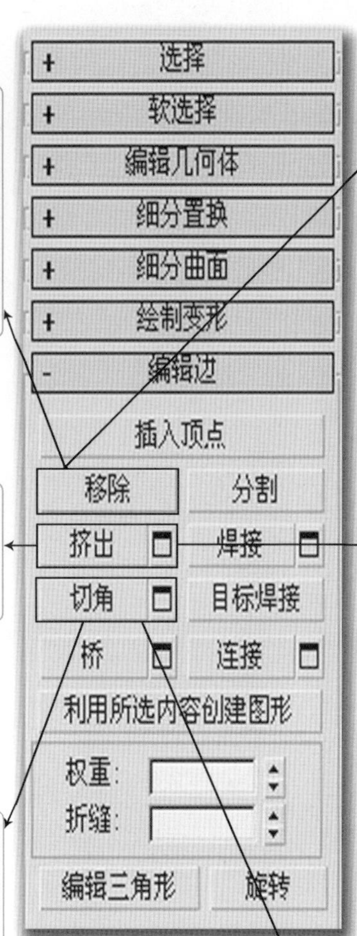

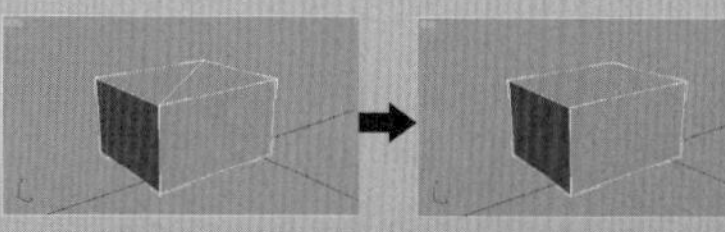

1.实例图的长方体被切割出一条斜线，比较删除和移除的区别。

2.点击移除，斜线被移除，而不影响其他元素的原来结构。

3.如果点Delete键，则整个面被删除，出现黑面。

（注意：移除点会影响该点所在线，而移除线则会影响该线所在面。）

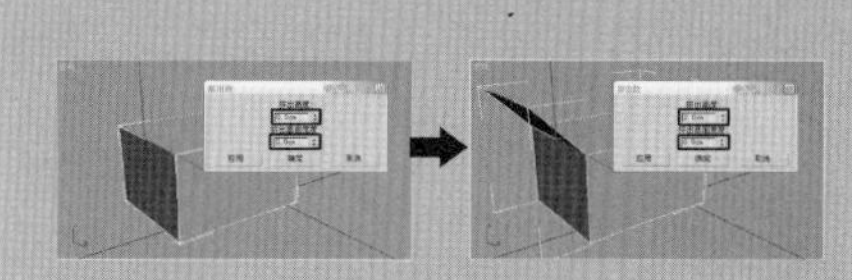

1.选择该线，点击挤出旁边方框。

2.把挤出高度改为2，可见，线被挤出成了面。

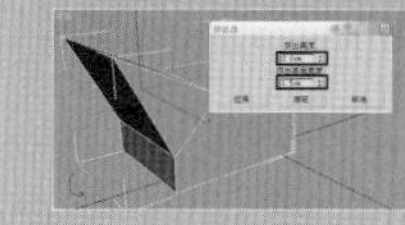

3.把挤出基面宽度改为1.5，可见基面变宽，挤出成了体。

（注意：挤出点和挤出面的区别。）

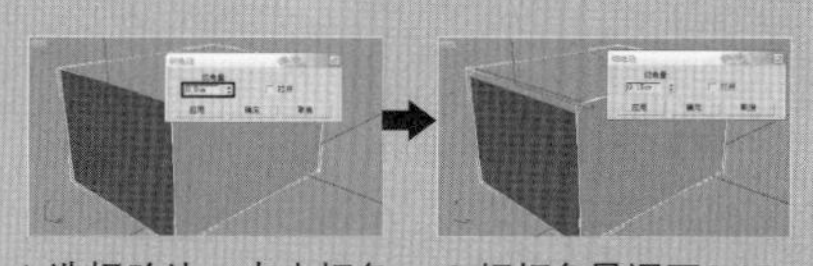

1.选择改边，点击切角旁边方框，出现切角对话框。

2.把切角量调至0.15，这条线将被切成角。

3.钩上打开，可见切出的角度变成黑面。

4.如果多切角几次，切出的角将会变得圆滑，相当于平滑的效果。

图 2-79

使用多边形的“桥”连接对象的边。桥只连接边界边,也就是只在一侧有多边形的边。创建边循环或剖面时，该工具特别的有用。在“直接操纵”（即无须打开“桥边缘设置”对话框）模式下，使用“桥”的方法有两种:
选择对象上两个或者更多边缘，然后单击“桥”。此时，将会使用当前的“桥”设置立刻在每对选定边界之间创建桥，然后取消激活“桥”按钮。
如果不存在符合的选择(即两个或者多个选定边界)，单击“桥”时会激活该按钮，并使您处于“桥”模式下。首先单击边界边，然后移动鼠标;此时，将会显示一条连接鼠标光标和单击边的橡皮筋线。单击其他边界上的第二条边，使这两条边相连。此时，使用当前“桥”设置时会立即创建桥;“桥”按钮始终处于活动状态，以便用于连接更多边。要退出“桥”模式，右键单击活动视口，或者单击“桥”按钮。

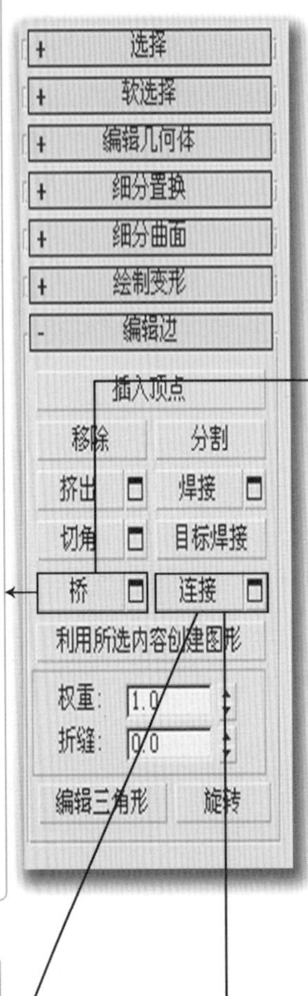

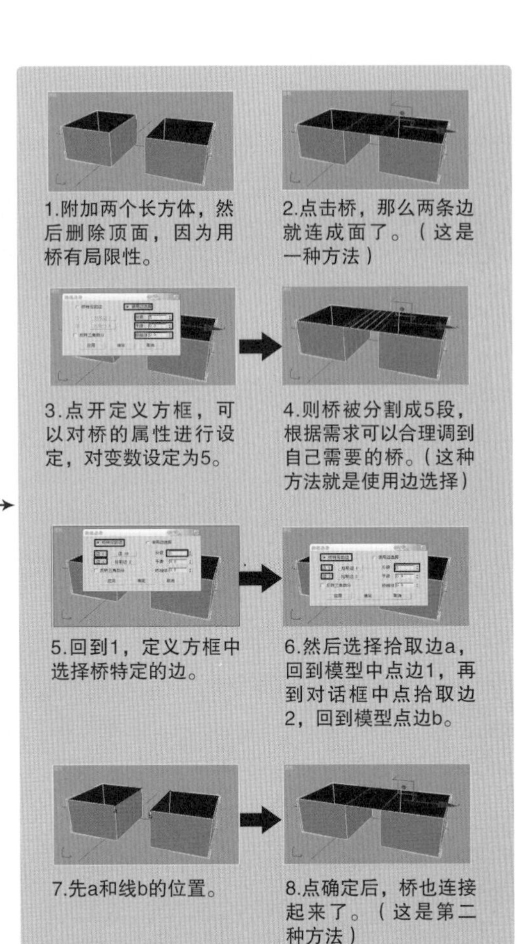

1.附加两个长方体，然后删除顶面，因为用桥有局限性。

2.点击桥，那么两条边就连成面了。（这是一种方法）

3.点开定义方框，可以对桥的属性进行设定，对变数设定为5。

4.则桥被分割成5段，根据需求可以合理调到自己需要的桥。(这种方法就是使用边选择)

5.回到1，定义方框中选择桥特定的边。

6.然后选择拾取边a，回到模型中点边1，再到对话框中点拾取边2，回到模型点边b。

7.先a和线b的位置。

8.点确定后，桥也连接起来了。（这是第二种方法）

使用当前的“连接边缘”对话框中的设置，在每对选定边之间创建新边。连接对于创建或细化边循环特别有用。

桥和连接都是可编辑多边形很重要的命令，在复杂物体建模时，有着相当重要的作用。

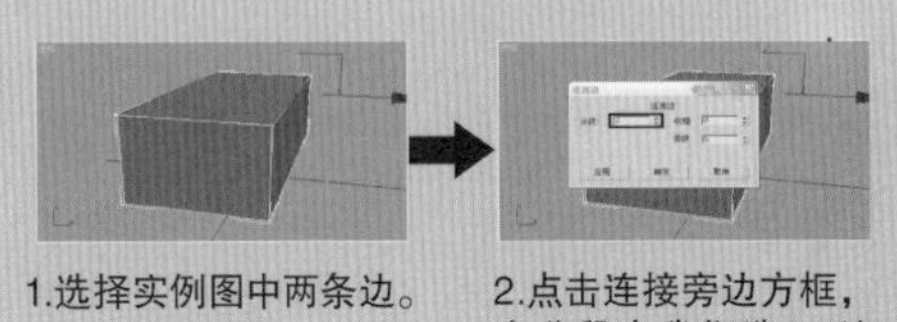

1.选择实例图中两条边。

2.点击连接旁边方框，在分段中我们选2，这就在两线中，连接了两条边，具体边数根据需要。

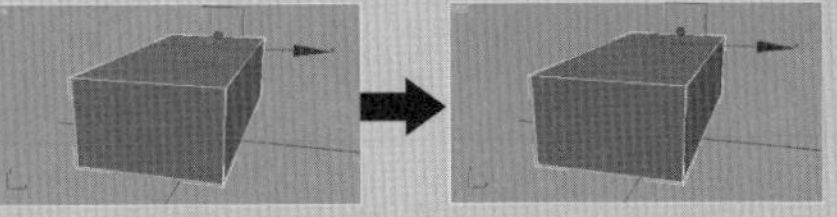

3.这就是连接的两条边，调整收缩和滑块，可以分别调整这两条线的距离和在面中的位置。

4.在收缩栏设置50，在滑块栏设置-6，则可以发现连接的线位置发生了变化。

图 2-80

编辑边界次对象层级

边界是网格的线性部分，通常可以描述为孔洞的边缘。

它通常是多边形仅位于一面时的边序列。例如，长方体没有边界，但茶壶对象包含若干边界，它们位于：在壶盖上、壶身上、壶嘴上以及壶柄上的两个。如果创建圆柱体，然后删除末端多边形，相邻的一行边会形成边界。

挤出边界时，该边界将会沿着法线方向移动，然后创建形成挤出面的新多边形，从而将该边界与对象相连。

使用多边形的“桥”连接对象的两个边界。

使用单个多边形封住整个边界环。

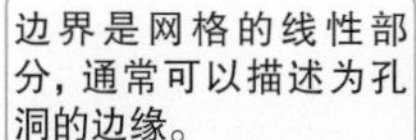

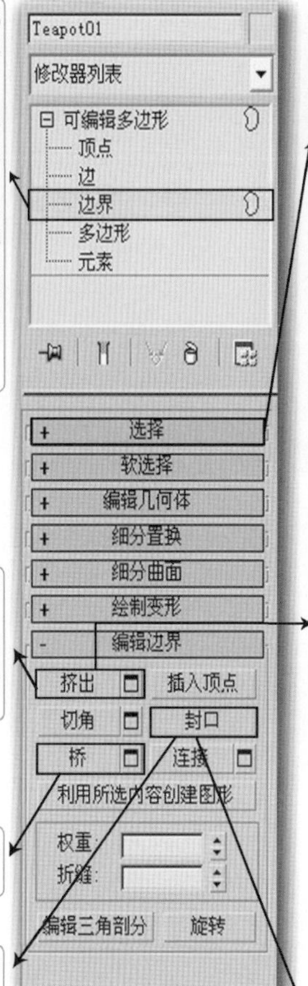

下面是边界挤出的一些重要方面：
如果鼠标光标位于选定边界上，将会更改为“挤出”光标。
垂直拖动时，可以指定挤出的范围；水平拖动时，可以设置基本多边形的大小。
选定多个边界时，如果拖动任何一个边界，将会均匀地挤出所有选定边界。
激活“挤出”按钮时，可以依次拖动其他边界，使其挤出。再次单击“挤出”或在活动视口中单击右键，以便结束操作。

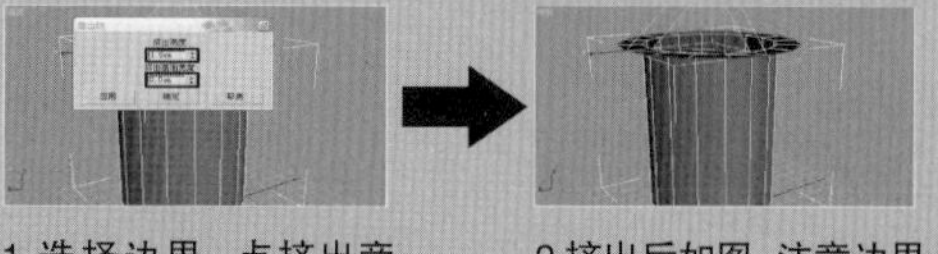

1.建一个圆柱体，删除顶点面。（边界选择有局限性）

2.点击上方一条边，整个轮廓就被选择了。

1.选择边界，点挤出旁边方框，挤出高度为1。

2.挤出后如图，注意边界的挤出方向与边不同。

3.挤出高度为-1时，效果如图，可见，改变不同的挤出值，可以得到不同结果。

4.在挤出的基础上，我们调整挤出基面宽度值。

5.可以看见，效果又发生变化，注意边界挤出基面与边不同。

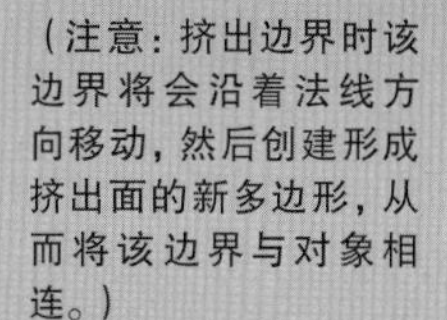

（注意：挤出边界时该边界将会沿着法线方向移动，然后创建形成挤出面的新多边形，从而将该边界与对象相连。）

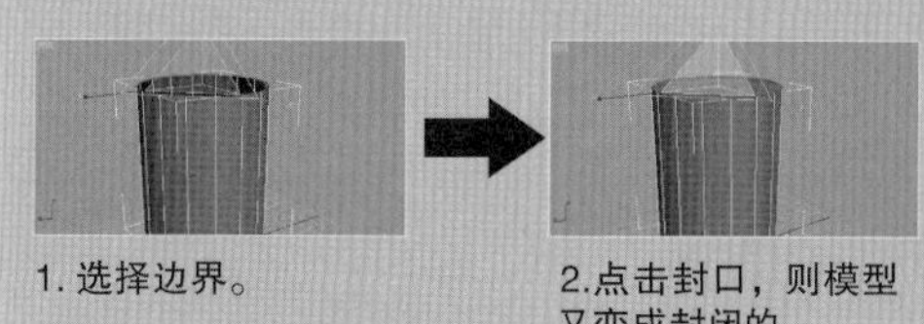

1. 选择边界。

2.点击封口，则模型又变成封闭的。

1. 边界的桥连接得符合两个条件，既要是边界，又要满足桥能使用的条件。

2. 同样有两种方法建桥，这里不再多讲。选择两个边界，可以得到图 3。

图 2–81

（注意：使用“桥”时，始终可以在边界对之间建立直线连接。要沿着某种轮廓建立桥连接，请在创建桥后，根据需要应用建模工具创建。例如，桥连接两个边界，然后使用混合。）

选定边界，在边之间创建新边。这些边可以通过其中的点相连。

用于通过单击对角线修改多边形细分为三角形的方式。

3.边界的桥就连接起来了，但是不够平滑，回到属性窗口。

4.将平滑值调到40，分段为10。

5.如图所示，桥表面变化得平滑了，细分值也变高了。

6.锥化0.56。

7.桥变得鼓起来，很多物体的细节都用到这个功能。

8.继续改变，偏移99。

9.鼓起的重心发生偏移。

10.将扭曲1的参数调整为4。

（注意：桥的作用相当大，尤其在边界中，运用相当灵活，改变和理解各个子命令，对建模相当有帮助。）

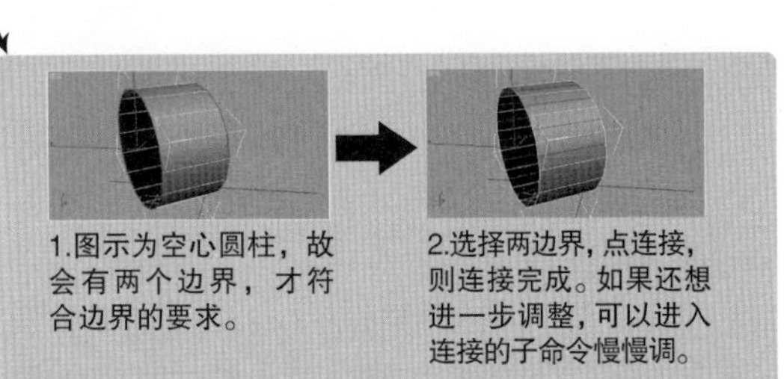

1.图示为空心圆柱，故会有两个边界，才符合边界的要求。

2.选择两边界，点连接，则连接完成。如果还想进一步调整，可以进入连接的子命令慢慢调。

选择可编辑多边形对象 >“修改”面板 >“选择”卷展栏 >“边界”。

选择可编辑多边形对象 >“修改”面板 >“修改器堆栈”显示 >“展开可编辑多边形”>“边界”。

选择可编辑多边形对象 >四元菜单 >“工具 1”区域 >“边界”。

1.点击旋转，则出现每个面的对角线。

2.点击红线标出的对角线，则位置改变了，如图所示。

图 2-82

编辑多边形次对象层级

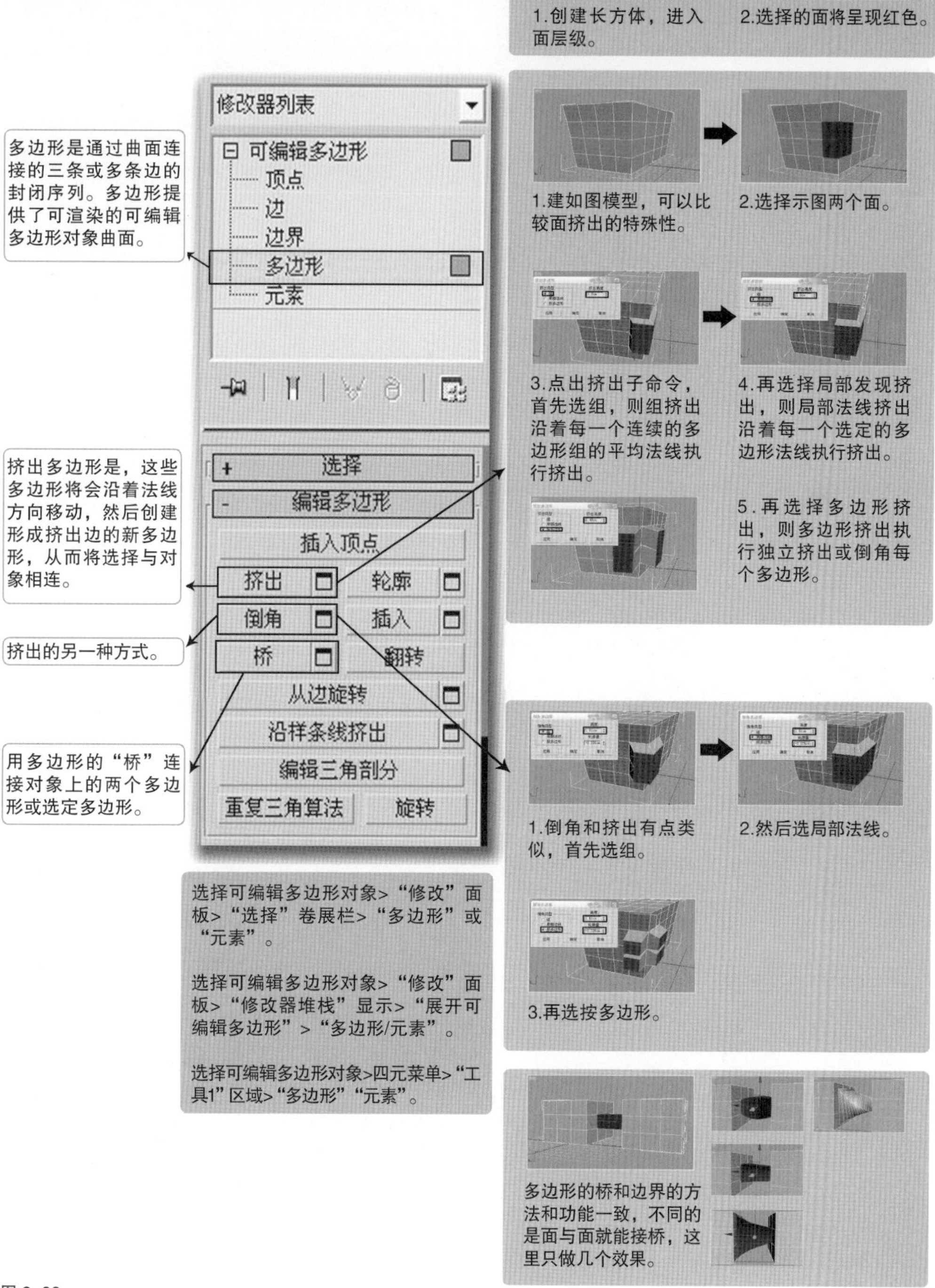

图 2–83

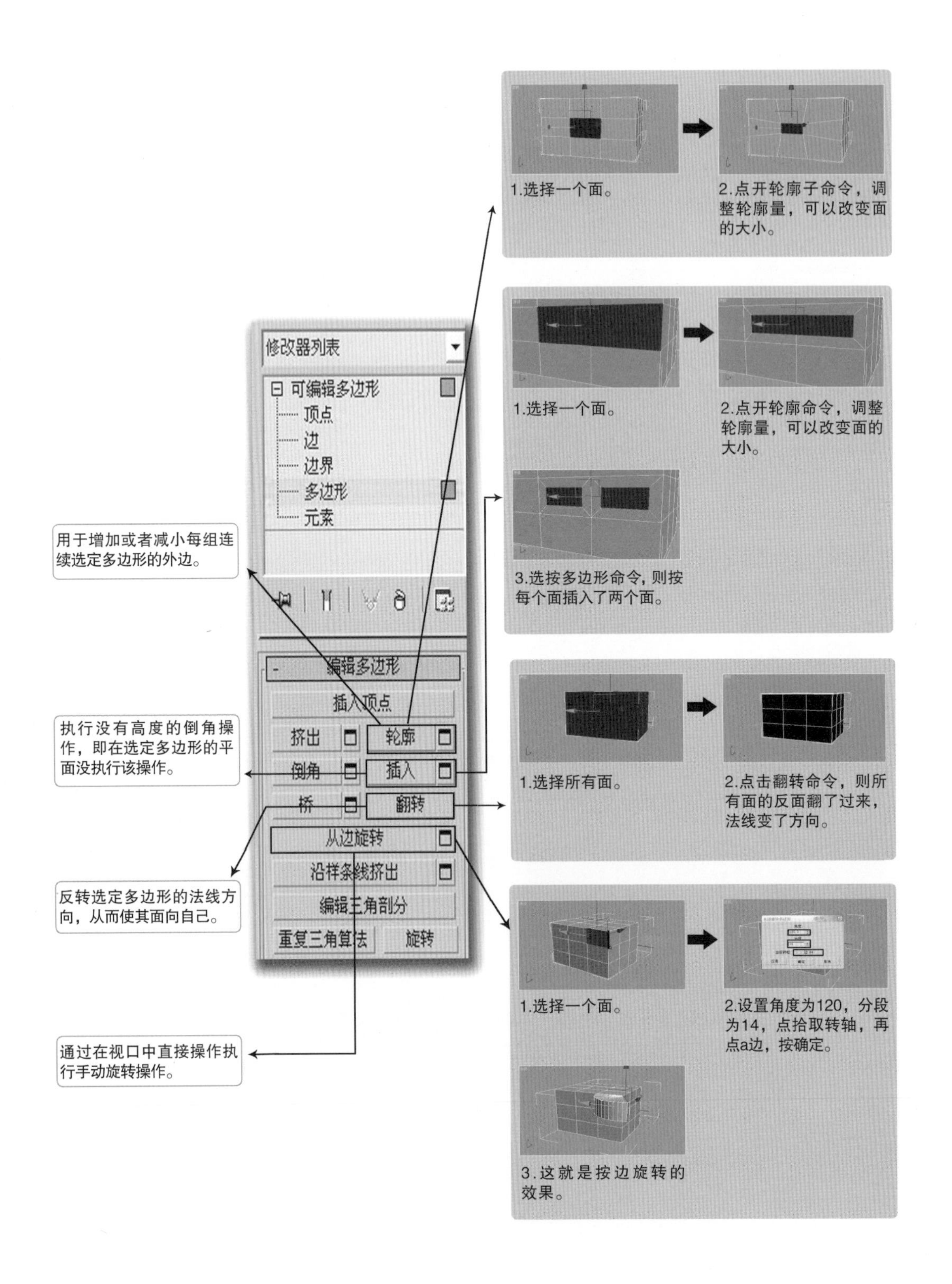
修改器列表
可编辑多边形
顶点
边
边界
多边形
元素
编辑多边形
插入顶点
挤出
轮廓
倒角
插入
桥
翻转
从边旋转
沿样条线挤出
编辑三角剖分
重复三角算法
旋转
用于增加或者减小每组连续选定多边形的外边。
执行没有高度的倒角操作，即在选定多边形的平面没执行该操作。
反转选定多边形的法线方向，从而使其面向自己。
通过在视口中直接操作执行手动旋转操作。
1.选择一个面。
2.点开轮廓子命令，调整轮廓量，可以改变面的大小。
1.选择一个面。
2.点开轮廓命令，调整轮廓量，可以改变面的大小。
3.选按多边形命令，则按每个面插入了两个面。
1.选择所有面。
2.点击翻转命令，则所有面的反面翻了过来，法线变了方向。
1.选择一个面。
2.设置角度为120，分段为14，点拾取转轴，再点a边，按确定。
3.这就是按边旋转的效果。

图 2–84

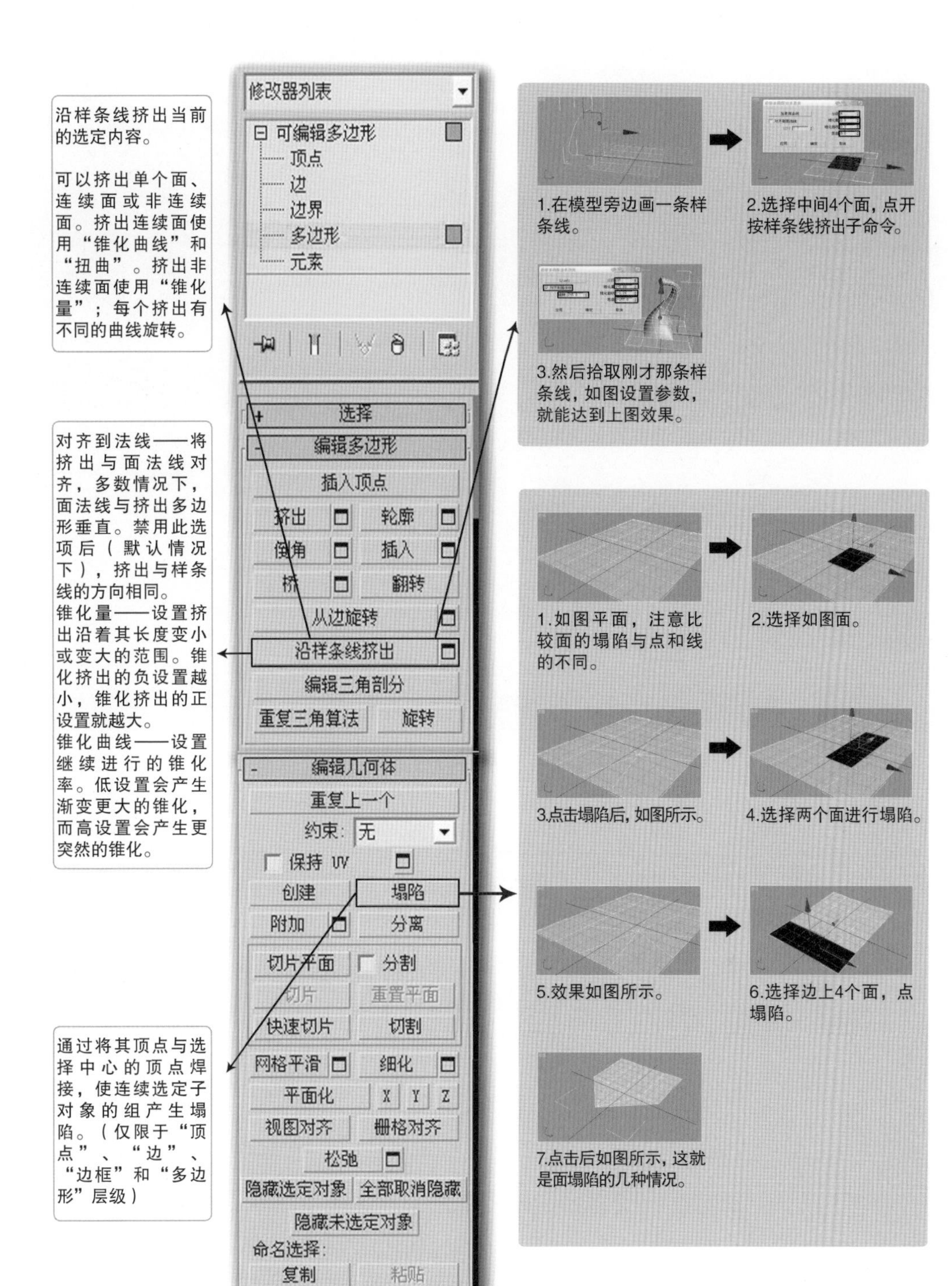
沿样条线挤出当前的选定内容。
可以挤出单个面、连续面或非连续面。挤出连续面使用"锥化曲线"和"扭曲"。挤出非连续面使用"锥化量"；每个挤出有不同的曲线旋转。
对齐到法线——将挤出与面法线对齐，多数情况下，面法线与挤出多边形垂直。禁用此选项后（默认情况下），挤出与样条线的方向相同。
锥化量——设置挤出沿着其长度变小或变大的范围。锥化挤出的负设置越小，锥化挤出的正设置就越大。
锥化曲线——设置继续进行的锥化率。低设置会产生渐变更大的锥化，而高设置会产生更突然的锥化。
通过将其顶点与选择中心的顶点焊接，使连续选定子对象的组产生塌陷。（仅限于"顶点"、"边"、"边框"和"多边形"层级）
修改器列表
可编辑多边形
顶点
边
边界
多边形
元素
选择
编辑多边形
插入顶点
挤出
轮廓
倒角
插入
桥
翻转
从边旋转
沿样条线挤出
编辑三角剖分
重复三角算法
旋转
编辑几何体
重复上一个
约束：无
保持 UV
创建
塌陷
附加
分离
切片平面
分割
切片
重置平面
快速切片
切割
网格平滑
细化
平面化
X
Y
Z
视图对齐
栅格对齐
松弛
隐藏选定对象
全部取消隐藏
隐藏未选定对象
命名选择：
复制
粘贴
删除孤立顶点
完全交互
1.在模型旁边画一条样条线。
2.选择中间4个面，点开按样条线挤出子命令。
3.然后拾取刚才那条样条线，如图设置参数，就能达到上图效果。
1.如图平面，注意比较面的塌陷与点和线的不同。
2.选择如图面。
3.点击塌陷后，如图所示。
4.选择两个面进行塌陷。
5.效果如图所示。
6.选择边上4个面，点塌陷。
7.点击后如图所示，这就是面塌陷的几种情况。

图 2-85

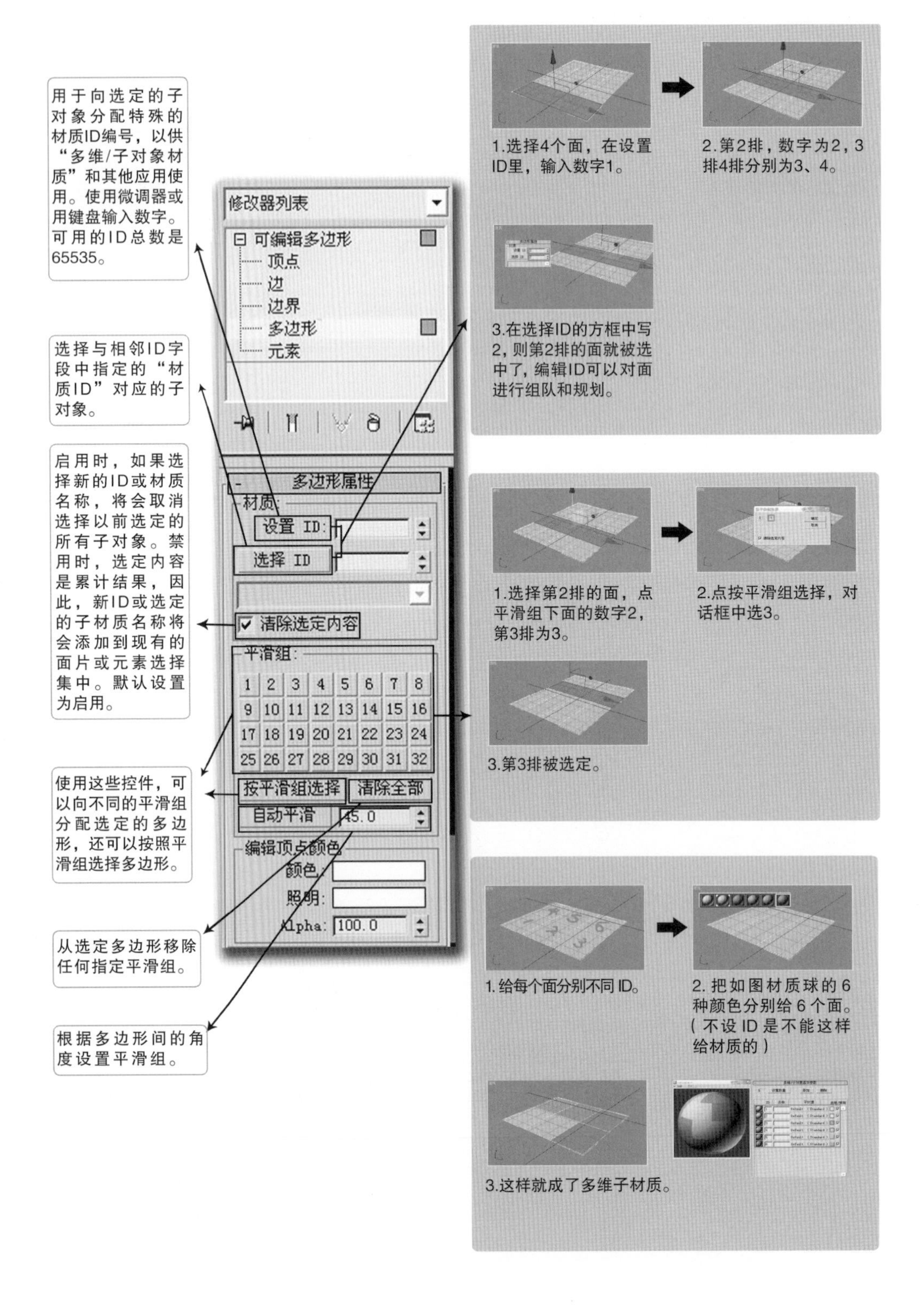
用于向选定的子对象分配特殊的材质ID编号，以供“多维/子对象材质”和其他应用使用。使用微调器或用键盘输入数字。可用的ID总数是65535。
选择与相邻ID字段中指定的“材质ID”对应的子对象。
启用时，如果选择新的ID或材质名称，将会取消选择以前选定的所有子对象。禁用时，选定内容是累计结果，因此，新ID或选定的子材质名称将会添加到现有的面片或元素选择集中。默认设置为启用。
使用这些控件，可以向不同的平滑组分配选定的多边形，还可以按照平滑组选择多边形。
从选定多边形移除任何指定平滑组。
根据多边形间的角度设置平滑组。
修改器列表
可编辑多边形
顶点
边
边界
多边形
元素
多边形属性
材质
设置 ID:
选择 ID
清除选定内容
平滑组:
1 2 3 4 5 6 7 8
9 10 11 12 13 14 15 16
17 18 19 20 21 22 23 24
25 26 27 28 29 30 31 32
按平滑组选择
清除全部
自动平滑
45.0
编辑顶点颜色
颜色:
照明:
Alpha: 100.0
1.选择4个面，在设置ID里，输入数字1。
2.第2排，数字为2，3排4排分别为3、4。
3.在选择ID的方框中写2，则第2排的面就被选中了，编辑ID可以对面进行组队和规划。
1.选择第2排的面，点平滑组下面的数字2，第3排为3。
2.点按平滑组选择，对话框中选3。
3.第3排被选定。
1. 给每个面分别不同 ID。
2. 把如图材质球的 6 种颜色分别给 6 个面。（不设 ID 是不能这样给材质的）
3.这样就成了多维子材质。

图 2–86

2.6 NURBS 建模

2.6.1 NURBS建模的简介

NURBS 已成为设置和建模曲面的行业标准，尤其适合于使用复杂的曲线建模曲面，其特点：一方面，容易交互操纵，且创建它们的算法效率高，计算稳定性好；另一方面，NURBS 曲面是解析生成的，可以更加有效地计算它们，而且也可旋转显示为无缝的 NURBS 曲面。

【小贴士：渲染的 NURBS 曲面实际上与多边形相近，但 NURBS 近似有细密纹理。】

3ds Max 提供 NURBS 曲面和曲线。NURBS 曲面与图形项栏目中的 NURBS 曲线一样，都通过多个曲面的组合形成最终要创建的造型。

2.6.2 NURBS曲面

曲面对象是 NURBS 模型的基础。如图 2–87 所示，在几何体创建面板中选择 "NURBS 曲面"，其中包含两种曲面类型：点曲面和 CV 曲面。

NURBS 曲面包含多个子对象：NURBS 点、NURBS 曲线和其他 NURBS 曲面。

【小贴士：这些子对象既是从属对象也是独立对象。】

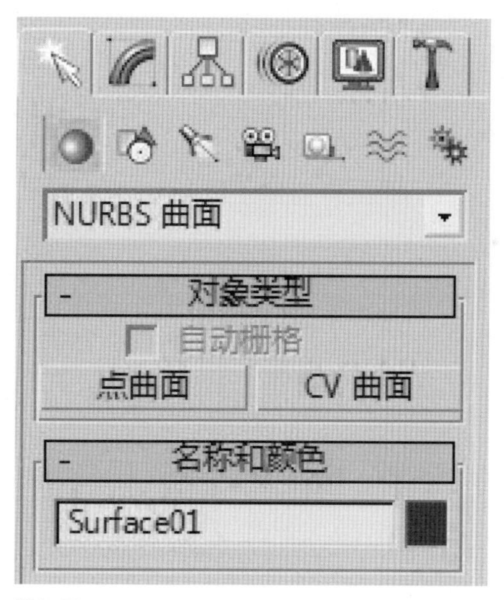

图 2–87

如图 2–88 所示，点曲面和 CV 曲面的创建参数是相同的，除了标签标明了创建的 NURBS 基础曲面的类型。

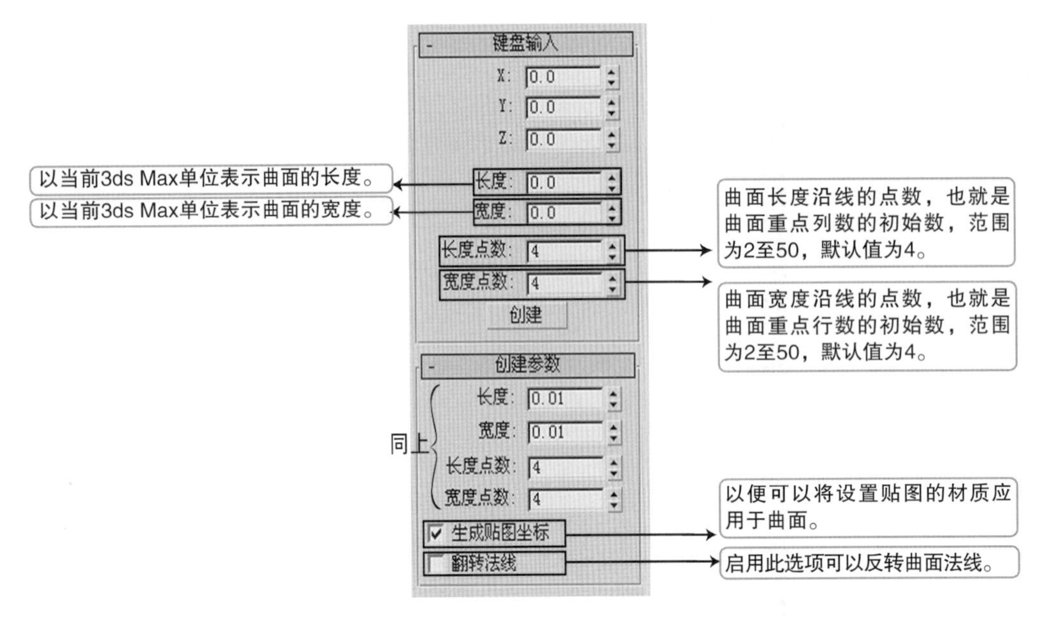

图 2–88

【小贴士：在“修改”面板上，“长度”和“宽度”微调器不再可用。可以通过缩放“曲面”子对象层级上的曲面来更改曲面的长度或宽度。通过移动点子对象也可改变曲面的长度和宽度。】

图 2–89 和图 2–90 所示分别是点曲面和 CV 曲面通过修改面板中的子对象层级调节出来的 NURBS 曲面，请大家观察它们的区别。

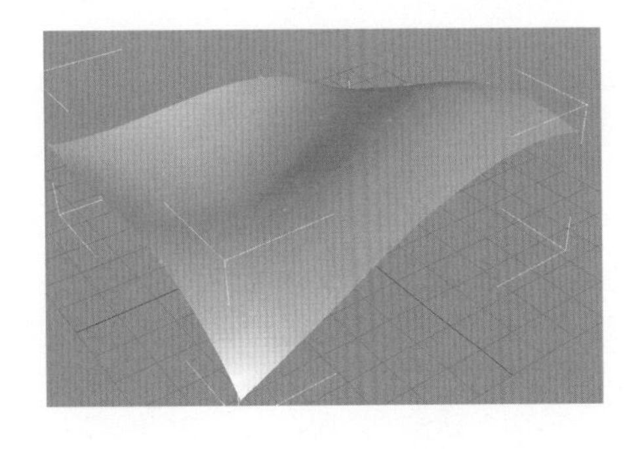

图 2–89

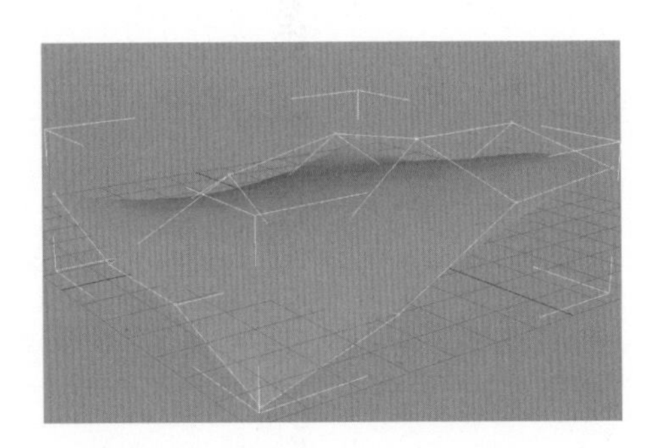

图 2–90

下面，我们就来看看点曲面和 CV 曲面在修改面板中的命令和调节参数。

点曲面子对象层级面板

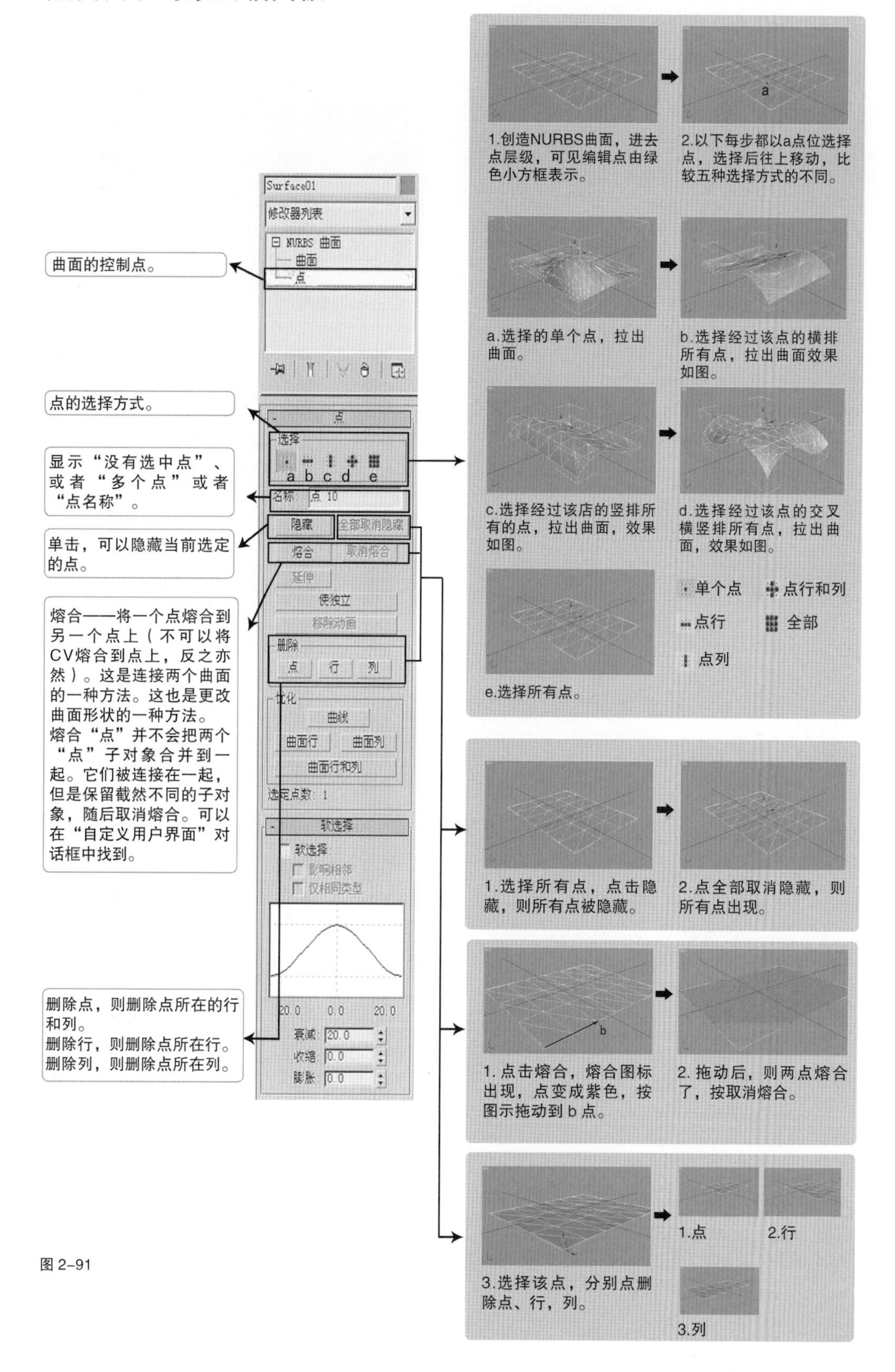

图 2-91

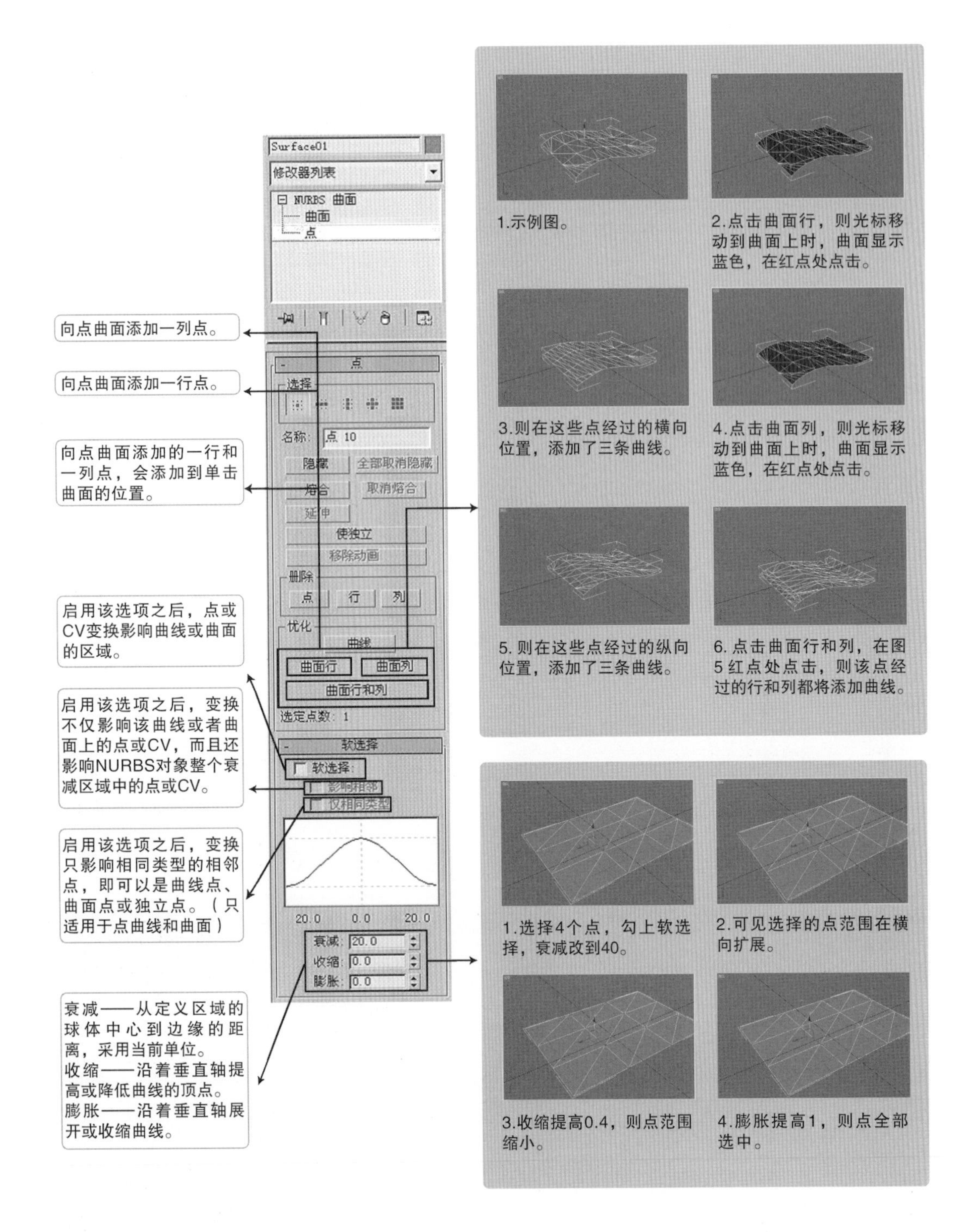
Surface01
修改器列表
NURBS 曲面
曲面
点
向点曲面添加一列点。
向点曲面添加一行点。
向点曲面添加的一行和一列点，会添加到单击曲面的位置。
点
选择
名称：
点 10
隐藏
全部取消隐藏
熔合
取消熔合
延伸
使独立
移除动画
删除
点
行
列
优化
曲线
曲面行
曲面列
曲面行和列
选定点数：1
软选择
软选择：
影响相邻
仅相同类型
20.0
0.0
20.0
衰减：
收缩：
膨胀：
启用该选项之后，点或CV变换影响曲线或曲面的区域。
启用该选项之后，变换不仅影响该曲线或者曲面上的点或CV，而且还影响NURBS对象整个衰减区域中的点或CV。
启用该选项之后，变换只影响相同类型的相邻点，即可以是曲线点、曲面点或独立点。（只适用于点曲线和曲面）
衰减——从定义区域的球体中心到边缘的距离，采用当前单位。
收缩——沿着垂直轴提高或降低曲线的顶点。
膨胀——沿着垂直轴展开或收缩曲线。
1.示例图。
2.点击曲面行，则光标移动到曲面上时，曲面显示蓝色，在红点处点击。
3.则在这些点经过的横向位置，添加了三条曲线。
4.点击曲面列，则光标移动到曲面上时，曲面显示蓝色，在红点处点击。
5. 则在这些点经过的纵向位置，添加了三条曲线。
6. 点击曲面行和列，在图5红点处点击，则该点经过的行和列都将添加曲线。
1.选择4个点，勾上软选择，衰减改到40。
2.可见选择的点范围在横向扩展。
3.收缩提高0.4，则点范围缩小。
4.膨胀提高1，则点全部选中。

图 2-92

单个曲面——单击或者变换曲面，只选择单个曲面子对象。所有连接曲面——单击或者转换曲面时，将会选择NURBS对象中连接的所有曲面子对象。

硬化——使曲面硬化。使曲面刚体改善性能，尤其适用于大的、复杂的模型。

创建放样——创建了具有均匀的空间曲线的放样。

转化曲面——提供了一个将曲面转化为不同类型曲面的大体方法。

断开行——在行（曲面的U轴）方向，将曲面断开为2个曲面。
断开列——在列（曲面的V轴）方向，将曲面断开为2个曲面。
断开行与列——在两个方向，将曲面断开为4个曲面。

修改器列表
NURBS 曲面
曲面
点
曲面公用
选择
名称: 点曲面 01
隐藏 全部取消隐藏
按名称隐藏
按名称取消隐藏
删除 硬化
创建放样 创建点
转化曲面
使独立
移除动画
分离 复制
可渲染
显示法线
翻转法线
断开行 断开列
断开行和列 延伸
连接
选定曲面数: 1

1.点击硬化，观察编辑栏有何变化，物体复杂程度降低。

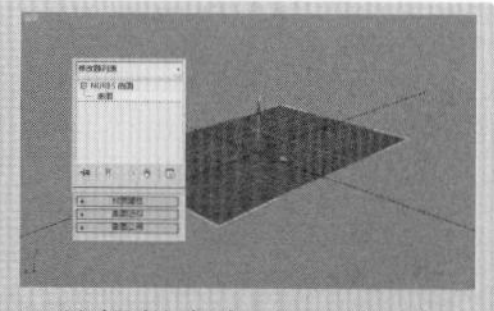

2.编辑栏失去对UV的编辑。

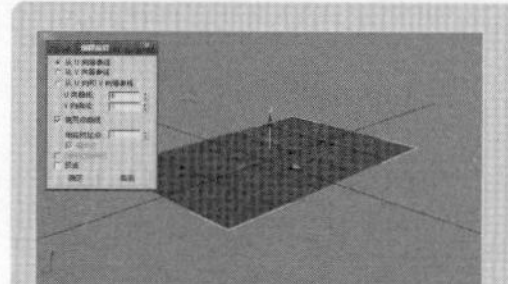

1.选择所有面，点击创建放样，出现对话框，选择从U向等参线，则横向添加放样条线。

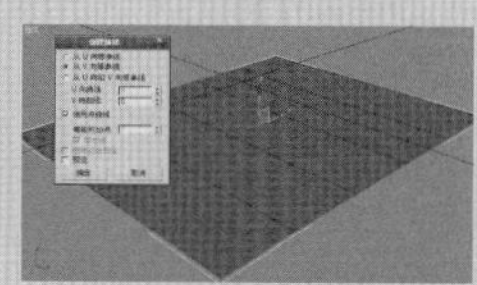

2.勾选从V向等参数，则纵向添加放样条线。

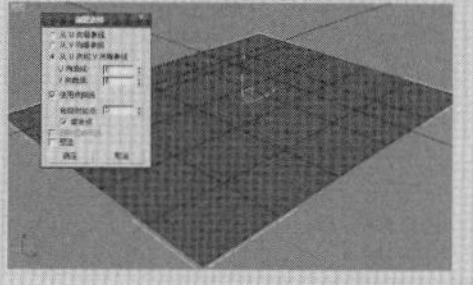

3.勾选从U向和V向等参线，则横向纵向都添加放样条线。

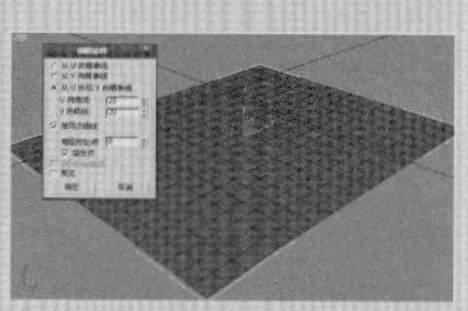

4.将等参线数加到20，则等参线数可以修改，根据模型要求自行可调节。

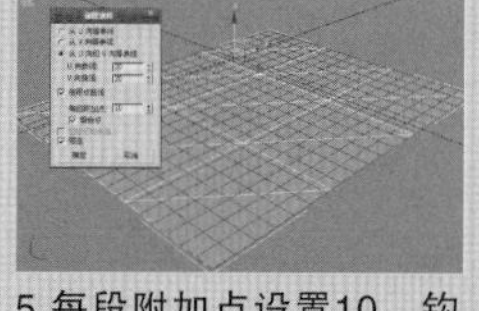

5.每段附加点设置10，钩上预览，则改后的效果更加清晰。

6.景区点层级，每段都是10个点。

1.点击断开行，光标移到面上时出现分割线，点击模型。

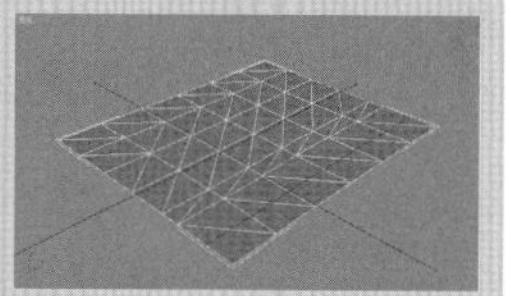

2.如图，行被断开了，断开列和断开行和列于前面用法相似。

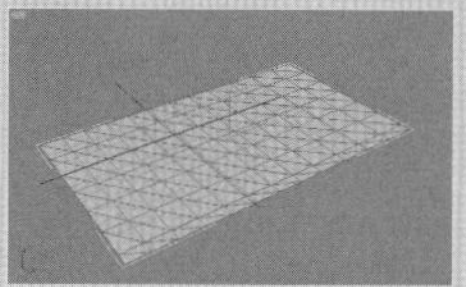

1.选择延伸，当光标移上去时，变成黄色，向任意方向拖。

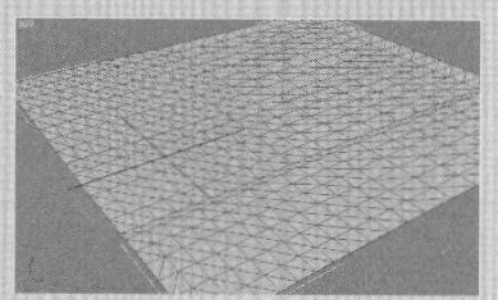

2. 曲面范围扩大。

图 2–93

CV曲面子对象层级面板

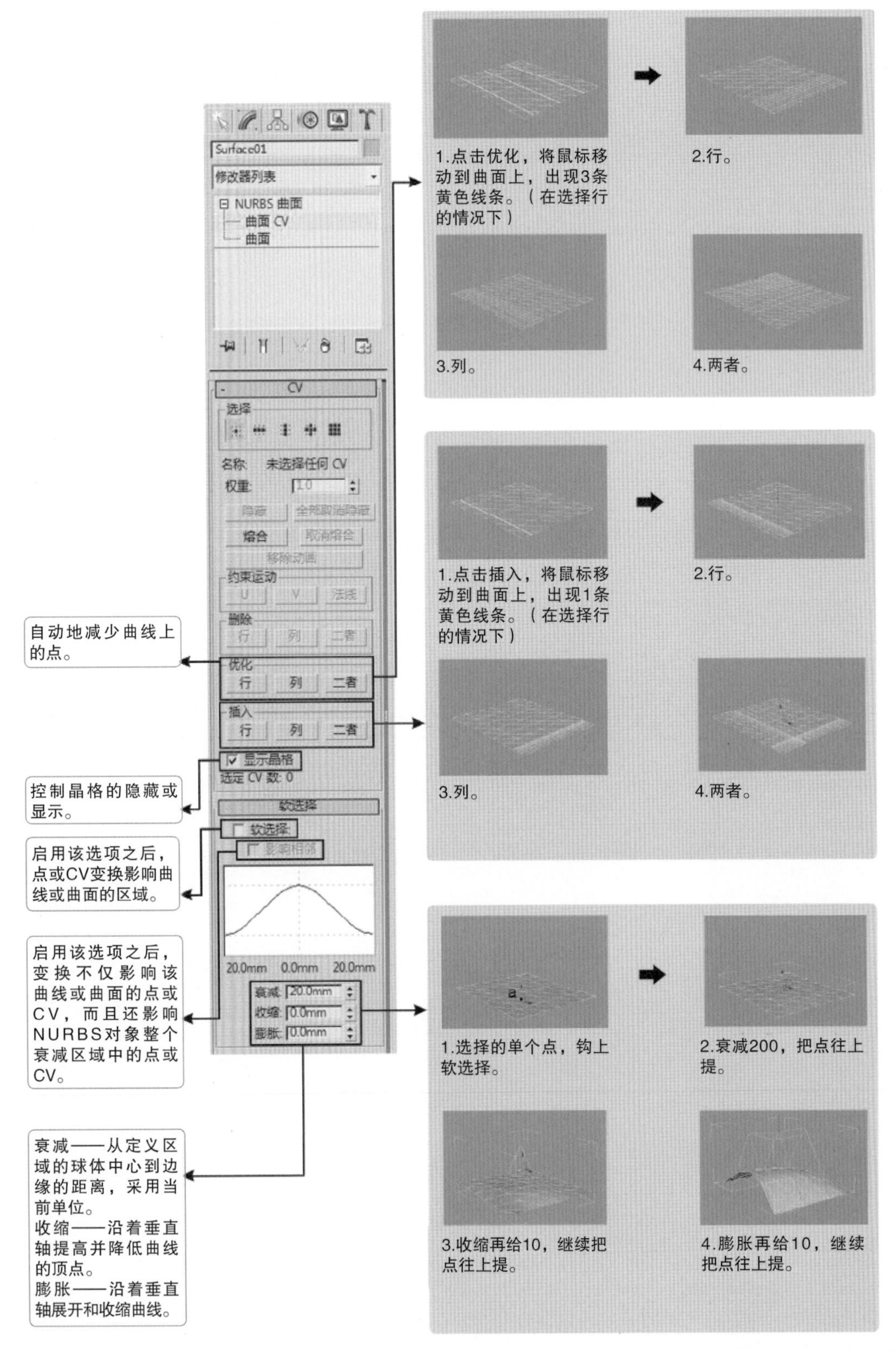

图 2–94

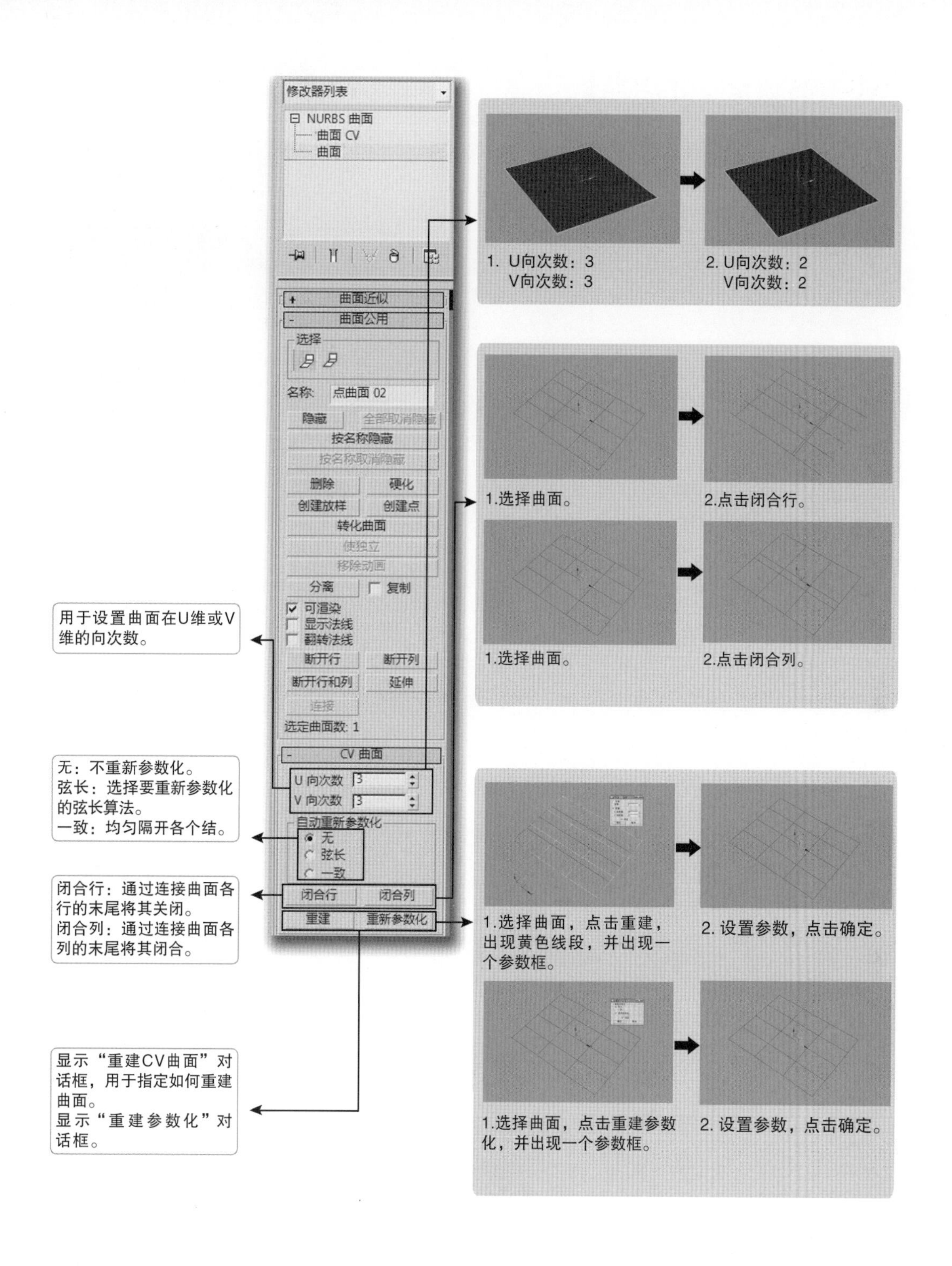

修改器列表
NURBS 曲面
曲面 CV
曲面
曲面近似
曲面公用
选择
名称: 点曲面 02
隐藏
全部取消隐藏
按名称隐藏
按名称取消隐藏
删除
硬化
创建放样
创建点
转化曲面
使独立
移除动画
分离
复制
可渲染
显示法线
翻转法线
断开行
断开列
断开行和列
延伸
连接
选定曲面数: 1
CV 曲面
U 向次数 3
V 向次数 3
自动重新参数化
无
弦长
一致
闭合行
闭合列
重建
重新参数化
用于设置曲面在U维或V维的向次数。
无：不重新参数化。
弦长：选择要重新参数化的弦长算法。
一致：均匀隔开各个结。
闭合行：通过连接曲面各行的末尾将其关闭。
闭合列：通过连接曲面各列的末尾将其闭合。
显示“重建CV曲面”对话框，用于指定如何重建曲面。
显示“重建参数化”对话框。
1. U向次数：3
V向次数：3
2. U向次数：2
V向次数：2
1.选择曲面。
2.点击闭合行。
1.选择曲面。
2.点击闭合列。
1.选择曲面，点击重建，出现黄色线段，并出现一个参数框。
2. 设置参数，点击确定。
1.选择曲面，点击重建参数化，并出现一个参数框。
2. 设置参数，点击确定。

图 2–95

2.6.3 创建NURBS曲线

● NURBS 曲线是图形对象，我们可以将 NURBS 曲线用作放样的路径或图形来生成基于 NURBS 曲线的 3D 曲面。

（小贴士：使用 NURBS 曲线创建的放样是放样对象，不是 NURBS 对象。）

● 可以使用 NURBS 曲线作为“路径约束”和“路径变形”路径或作为运动轨迹。

● 可以将厚度指定给 NURBS 曲线，以便其渲染为圆柱形的对象。

【小贴士：变厚的曲线渲染为多边形网格，而不是渲染为 NURBS 曲面。】

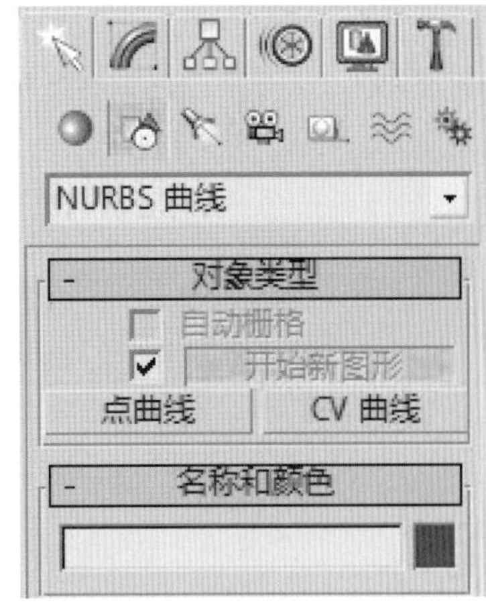

图 2-96

点曲线是整个 NURBS 模型的基础之一（如图 2-96），其中这些点位于定义的曲线上。

如图 2-97 所示，NURBS 存在两种曲线对象：点曲线和 CV 曲线。像其他图形对象一样，NURBS 曲线可以包含多个子对象，该对象可以是从属对象也可以是独立对象。

CV 曲线（如图 2-98）是由控制顶点（CV）控制的 NURBS 曲线，CV 不位于曲线上，它们定义一个包含曲线的控制晶格。每一 CV 具有一个权重，可通过调整它来更改曲线。

CV 曲线也是整个 NURBS 模型的基础。CV 整形定义曲线的控制晶格。

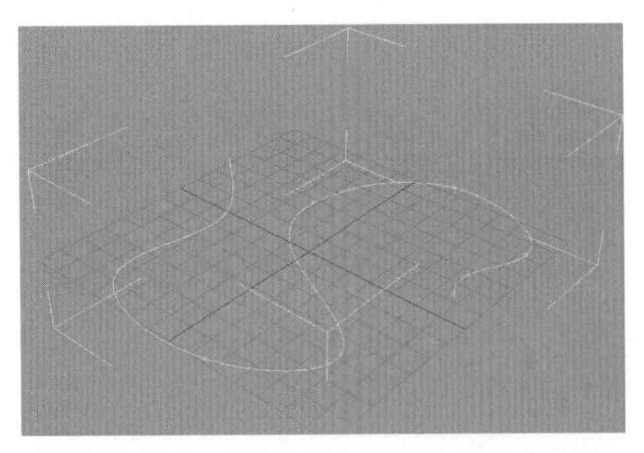

图 2-97

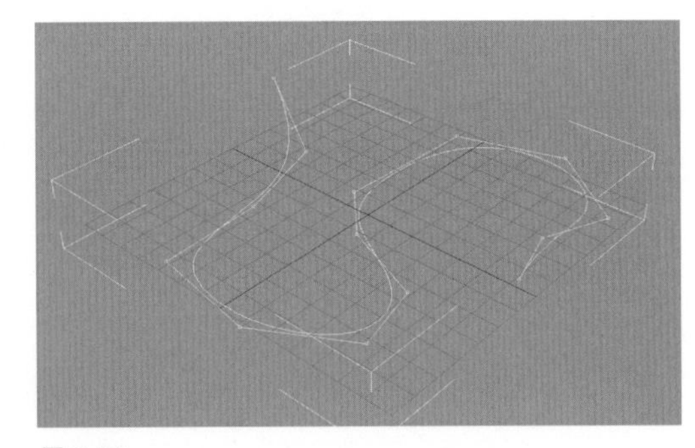

图 2-98

点曲线和 CV 曲线的渲染参数相同。（如图 2-99）

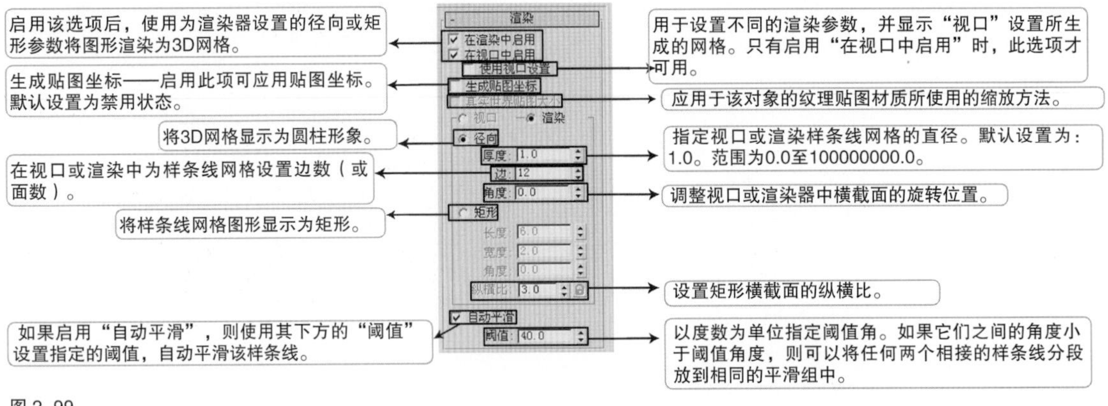

图 2-99

图 2–100 所示为同一根曲线在厚度分别为 1.0 和 5.0 的数值下进行的渲染。

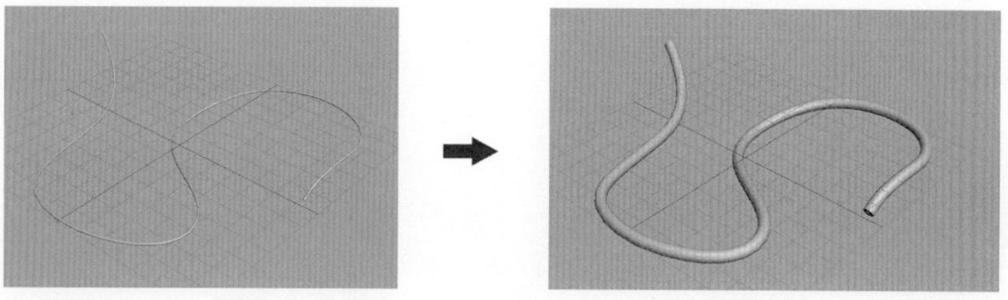

图 2–100

如果启用“自动平滑”，则可使用其下方的“阈值”设置指定的阈值，自动平滑该样条线。“自动平滑”基于样条线分段之间的角度设置平滑。如果它们之间的角度小于阈值角度，则可以将任意两个相接的样条线分段放到相同的平滑组中。

2.6.4 利用NURBS曲线生成NURBS曲面

通过 NURBS 曲线对象创建独立的曲线，可以在修改面板中使用“挤出”和“车削”等修改器命令。如图 2–101 所示，使用“挤出”将添加高度到曲线。

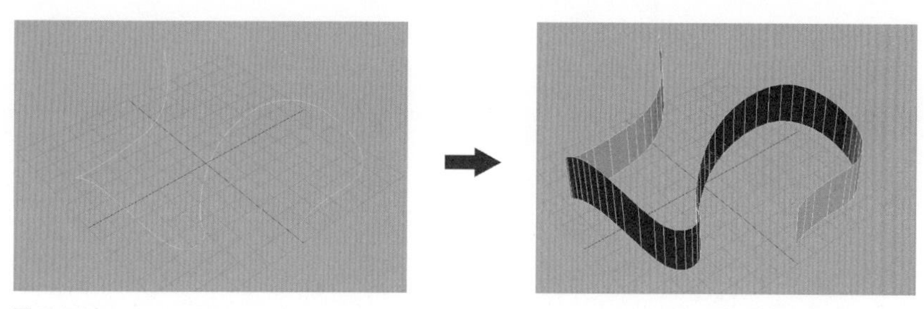

图 2–101

如图 2–102 所示，使用“车削”创建旋转的曲线，沿着指定的轴旋转图形。

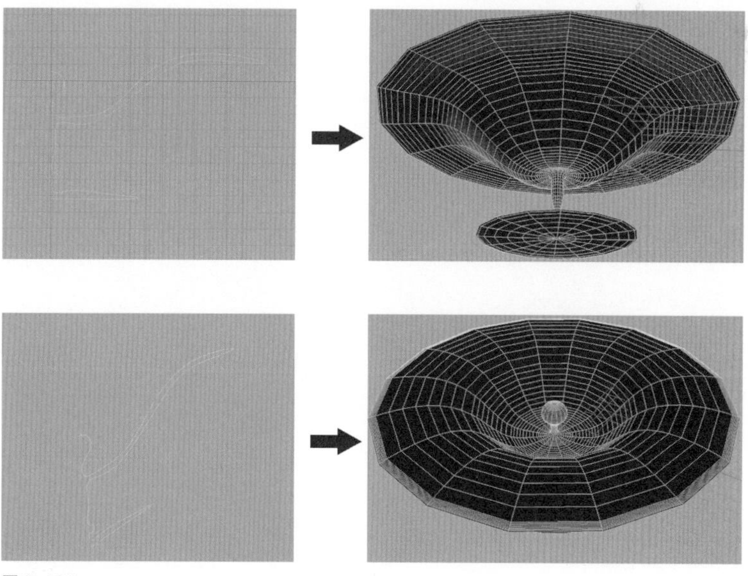

图 2–102

（注意：要使用“挤出”或“车削”输出塌陷到NURBS对象，要将设置更改为“挤出”或“车削”卷展栏上“输出”组框中的NURBS，然后塌陷修改器堆栈。当创建复杂的曲面时，尤其是使用“车削”修改器时，通常需要渲染曲面的两侧。启用“渲染场景”对话框中的“强制双面”，可以查看“挤出“或”车削“曲面的两侧。要在视口中查看两侧，可启用“视口配置”对话框中的“强制双面”。）

以上这些修改器处理NURBS曲线的方法与其处理样条线的方法相同。使用NURBS曲线代替样条线的优势在于可能有NURBS几何体和编辑提供的各种不同的图形，我们可以通过在修改器面板里的NURBS创建工具箱中的各种工具创建复杂表面。（如图2—103）

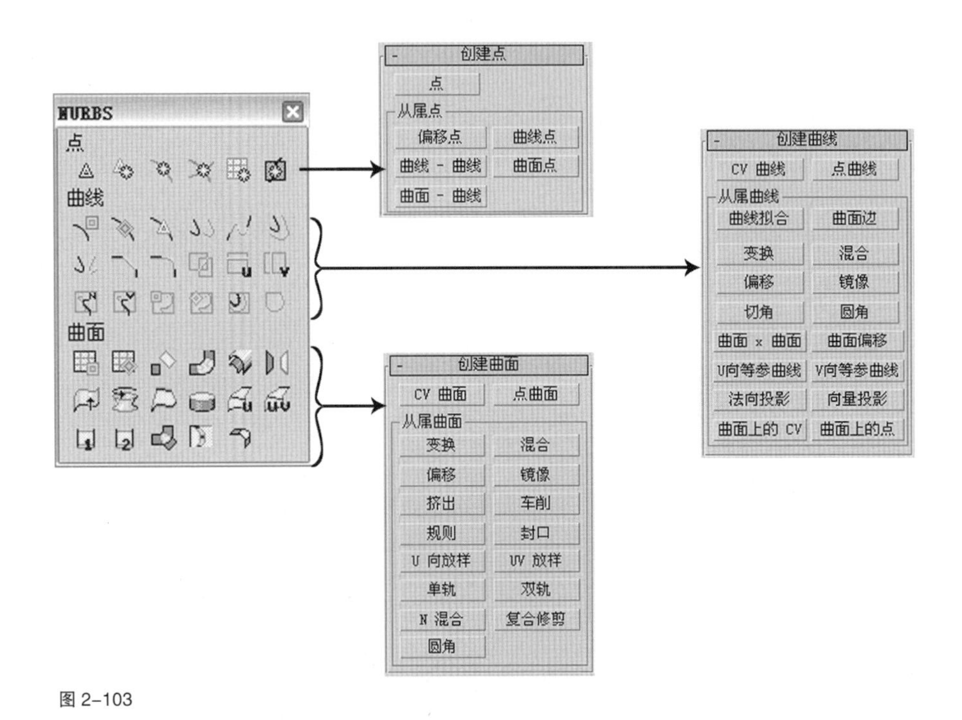

图2–103

下面我们就以NURBS创建工具箱中的几种典型工具来讲解NURBS建模方法。

● 创建一个从属混合曲线（如图2—104）

a. 在包含两个曲线的 NURBS 对象中，启用“混合”；

b. 单击要连接的两条曲线的端点；

c. 创建混合曲线后，通过更改位置或其父曲线的曲率也可更改混合曲线。

“张力”影响父曲线和混合曲线之间的切线。张力值越大，切线与父曲线越接近平行，且变换越平滑。张力值越小，切线角度越大，且父曲线与混合曲线之间的变换越清晰。

张力 1 ——— 控制单击的第一条曲线边上的张力。

张力 2 ——— 控制单击的第二条曲线边上的张力。

（注意：创建一个从属切角曲线和 创建一个从属圆角曲线与上述方法相似。）

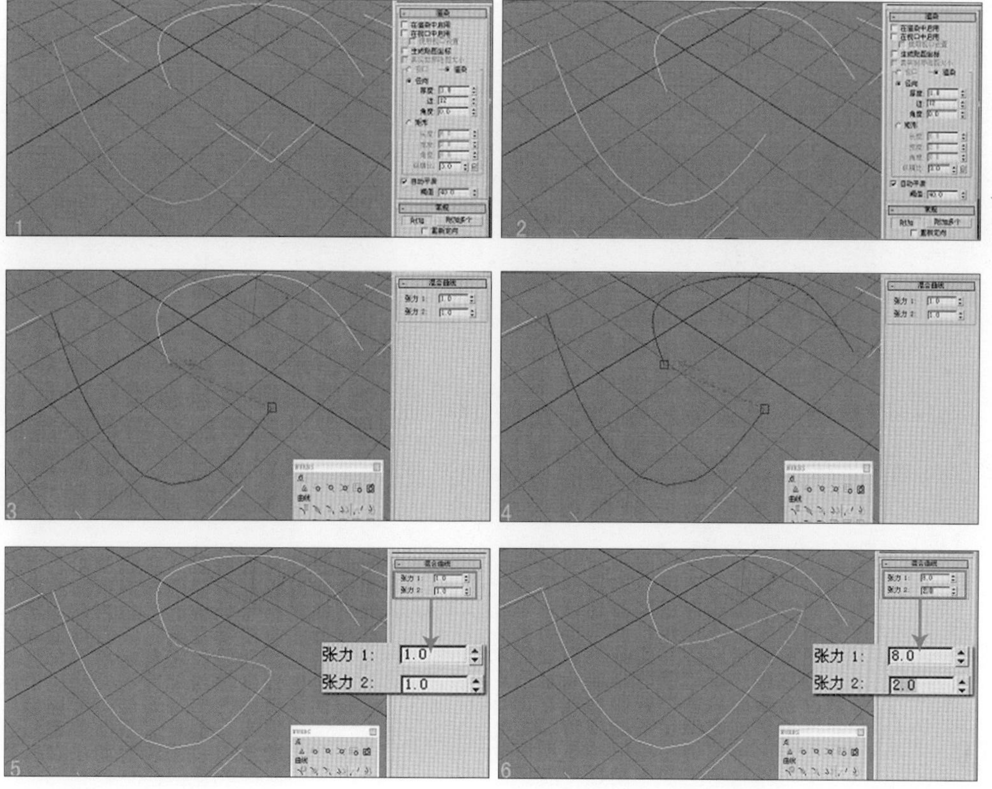

图 2–104

● 创建一个从属偏移曲线。（如图 2–105）

a．在至少包含一个曲线的 NURBS 对象中，启用“偏移”；

b．单击要偏移的曲线，拖动可以设置初始距离，创建偏移曲线；

c．调整“偏移”参数。

（注意：如果父曲线不是线性，增加距离将逐渐扩大偏移曲线的曲率。偏移表示父曲线和偏移曲线之间的距离，此参数可设置动画。）

● 创建一个从属曲面偏移曲线与上述方法相似。

● 创建一个从属镜像曲线。（如图 2–106）

a．在至少包含一条曲线的 NURBS 对象中，启用“镜像”；

b．在“镜像曲线”卷展栏上，选择要使用的轴或平面；

c．单击要镜像的曲线，拖动可以设置初始距离，创建镜像曲线。

（注意：“镜像轴”按钮可以控制镜像原始曲线的方向。偏移能控制镜像与原始曲线之间的距离 创建从属镜像曲面与上述方式相似。）

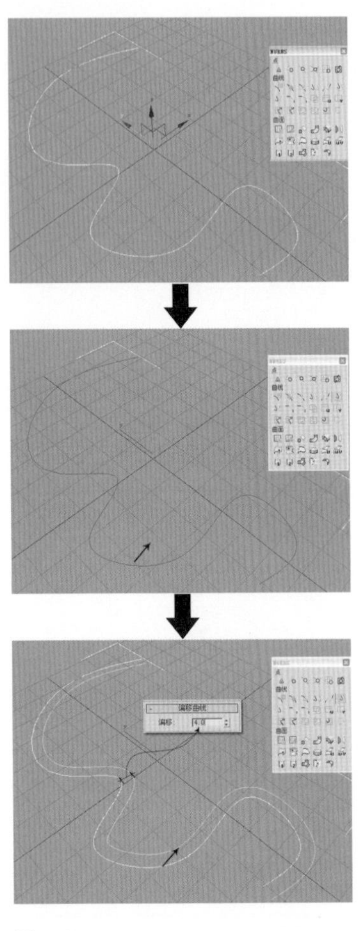

图 2-105

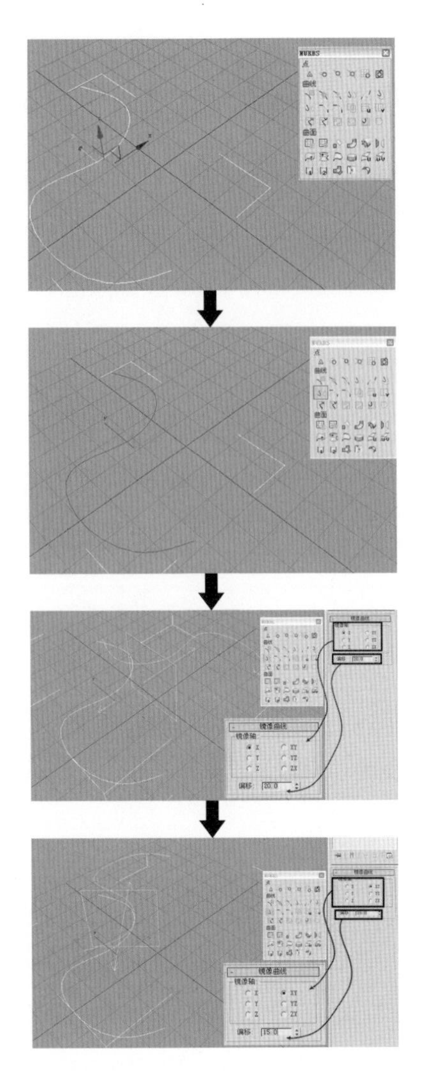

图 2-106

● 创建一个从属法向投射曲线。(如图 2-107)

a. 法向投影曲线依赖于曲面。该曲线基于原始曲线，以曲面法线的方向投影到曲面。

b. 可以将法向投影曲线用于修剪。

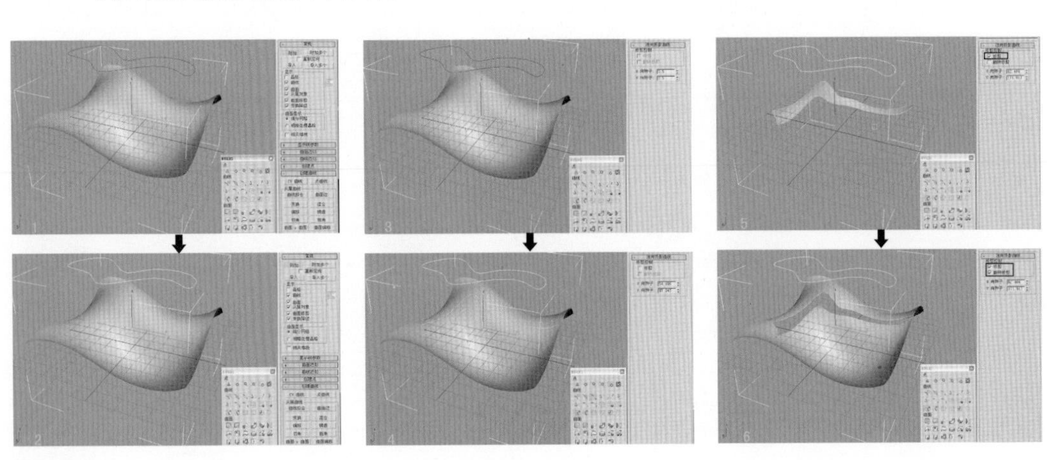

图 2-107

U 向种子和 V 向种子——更改曲面上种子值的 UV 向位置。如果可以选择投影，则离种子点最近的投影是用于创建曲线的投影。

（注意： 创建一个从属矢量投射曲线与上述方法相似。）

● 创建一个从属曲面上的 CV 曲线。（如图 2–108）

a. 曲面上的 CV 曲线类似于普通 CV 曲线，只不过其位于曲面上；

b. 该曲线的创建方式是绘制，而不是从不同的曲线投射。操作者可以将此曲线类型用于修剪其所属的曲面。

【小贴士：如果曲线未形成闭合的环，则曲线不能用于修剪。】

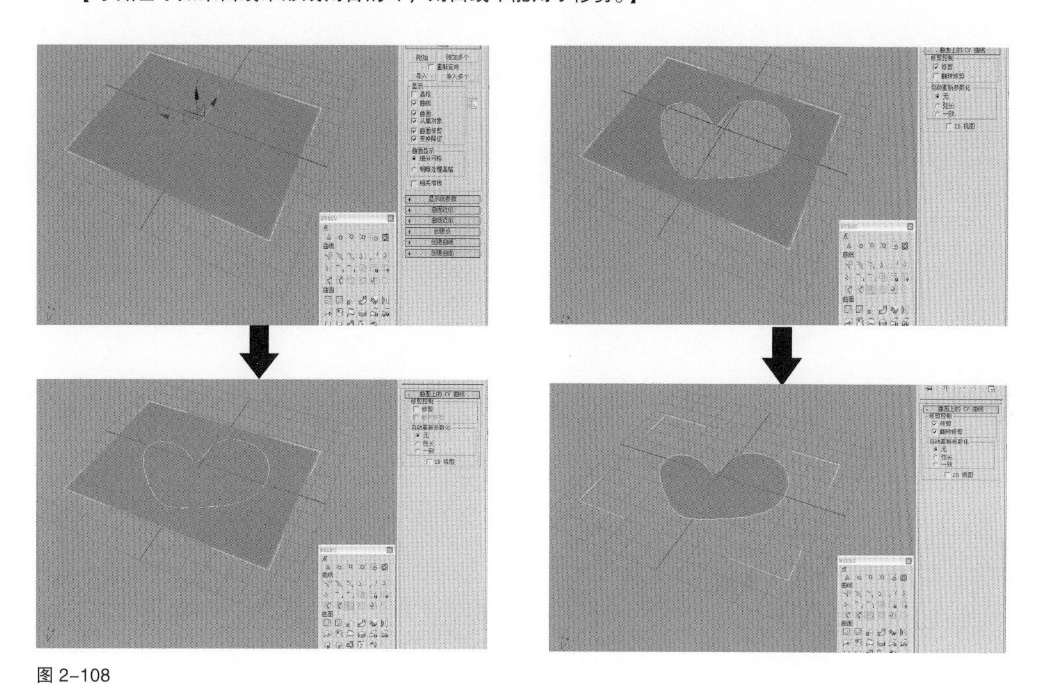

图 2–108

其中，弦长指的是重新参数化的弦长算法。弦长重新参数化可以根据每个曲线分段长度的平方根设置结（位于参数空间）的空间。弦长重新参数化通常是最理想的选择。

一致是指均匀隔开各个结。均匀结向量的优点在于可以在编辑曲线时只对其进行局部更改。如果使用另外两种形式的参数化，移动任何 CV 都会更改整个曲线。

2D 视图——启用此选项后，将显示“编辑曲面上的曲线”对话框，用于在曲面的二维（UV）显示中创建曲线。

（注意： 创建一个从属曲面上的点曲线与上述方法相似。）

● 创建从属混合曲面。（如图 2–109）

a. 含有两个曲面、两条曲线或一个曲面和一条曲线的 NURBS 对象中，启用“混合”；

b. 单击其中一个曲面的一条边，然后拖动到需要与之连接的另一个曲面的一条边上；

c. 更改任意一个父曲面的位置或曲率都会更改混合曲面。

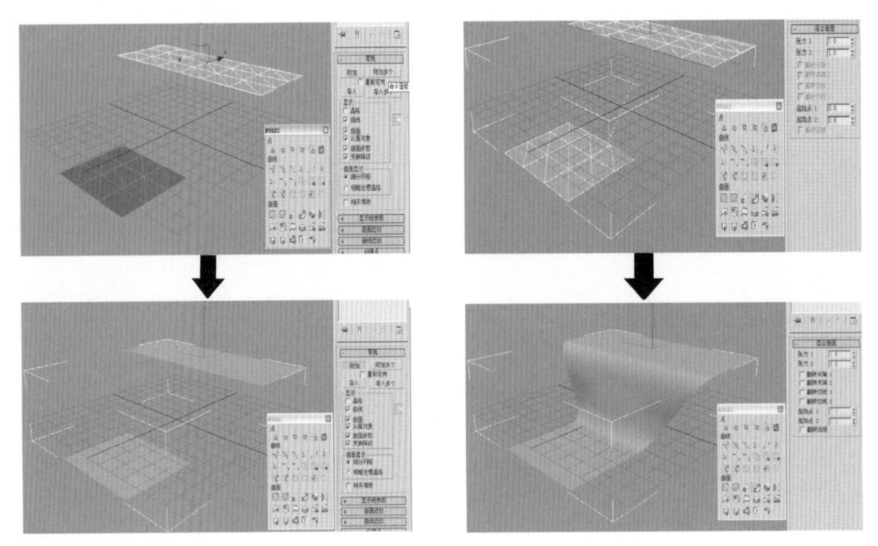

图 2-109

● 创建从属挤出曲面。(如图 2-110)

a. 在至少包含一条曲线的 NURBS 对象中，启用"挤出"；

b. 在曲线上移动光标即可挤出，然后进行拖动，以设置初始量。

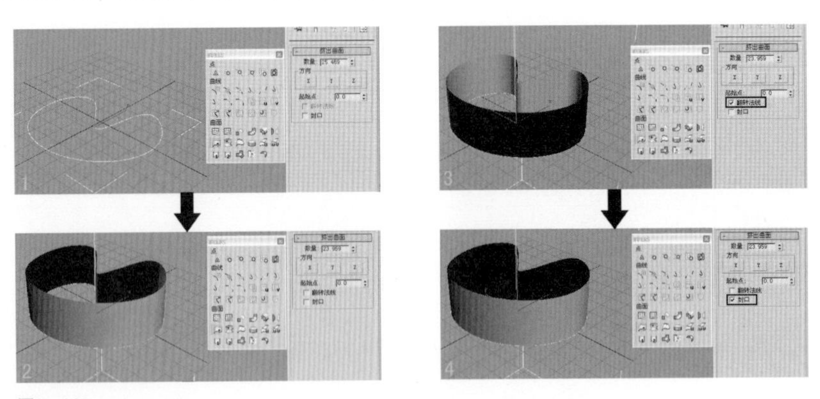

图 2-110

● 创建从属车削曲面。(如图 2-111)

a. 在至少包含一条曲线的 NURBS 对象中，启用"车削"；

b. 单击要车削的曲线。车削曲面将围绕 NURBS 模型的局部 Y 轴旋转。初始车削量是 360 度。Gizmo (默认情况下为黄色) 指示车削的轴。

● 创建从属规则曲面。(如图 2-112)

a. 在至少包含两条曲线的 NURBS 对象中，启用"规则"；

b. 从一条曲线拖动到其他曲线 (或者先后单击需要进行规则的曲线)。

● 创建从属封口曲面。(如图 2-113)

a. 在 NURBS 对象中，启用"封口"；

b. 单击高亮显示的曲线或边。

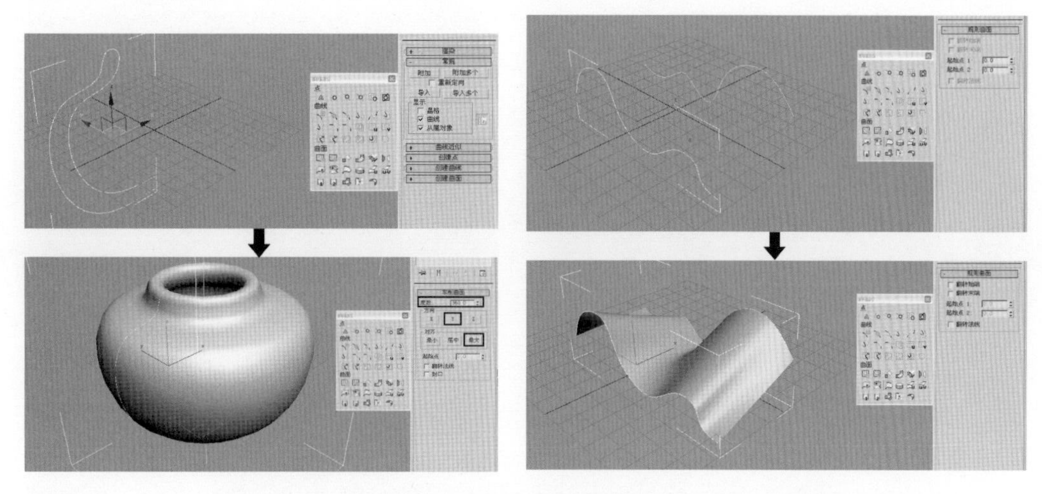

图 2–111　　图 2–112

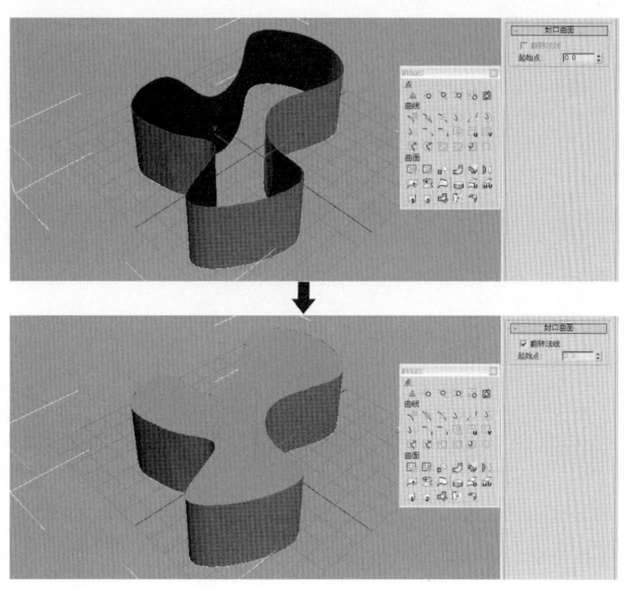

图 2–113

● 创建从属 U 向放样曲面。（如图 2–114）

a. 至少包含两条曲线的 NURBS 对象中，启用“U 向放样”；

b. 顺次单击各条曲线。

● 创建从属 UV 向放样曲面。（如图 2–115）

a. 创建曲线使它描画出所要创建的曲面轮廓；

b. 使用 UV 向放样，在 U 维中单击每个曲线，然后右键单击它们。在 V 维中单击每个曲线，然后再次右键单击它们，结束创建。

【小贴士：在任意维中，可以多次单击相同的曲线。这样会创建一个闭合的 UV 放样。】

单击曲线以用作路径，然后单击每个横截面曲线。单击右键可结束创建过程。

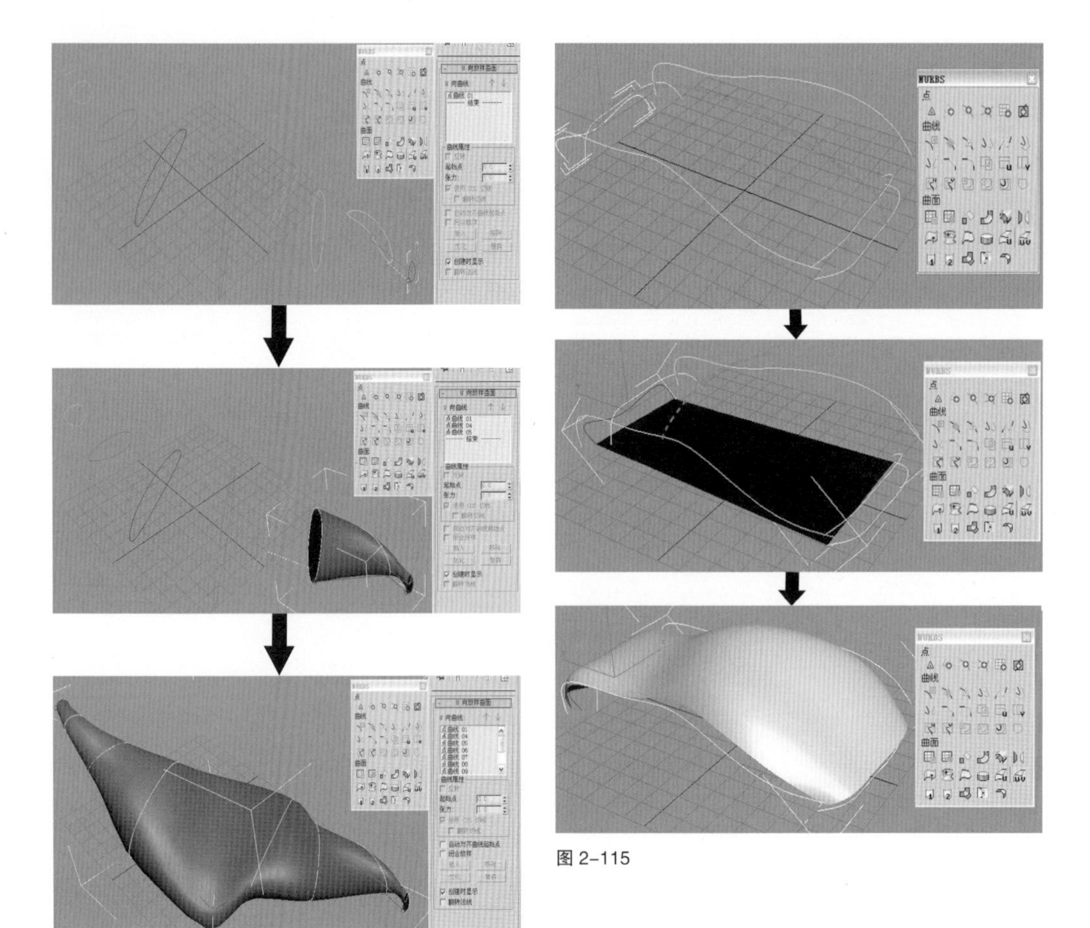

图 2-114

图 2-115

● 创建从属单轨扫描曲面（如图 2-116）

a. 创建自定义截面曲线和一条作为路径的曲线；

b. 单击曲线以用作路径，然后单击每个横截面曲线。单击右键可结束创建过程。

● 创建从属双轨扫描曲面。（如图 2-117）

a. 创建三条独立的曲线，两条为路径使用，一条为横截面曲线；

b. 启用"双轨扫描"，依次点击两条作为路径的曲线，然后点击第三条作为横截面的曲线，单击右键可结束创建过程。

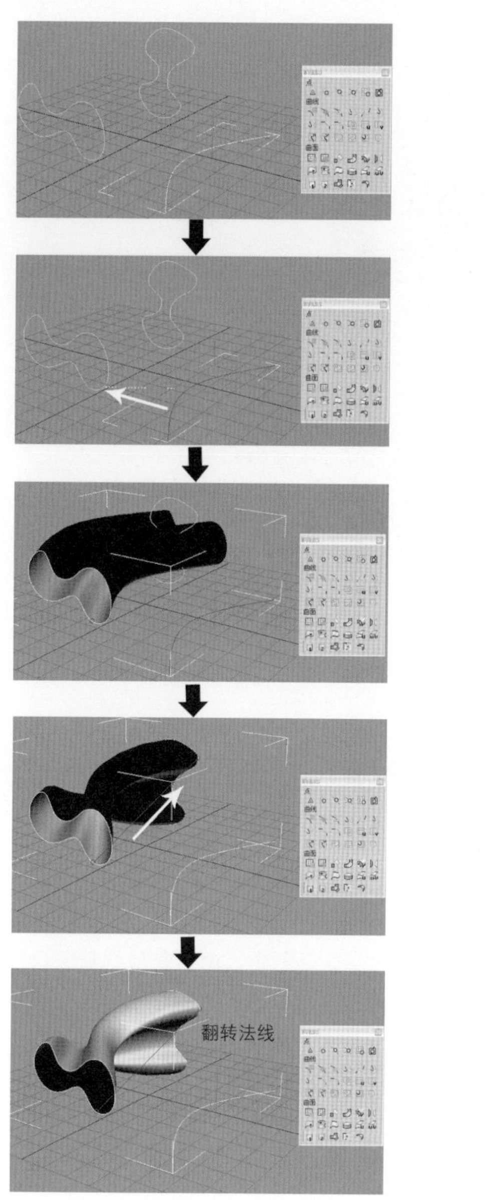

图 2-116

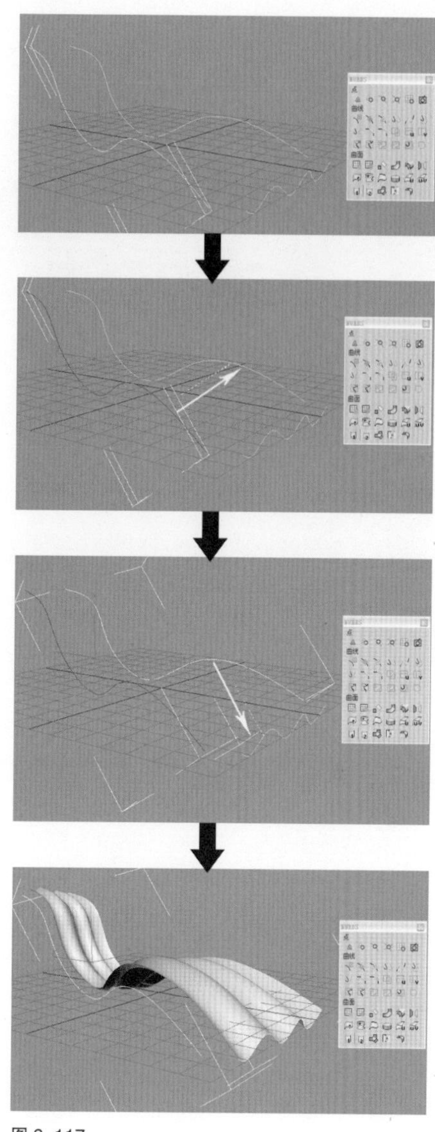

图 2-117

练习

1. 运用不同的建模方法创建一套常用家具。

3 3ds Max 材质设置的基本方法

目标

了解材质创建的基本步骤。
掌握各种材质的特点及运用注意点。
掌握各贴图的特点及运用注意点。

引言

真实世界中，材质千变万化，但无论何种材质都有几个方面的特性。这些特性正是 3ds Max 以及其他三维软件模拟真实材质的重要调节参数。在本章节中，我们学习 3ds Max 材质设置的基本方法。

3.1 材质基础知识简介

从材质的表面上看，最直观传达给我们的即纹样与颜色。颜色是最容易被识别的材质属性，它与表面纹样可以给人最直接的第一视觉信息。砖墙、木头、金属等各种材质都有着自身的颜色与纹样图案（如图 3–1）。因此调制一个优秀的材质，有时需要进行现场的材质纹样采集并进行加工处理。另一个渠道就是利用现成的材质贴图库。

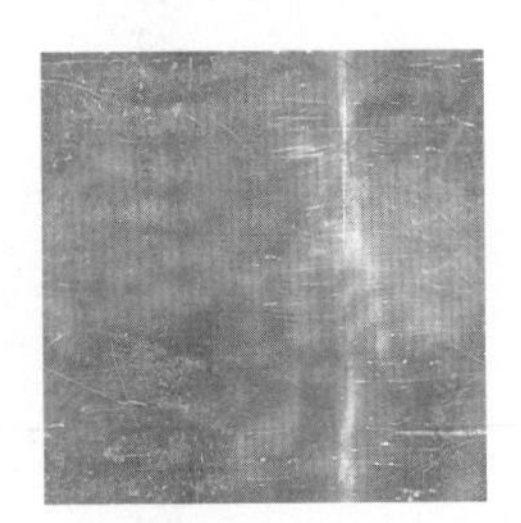

图 3–1

反射与高光：反射是指物体表面能够像镜子一样反射对象。高光是指光线照射到物体表面时产生的高光效果。物体表面的粗糙程度直接影响着反射能力和高光的强弱。表面越光滑，反射能力越强，高光也越强。

透明度：透明度指物体透明的程度，玻璃透明度高，而木头透明度则低。在 3ds Max 等众多三维软件中，透明度表现为对象拒绝光线穿过的程度。根据参数的调节可以控制透明的程度。

折射：折射是指光穿过一种透明介质时，传播方向发生变化，从而使背后的物体发生视觉上的变形。各种透明材质有着各自的折射率。水的折射率为 1.3，玻璃的折射率为 1.5，水晶的折射率为 2.0。3ds Max 中的折射是单独控制的，这样有利于整个场景资源的整体分配，因为折射的效果将占用大量内存资源。

任何材质都有着自身的特性，没有完全一样的材质，有时候这种差异可能是很细微的，因此做好材质需要平时不断地仔细观察和积累经验。要学会将特性进行分类思考和研究，准确地把握参数调节。

3.2 材质编辑器与材质树

3ds Max 中材质的建立和编辑都是通过材质编辑器（Material Editor）完成的。它是表现物体真实感与艺术感的重要环节，对表现对象模型有着直接的影响，有时也是模型细化的快捷方法。再通过最后的渲染把最终的材质效果表现出来，使物体表面显示出各自不同的质地与肌理。

3.2.1 材质编辑器介绍

单击工具栏中的 按钮或按快捷键 M，即可进入材质编辑器对话框，材质编辑器由五大部分组成。（如图 3–2）

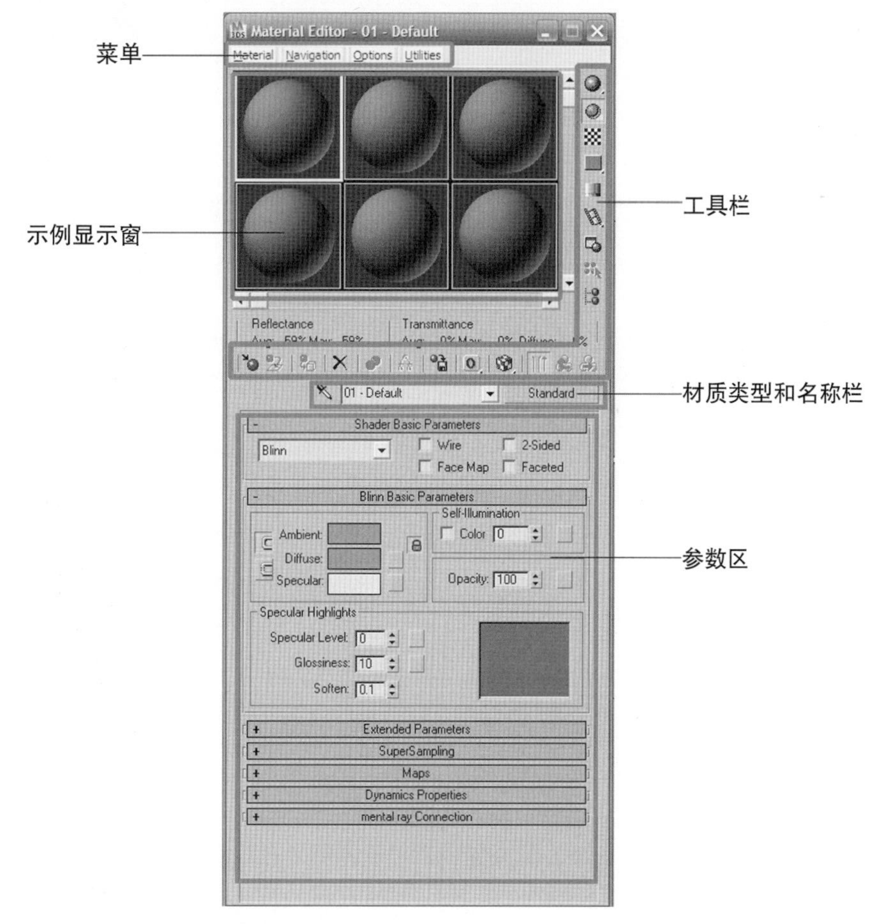

图 3–2

示例显示窗

材质编辑器上方区域为示例显示窗，在示例显示窗中可以预览材质和贴图。在默认状态下示例显示为球体，每个窗口显示一个材质，对每个材质进行编辑都会在相应的示例球上实时更改，使我们能及时看到材质预览效果。单击一个示例框可以激活它，被击活的示例显示窗被一个白框包围。场景中使用的材质，其示例显示窗的四个角都将出现小三角，如是实心小三角则表示是当前场景中选中的物体使用的材质（如图 3–3）。

双击任意示例显示窗都可以将其放置在一个独立浮动的窗口中，并可以拉大（如图 3–4）。在选定的示例显示窗内单击鼠标右键，弹出显示属性菜单。在菜单中选择排放方式，在示例显示窗内显示 6 个，15 个或 24 个示例框。（如图 3–5）

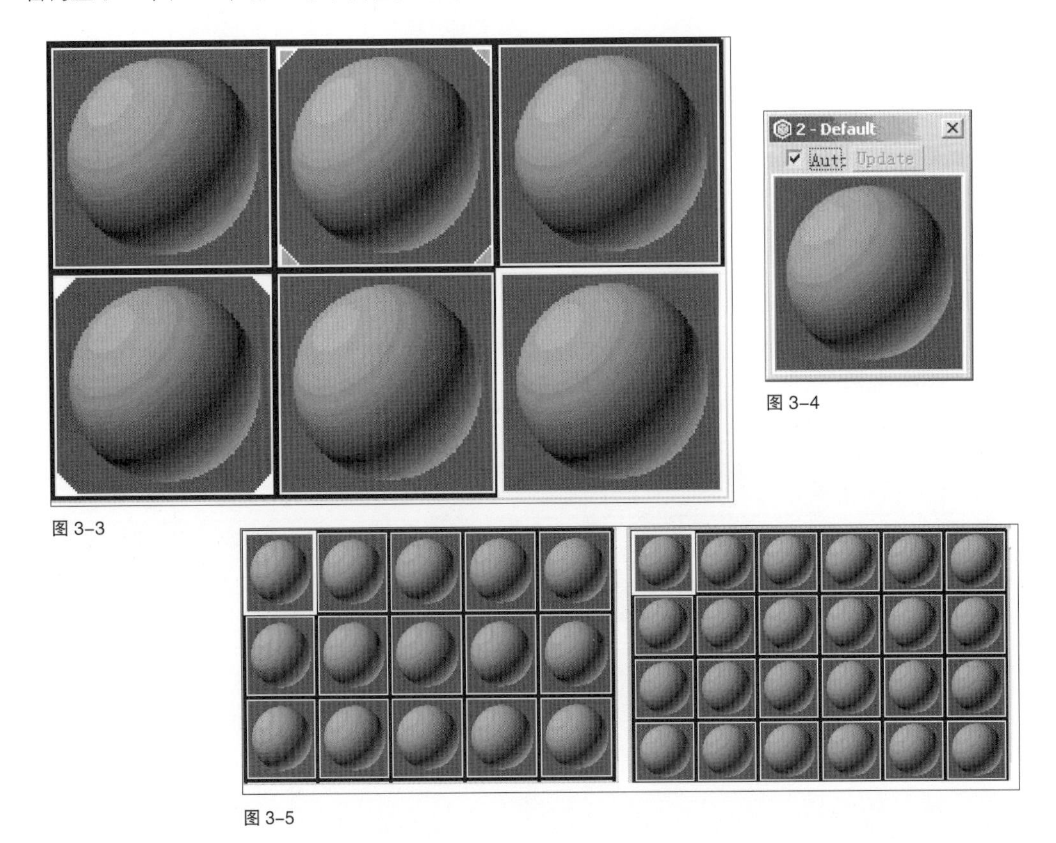

图 3–4

图 3–3

图 3–5

工具栏

样本类型（Sample Type）：可选择样本为球体、圆柱或立方体 三种类型。

背光（Back Light）：在样本的背后设置一个光源。显示材质受背光照射的样子，利于观察材质的特性。

背景（Back Ground）：在样本的背后显示方格背景。利于观察透明、反射、折射的材质特性。

UV 向平铺数量（Sample UV Tiling）：能够改变样本材质的平铺数量，可选择 1×1、2×2、3×3、4×4 四种类型。但它只改变示例显示窗的材质显示，对场景中对象的材质没有本身的影响。

视频颜色检查（Video Color Check）：能够检查无效的视频颜色，样本上材质的颜色是否超出 NTSC 或 PAL 制式的颜色范围。无效的颜色将被渲染成黑色。

创建材质预览(Make Preview)：能够预览材质的动画效果。单击弹出 分别是创建、播放和保存。单击创建将弹出对话框（如图 3–6）。

选项（Options）：单击弹出对话框（如图 3–7），能够设置材质编辑器的各个基本选项。

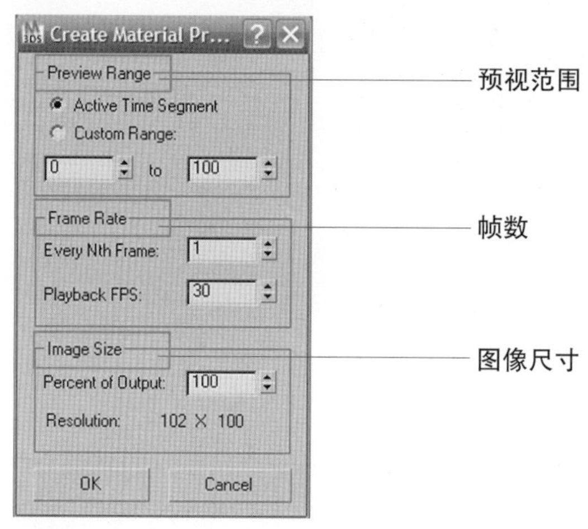

图 3–6

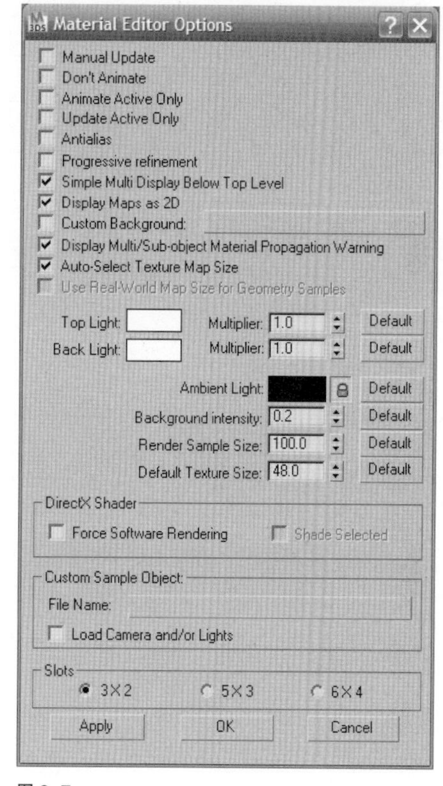

图 3–7

根据材质选择（Select By Material）：单击弹出对话框，能够将场景中所有赋予该材质的物体同时选择。

材质导航器（Material/Map Navigation）：单击弹出对话框（如图 3–8），显示当前材质与贴图的层次关系。

获取材质(Get Material)：单击弹出材质贴图浏览器对话框(如图 3–9)，能够选择材质和贴图。

放置材质到场影中（Put Material to Scene）：更新场景中对象的材质。

为选中对象赋予材质（Assign Material to Selection）：把指定材质赋予当前选择的物体。

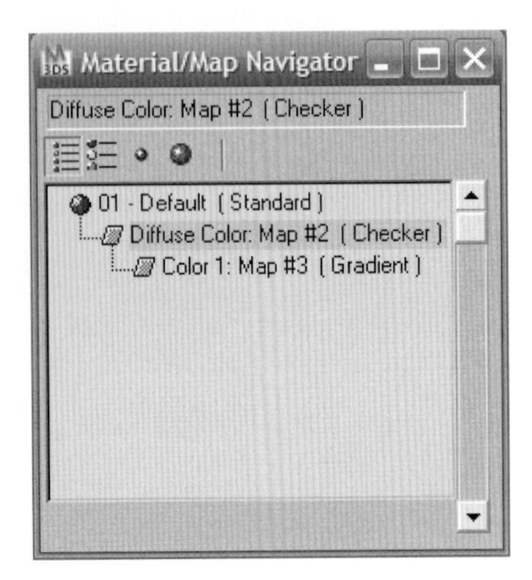

图 3-8

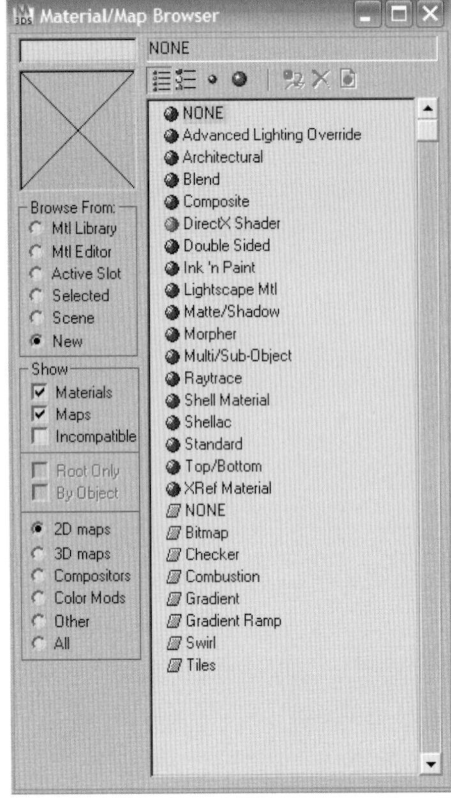

图 3-9

复制材质 (Make Material Copy)。

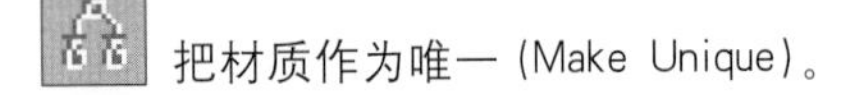

把材质作为唯一 (Make Unique)。

重设定材质样本到默认设置 (Reset Map/Mtl to Selection)。

保存材质到材质库中 (Put Material)。

材质特效通道 (Material Effect Channel)：设置 Video Post 效果的 ID 通道，通道 0 表示没有通道。

显示贴图 (Show Map in Viewport)：在场景视图中显示贴图。

显示最终效果 (Show End Result)。

回到父层级 (Go to Parent)。

到兄弟层级 (Go Forward to Sibling)。

从对象中获取材质 (Pick Material from Object)。

Material #25 材质或贴图名称框。

Standard 材质类型：可以打开材质贴图浏览器进行材质或贴图的选择。

参数区

基本材质的参数区可以分为 6 部分：

（1）阴影基本参数（Shader Basic Parameters），提供 8 种明暗器（明暗模式），默认为 Blinn。（如图 3—10）

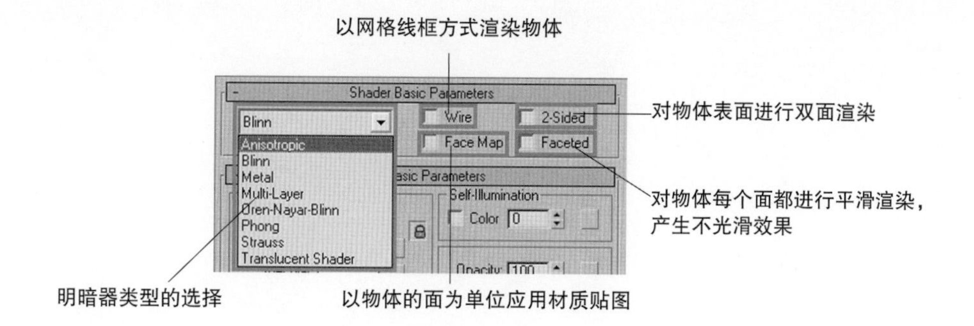

图 3–10

（2）明暗器基本参数（Blinn Basic Parameters）

每种明暗器都有着相应的参数调节，选择任何一种明暗器都会出现相应的明暗器基本参数调节面板，但大体布局基本类似。本文将以默认的 Blinn 明暗器基本参数调节面板（如图 3—11）为例进行讲解。

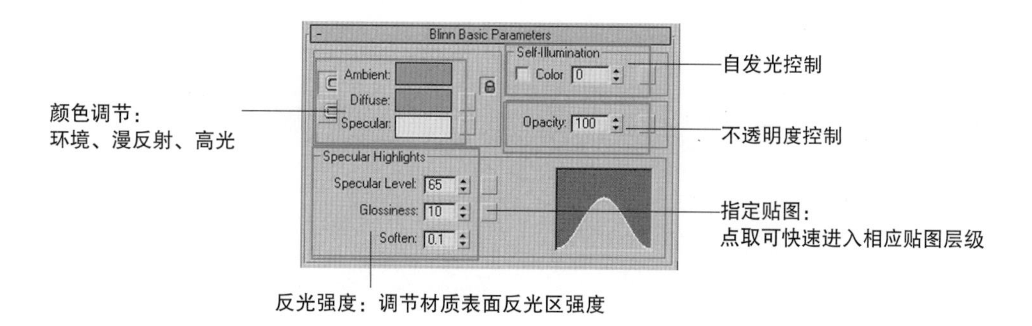

图 3–11

其中自发光控制（Self—Illumination）可以通过颜色和参数两种方式进行调节。通过参数调节的自发光可以有颜色倾向并有高光显示。（如图 3—12）

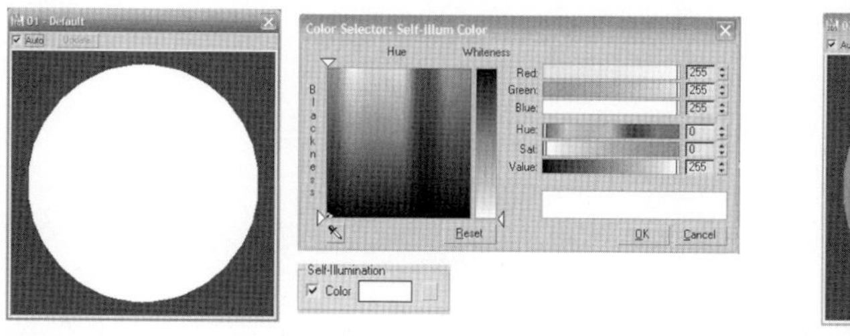

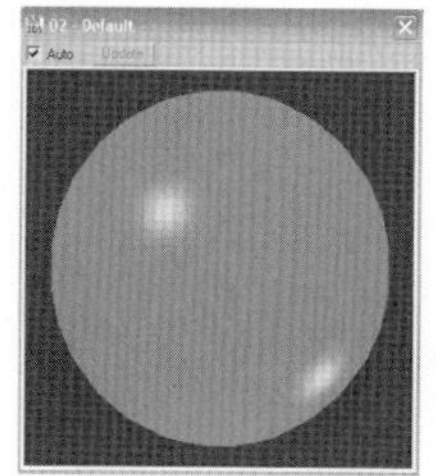

图 3–12

（3）扩展参数（Extended Parameters）

扩展参数主要包括高级透明（Advanced Transparency）、线宽控制（Wire）和反射暗淡（Reflection Dimming）三部分（如图3–13）。高级透明中衰减控制（Falloff）可选择向内（in）或向外（out）透明度的衰减（如图3–14）。类型（Type）确定透明效果的类型：过滤色（Filter），控制透明的颜色；减去（Subtractive），用材质的颜色减去背景的颜色来确定透明色彩；增加（Additive），用材质的颜色加上背景的颜色来确定透明色彩（如图3–15）。线宽（Wire）部分用于设置线框的粗细（如图3–16）。

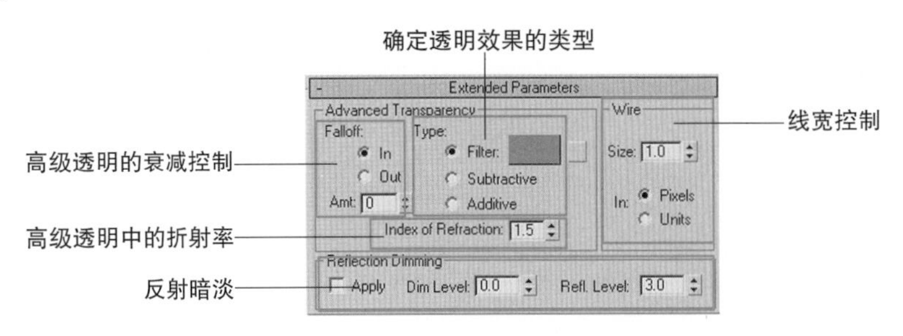

图3–13

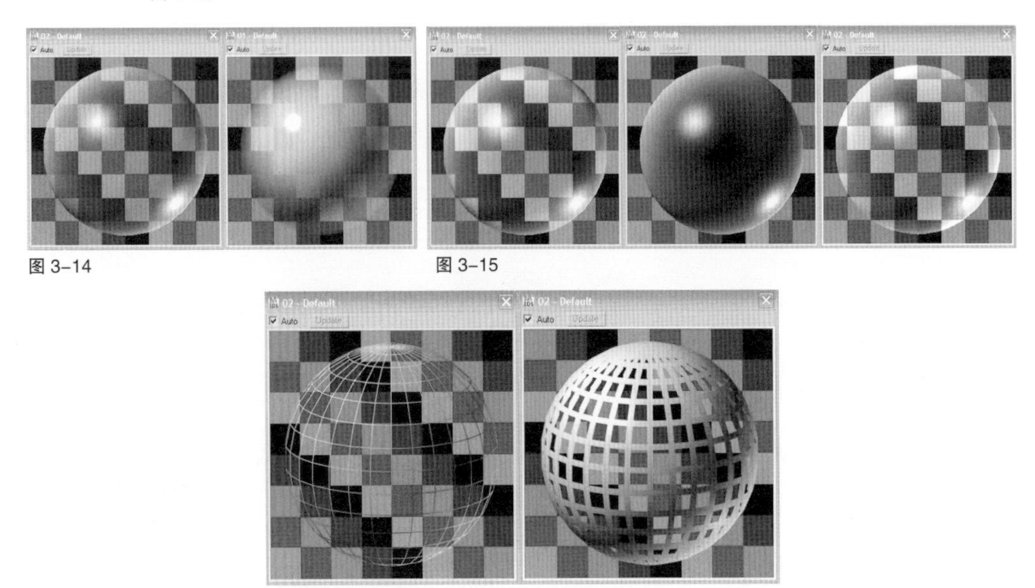

图3–14

图3–15

图3–16

（4）超级样本（Super Sampling）

超级样本能够提供高精细渲染，提高渲染质量，可以进行材质表面的抗锯齿状计算。四种不同的计算方式可以渲染出不同的效果，但都会大大增加渲染时间。（如图3–17）

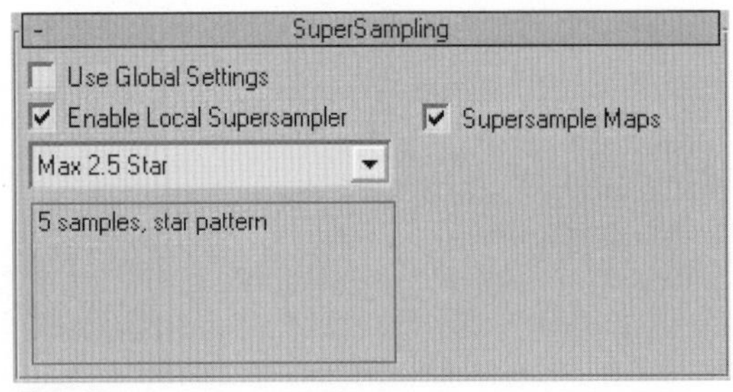

图3–17

（5）贴图通道（Maps）

贴图通道（Maps）是制作材质的重要环节。在标准材质下有多种贴图通道（如图 3–18），每个贴图通道都有其自身的特性，同时也能选择丰富的各种贴图方式。

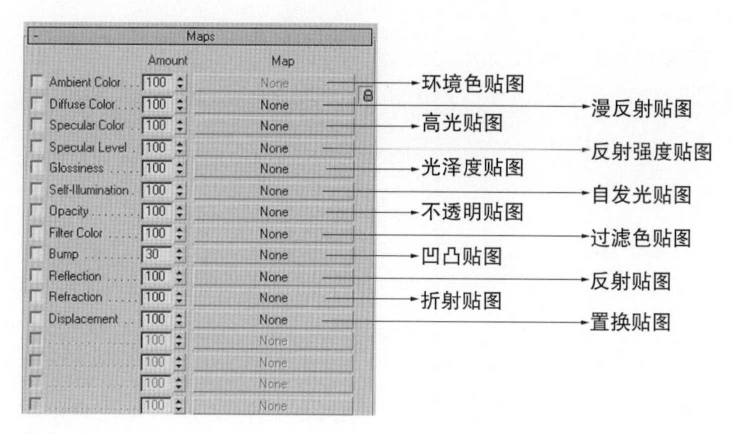

图 3–18

（6）动力学属性（Dynamics Properties ）

动力学属性卷展栏是专门针对动力学属性而开发的功能，可以对材质的反弹系数、静止摩擦力、滑动摩擦力进行设置，与动力学系统配合模拟真实的运动规律。如果没有动力学属性的调节，物体表面的材质就不会发生反弹，对物体的真实感产生严重影响。

材质/贴图浏览器

单击工具栏中与材质相关的按钮或在参数栏中单击材质类型或赋予贴图时，都会弹出材质／贴图浏览器（Material/Map Browser）对话框。根据不同的进入状态，显示的内容类型也有所区别。点击 获取材质，浏览器中将会出现所有的材质与贴图；点击材质类型，浏览器中只出现所有的材质；点击贴图通道，浏览器中只出现所有的贴图。（如图 3–19）

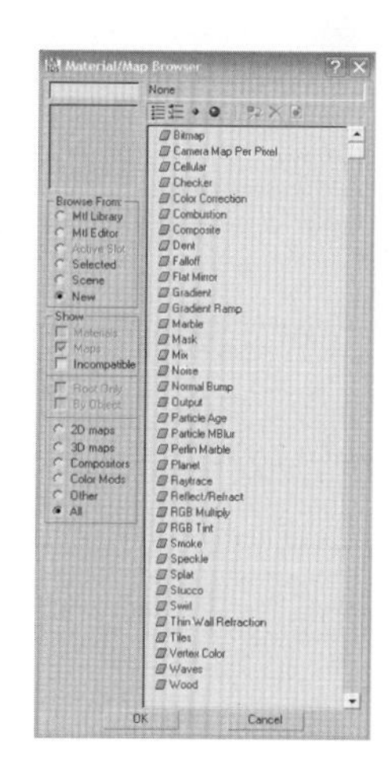

图 3–19

材质／贴图浏览器（Material/Map Browser）中的材质和贴图是根据选择的渲染器显现的，在默认线扫渲染器下，共有 17 种材质基本类型（见表 3–1），以及 36 种贴图基本类型（见表 3–2）。

表 3–1 材质基本类型

序号	基本类型	说明
1	高级照明替换（Advanced Lighting Override）	一般配合光能传递使用，渲染的时候能很好地控制光能传递和物体之间的反射度。
2	建筑（Architectural）	建筑材质，自带了建筑中的常用材质参数，使用方便。
3	混合（Blend）	混合材质是通过一定的百分比把两种不同的材质进行混合。
4	合成材质（Composite）	合成材质是先确定一种材质作为基本材质，然后再选择其他类型的材质与基本材质进行组合的一种复合材质。
5	DirectX Shader	能够在视图中真实的反映出光照效果。
6	双面材质（Double Sided）	双面材质就是在物体表面的两面分别指定两种不同的材质，同时还可以控制它们的透明程度。
7	卡通材质（Ink'n Paint）	一种制作卡通效果的材质。
8	不可见阴影材质（Matte/Shadow）	被指定了不可见阴影材质（Matte/Shadow）的物体在最后渲染时不出现在场景中，但它可以消除物体上被它遮挡的区域，显示出来背景来。
9	变形材质（Morpher）	通过子物体材质可以将多种材质组合在一起，分别指定给同一物体的不同子物体选择级别，从而表现出多种材质位于同一物体上的效果。
10	子物体材质（Multi/Sub—Object）	通过子物体材质可以将多种材质组合在一起，分别指定给同一物体的不同子物体选择级别，从而表现出多种材质位于同一物体上的效果。
11	Lightscape Mtl	Lightscape 材质，针对渲染软件 Lightscape 光能传递的材质设置。
12	光线跟踪（Raytrace）	光线跟踪材质是一种比标准材质更为优秀的材质，它不但具备标准材质的所有特性，还可以制作出一些诸如颜色浓度、荧光等特殊的效果，尤其在制作反射和折射效果方面比 Reflect/Refract 反射 / 折射贴图更为精确。
13	叠加材质（Shellac）	叠加材质是将两种不同的材质通过一定的比例进行叠加而形成一种复合材质。
14	壳材质（Shell Material）	与材质烘焙一起使用。
15	标准（Standard）	默认的材质类型。
16	顶 / 底材质（Top/Bottom）	顶 / 底材质可以给物体的顶部和底部赋予不同的材质。顶、底材质交界的地方可产生浸润效果，两种材质所占比例可以调节。至于哪部分是顶、哪部分是底，这就取决于物体相对于世界坐标系或物体自身坐标系的 Z 轴的方向。
17	XRdf Material	外部参照材质。

表 3–2 贴图基本类型

序号	类别	基本类型	说明
1	2D	位图	图像以很多静止图像文件格式之一保存为像素阵列，如 .tga、.bmp 等，或动画文件如 .avi、.flc 或 .ifl。（动画本质上是静止图像的序列）3ds Max 支持的任何位图（或动画）文件类型都可以用作材质中的位图。
2		方格	方格图案组合为两种颜色。也可以通过贴图替换颜色。
3		Combustion	与 Autodesk Combustion 产品配合使用。可以在位图或对象上直接绘制并且在“材质编辑器”和视口中看到效果更新。该贴图可以包括其他 Combustion 效果。绘制并且将其他效果设置为动画。
4		渐变	创建三种颜色的线性或径向坡度。
5		渐变坡度	使用许多的颜色、贴图和混合，创建各种坡度。
6		漩涡	创建两种颜色或贴图的漩涡（螺旋）图案。
7		平铺	使用颜色或材质贴图创建砖或其他平铺材质。通常包括已定义的建筑砖图案，也可以自定义图案。
8	3D	细胞	生成用于各种视觉效果的细胞图案，包括马赛克平铺、鹅卵石表面和海洋表面。
9		凹痕	在曲面上生成三维凹凸。
10		衰减	基于几何体曲面上面法线的角度衰减生成从白色到黑色的值。在创建不透明的衰减效果时，衰减贴图提供了更大的灵活性。其他效果包括“阴影／灯光”、“距离混合”和 Fresnel。
11		大理石	使用两个显式颜色和第三个中间色模拟大理石的纹理。
12		噪波	噪波是三维形式的湍流图案。与 2D 形式的棋盘一样，其基于两种颜色，每一种颜色都可以设置贴图。
13		粒子年龄	基于粒子的寿命更改粒子的颜色（或贴图）。
14		粒子运动模糊	基于粒子的移动速率更改其前端和尾部的不透明度。（MBlur 是运动模糊的简写形式）
15		大理石(Perlin)	带有湍流图案的备用程序大理石贴图。
16		行星	模拟空间角度的行星轮廓。
17		烟雾	生成基于分形的湍流图案，以模拟一束光的烟雾效果或其他云雾状流动贴图效果。
18		斑点	生成带斑点的曲面，用于创建可以模拟花岗石和类似材质的带有图案的曲面。
19		泼溅	生成类似于泼墨画的分形图案。
20		灰泥	生成类似于灰泥的分形图案。

（续上表）

序号	类别	基本类型	说明
21	3D	波浪	通过生成许多球形波浪中心并随机分布生成水波纹或波形效果。
22		木材	创建 3D 木材纹理图案。
23	合成器	合成贴图	合成多个贴图。与“混合”不同，对于混合的量合成没有明显的控制。相反，合成是基于贴图的 Alpha 通道上的混合量。
24		遮罩	遮罩本身就是一个贴图，在这种情况下用于控制第二个贴图应用于表面的位置。
25		混合	使用“混合”混合两种颜色或两种贴图。可以使用指定混合级别调整混合的量。混合级别可以设置为贴图。
26		RGB 倍增	通过倍增其 RGB 和 Alpha 值组合两个贴图。
27	颜色修改器	色彩校正	用于对贴图色彩进行校正。
28		输出	将位图输出功能应用到没有这些设置的参数贴图中，如方格。这些功能调整贴图的颜色。
29		RGB 染色	基于红色、绿色和蓝色值，对贴图进行染色。
30		顶点颜色	显示渲染场景中指定顶点颜色的效果。从可编辑的网格中指定顶点颜色。
31	其他贴图	每像素摄像机贴图	从特定的摄像机方向投射贴图。
32		平面镜	为平面生成反射。可以将其指定面，而不是作为整体指定给对象。
33		法线凹凸	用于模拟低分辨率多边形模型上的高分辨率曲面细节。
34		光线跟踪	创建精确的、完全光线跟踪的反射和折射。
35		反射／折射	基于包围的对象和环境，自动生成反射和折射。
36		薄壁折射	自动生成折射。模拟对象和环境可通过折射材质（如玻璃或水）看到。

3.3 常用材质的设置

3.3.1 混合材质

混合材质可以在对象表面将两种材质进行混合，能做出层次丰富自然的特殊效果。适于表现破旧以及脏乱的对象。混合具有可设置动画的“混合量”参数。（如图 3–20、图 3–21）

创建步骤：

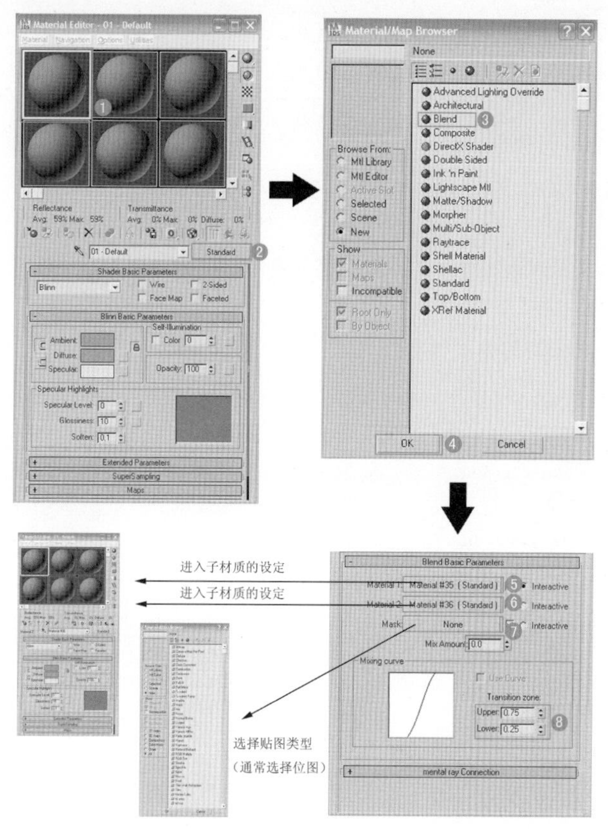

图 3–20

界面：

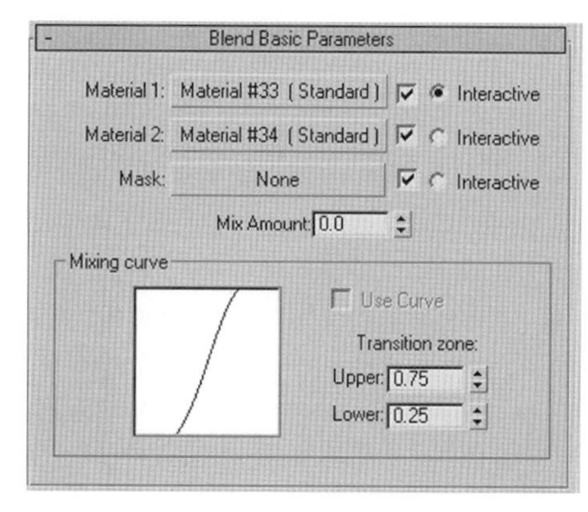

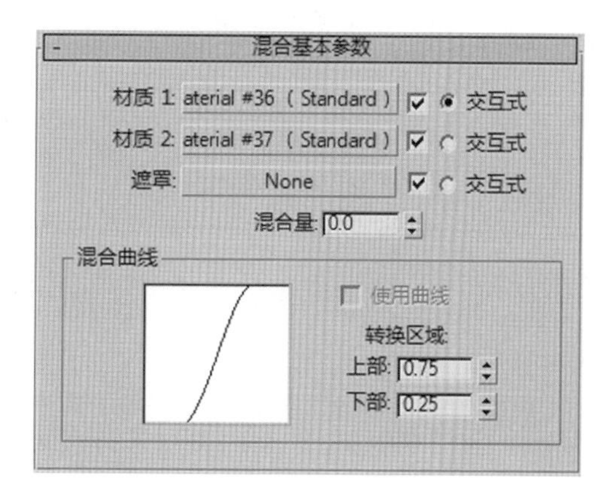

图 3–21

材质 1／材质 2——设置两个用以混合的材质。使用复选框来启用和禁用。

交互式——选择的材质将显示在材质示例窗中。

遮罩——设置用做遮罩的贴图。两个材质之间的混合程度取决于遮罩贴图的黑白信息。遮罩贴图中趋向于白色的区域更多的显示“材质 1”；遮罩贴图中趋向于色的区域则更多的显示“材质 2”。使用复选框来启用或禁用遮罩贴图。

混合量——确定混合的比例（百分比），在不启用遮罩时有效。趋向于“0”则更多的显示“材质 1”；趋向于“100”则更多的显示“材质 2”。

混合曲线——通过曲线调节两种材质的混合效果，只有启用遮罩时才会起作用。转换区域的两个值相同时，混合的两种材质会在一个确定的边上接合；而范围较大时能使两种材质更为平缓地混合。

3.3.2 双面材质

双面材质可以分别将对象的正面和反面指定为两种不同的材质。适于表现内外材质不同的对象，如易拉罐等。（如图 3–22）

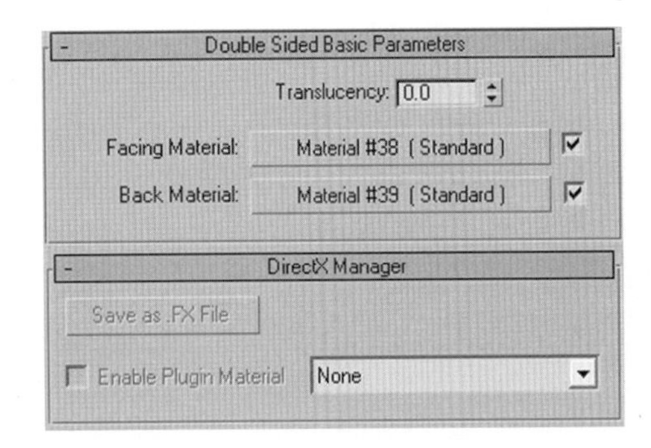

图 3–22

半透明——设置材质透明度，将正面与背面材质进行混合。数值范围为 0 至 100。设置为 100 时，背面显示正面材质，正面显示背面材质。设置为中间的值时，正面与背面材质将以混合的效果显示。

正面材质和背面材质——单击此选项可进行材质的设定。

3.3.3 多维／子对象材质

使用多维／子对象材质可以通过多层子对象级别分配不同的材质，使同一个对象不同部分赋予不同材质，但必须通过可编辑网格等选定相应的面，并指定 ID 值。模型中的 ID 值与多维／子对象材质的 ID 值是对应的，是对象获取材质的依据。（如图 3–23）

在“修改”面板上，对该对象应用网格选择。单击子对象并将面选为子对象类别。选中所要指定子材质的面。 应用材质修改器，将材质 ID 值设为要指定的子材质的数目。

在多维子对象材质中的材质 ID 值与“面选择”卷展栏中的材质 ID 数目相对应。如果将此 ID 设为与多维／子对象材质中的材质不一致的数，面将渲染为黑色。

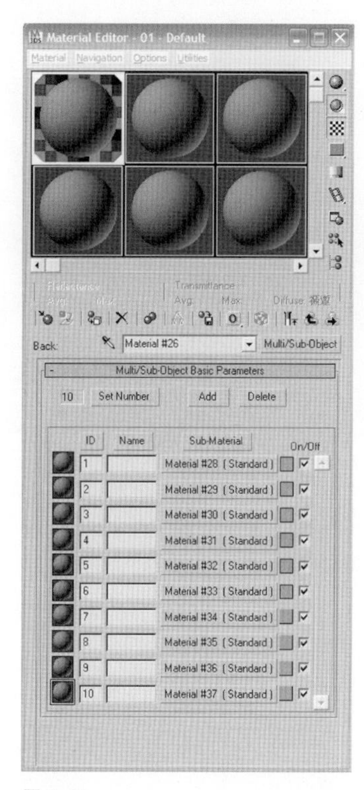

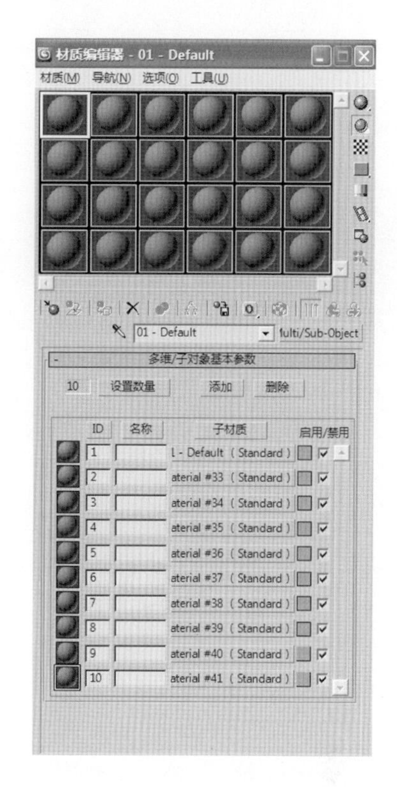

图 3-23

数量——显示多维 / 子对象材质中的子材质的数量。

设置数量——设置多维 / 子对象材质中的子材质的数量。

添加——单击可增加子材质的数量。默认情况下，新的子材质 ID 数要大于使用中 ID 的最大值。

删除——单击可从列表中移除当前选中的子材质。

ID——单击将列表排序，ID 数的顺序是由高到低的。

名称——单击将按输入的子材质名称来排序。

子材质——单击此按钮按显示于“子材质”按钮上的子材质名称排序。

子材质列表——每个子材质是一个单独的项。示例球是子材质的预览。单击它来选中子材质。在删除子材质前必须将其选中。ID 显示指定给各子材质的 ID 数，可编辑更改。如果给两个子材质指定相同的 ID，卷展栏的顶部会出现警告消息。名称用于为子材质输入自定义名称。单击”子材质“按钮可以创建或编辑一个子材质。每个子材质都分别是一个完整的材质。

颜色样框——单击“子材质”按钮右边的色样可以更改为子材质漫反射颜色。

开关切换——启用或禁用子材质。禁用子材质后，在场景中的对象上和示例窗中会显示黑色。默认设置为启用。

3.3.4 顶 / 底材质

使用顶/底材质可以分别为对象的顶部和底部指定两个不同的材质，并便于两种材质衔接处混合在一起。（如图3–24）

顶材质和底材质——单击创建顶或底子材质的参数。按钮右侧的复选框用于开启和关闭材质。

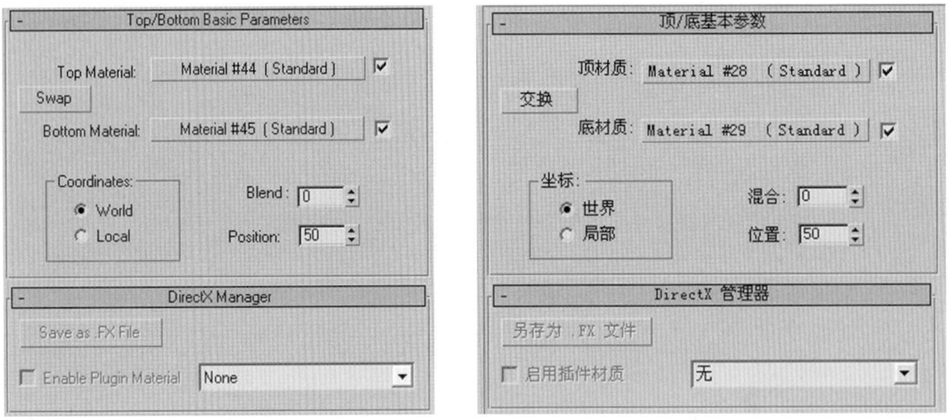

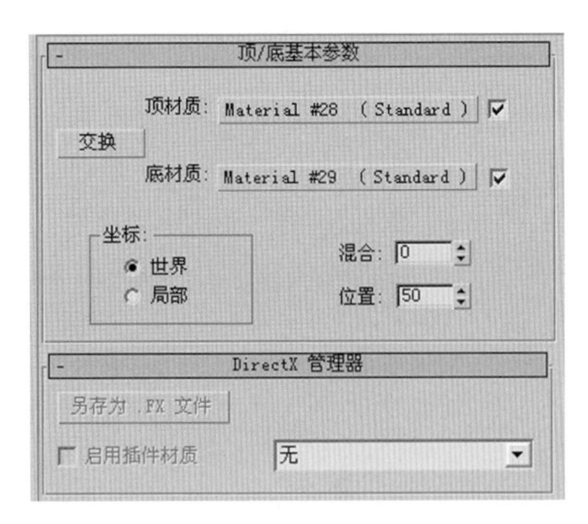

图 3-24

交换——交换顶材质和底材质。

“坐标”组——此组中的控件可用于选择软件如何确定顶和底的边界。

世界——按照场景的世界坐标让各个面朝上或朝下。旋转对象时，顶面和底面之间的边界仍保持不变。

局部——按照场景的局部坐标让各个面朝上或朝下。旋转对象时，材质随着对象旋转。

混合——混合顶子材质和底子材质之间的边缘。越趋向于值 0，顶子材质和底子材质之间的界线越明显；越趋向于值 100，顶子材质和底子材质彼此交界混合程度越大。

位置——确定两种材质交界在对象上的位置。越趋向于值 0，交界位置越靠近对象的底部；越趋向于值 100，交界位置越靠近对象的顶部。

3.3.5 卡通材质 (Ink'n Paint)

卡通材质能够创建卡通效果的特殊材质，提供带有“墨水”边界的平面着色。卡通材质包含墨水 Ink 与涂层 Paint 两个部分。材质的参数区可分为五部分：

基本材质扩展 (Basic Material Extensions)（如图 3–25）

绘制控制 (Paint Controls)

墨水控制 (Ink Controls)

超级样本 / 反走样 (SuperSampling/Antialiasing)

Mental Ray Connection

其中最常用的是前三个参数栏。

基本材质扩展 (Basic Material Extensions)

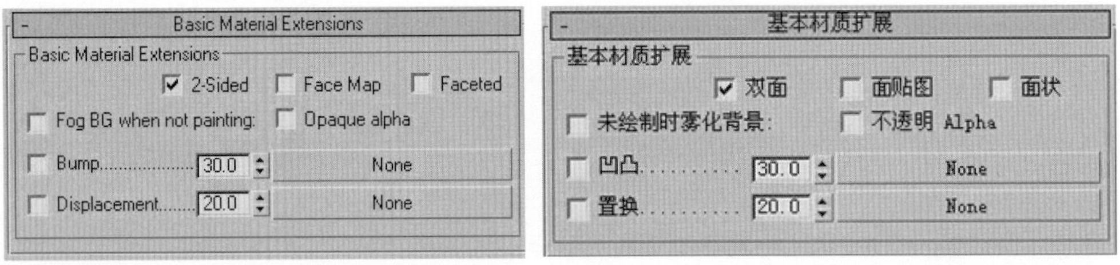

图 3-25

双面——对物体表面进行双面渲染。(同 Standard 标准材质)

面贴图——对物体每个面都进行平面渲染，产生不光滑效果。(同 Standard 标准材质)

面状——以物体的面为单位应用材质与贴图。(同 Standard 标准材质)

未绘制时雾化背景——禁用时，材质颜色的已绘制区域与背景一致。启用时，绘制区域中的背景将受到摄影机与对象之间雾的影响。

不透明 Alpha——启用时，即使禁用了墨水或绘制，Alpha 通道仍为不透明。

凹凸——设置凹凸贴图。(同 Standard 标准材质)

置换——设置置换贴图。(同 Standard 标准材质)

绘制控制 (Paint Controls)

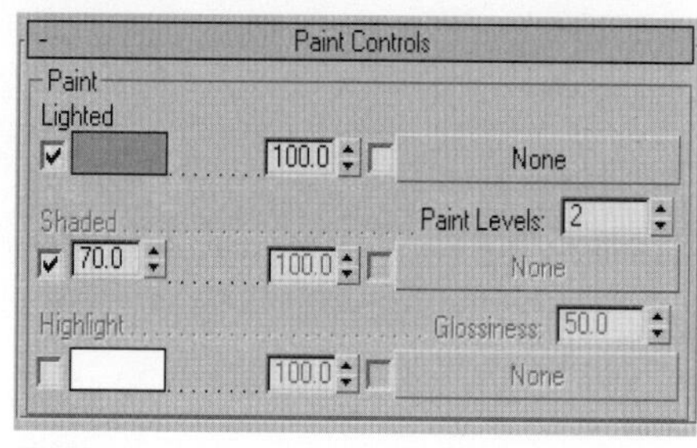

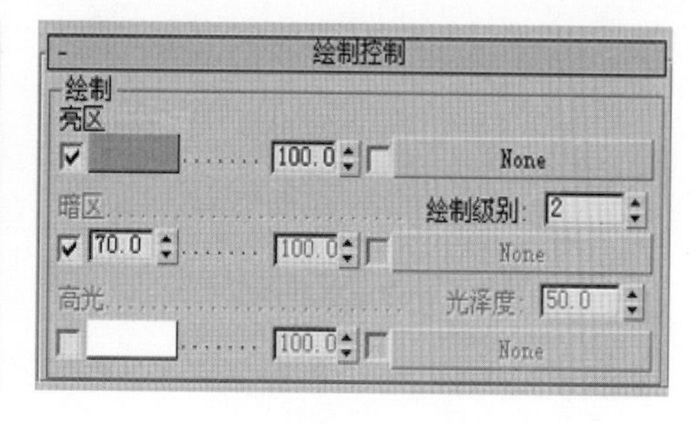

图 3–26

绘图控制主要是控制轮廓线内部的填充颜色。由三部分组成:亮区、暗区、高光。(如图 3–26)

亮区——对象中亮区的颜色，也是材质的基本颜色。如果关闭亮区和高光区，材质便不会被填充。

绘制级别——控制亮区颜色的级数。值越小，对象看起来越平坦。值为 1 时则表现为平涂效果。

暗区——对象中暗区的颜色。可设置为基本颜色的百分比，也可设置另外的颜色。

高光——控制高光的颜色。

光泽度——控制高光的大小。光泽度数值越大，高光范围显示越小。

贴图按钮——单击按钮为组件指定贴图。指定并启用贴图后，贴图会完全覆盖颜色组件。但百分比较小时，贴图将与颜色混合。

墨水控制 (Ink Controls)

墨水控制用于设置材质中的划线、轮廓。(如图 3–27)

墨水——开启与禁用墨水线。

墨水质量——影响画刷的形状及其使用的示例数量。如果“质量”等于 1，画刷为“+”形状，示例为 5 个像素的区域。如果“质量”等于 2，画刷为八边形，示例为 9 x 15 个像素的区域。如果“质量”等于 3，画刷近似为圆形，示例为 30 个像素的区域。”质量“数值范围为 1 至 3。默认值为 1。 通常情况下增加“质量”值仅能产生微小的变化，但需要大大增加渲染时间。

墨水宽度——控制墨水线宽度。开启“可变宽度”则可通过“最小值”与“最大值”的设定将墨水线宽度控制在一定范围内。禁用“可变宽度”则墨线宽始终是最小值的宽度。墨水线宽度也可以通过贴图通道按钮进行贴图设置。

钳制——强制墨水宽度始终保持在“最大”值和“最小”值之间，而不受照明的影响，以避免场景中的照明使一些墨水线变得很细而不可见。

轮廓——控制对象的外轮廓。

相交偏移——调整两对象相交时可能出现的偏差。正值使对象远离视点，负值使对象接近视点。通过数值的调整确定物体的前后关系以得到正确的相交边界。

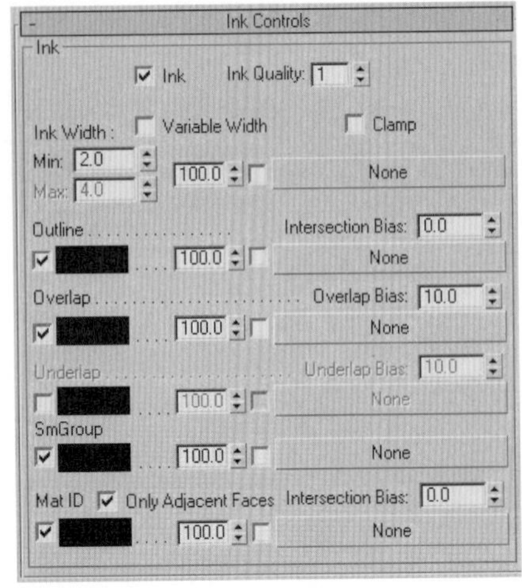

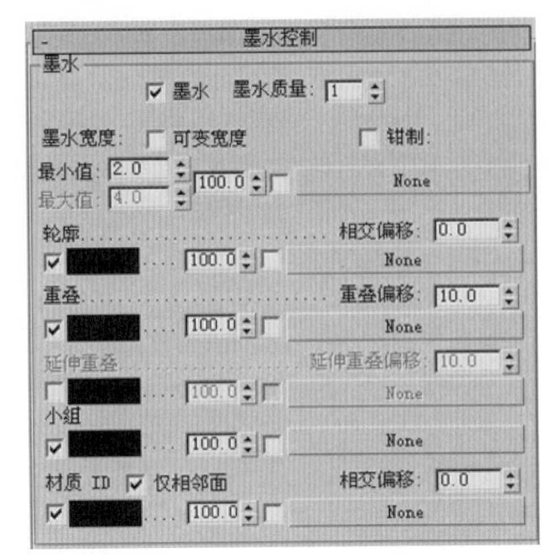

图 3–27

重叠——控制对象重叠的边界。

重叠偏移——调整重叠部分的墨水线出现的偏差。正值使对象远离视点，负值使对象接近视点。通过数值的调整确定重叠对象相对于后表面的距离。

延伸重叠——与重叠相似，但控制重叠的远面而不是近面。

延伸重叠偏移——调整跟踪延伸重叠部分的墨水线可能出现的偏差。正值使对象远离视点，负值使对象接近视点。

光滑组——平滑组边界间绘制的墨水。

材质 ID——勾勒不同材质之间的边界。

提示：如果两个“卡通”材质在视口中重叠并且都启用了“材质 ID”，则在它们重叠处会得到两倍厚度的墨水线。要更正它，应禁用其中一个材质的“材质 ID”组件。

仅相邻面——启用后只对相邻面之间的材质边界起作用，但不对不同对象之间的材质边界起作用。

相交偏移——禁用“仅相邻面”时，使用此选项来调整具有不同材质的对象之间的边界偏差。

贴图控件——每个墨水组件都有贴图控件。它们的使用方法与上文描述的材质绘制组件中的相同。

3.3.6 光线跟踪材质 (Raytrace)

光线跟踪材质是高级表面着色材质，是通过场景中光线对对象的跟踪来计算的。除了支持漫反射的表面着色，也支持完全光线跟踪的反射和折射。另外还支持雾、颜色密度、半透明、荧光等特殊效果。光线跟踪材质的反射和折射比较精确，但渲染速度较慢。通过将特定的对象排除在光线跟踪之外，可以在场景中进一步优化。材质的参数区可分为以下六部分：

光线跟踪基本参数 (Raytrace Basic Parameters)

扩展参数 (Extended Parameters)

光线跟踪器控制 (Raytracer Controls)

贴图 (Maps)

超级样本 / 反走样 (SuperSampling/Antialiasing)

Mental Ray Connection

光线跟踪基本参数（Raytrace Basic Parameters ）

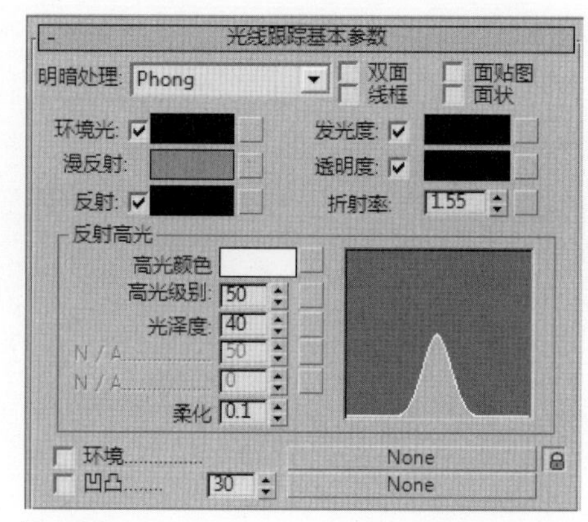

图 3-28

光线跟踪基本参数（如图 3-28）与标准材质的基本参数类似，大体布局也基本相同。

明暗处理——明暗器类型的选择。与标准材质明暗器处理类似。

环境光——光线跟踪材质环境光颜色决定材质吸收环境光的多少，与标准环境光颜色不同。

漫反射——设置漫反射颜色。与标准材质漫反射颜色基本相同，但如果反射为 100%(纯白)，则漫反射颜色不可见。

反射——设置高光反射颜色。

发光度——与标准材质的自发光类似。

透明度——控制对象的透明度。可以通过颜色过滤来调节，黑色为不透明，白色为完全透明。也可通过设置微调器来调节对象的透明度。数值为“0”时不透明，数值为“100”时完全透明。

折射率——折射率控制材质折射的强度。不同材质具有不同的折射率。空气 IOR 值（折射率）是 1.0，折射的对象不失真。值为 1.5 时，折射的对象会严重失真。

常见材质的折射率：

材质	IOR 值
真空	1.0
空气	1.0003
水	1.333
玻璃	1.5–1.7
钻石	2.419
冰	1.309
酒精	1.329
红宝石	1.770
水晶	2.0

高光颜色——设置高光颜色。

“反射高光”组中的其余控件取决于明暗器类型，与基本材质基本相似。

环境——指定覆盖全局环境贴图的环境贴图。如果选中复选框则采用环境贴图；反之则采用场景环境的贴图。

凹凸——制作凹凸效果，与标准材质的凹凸贴图类似。

扩展参数（Extended Parameters）

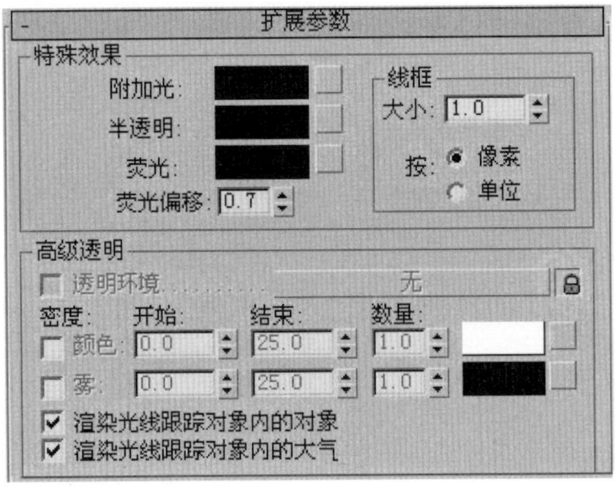

图 3–29

“特殊效果”组

附加光——利用“光线跟踪”材质将灯光添加到对象表面。可以将其视为对每个材质进行控制的环境光颜色，但不要将其与“基本参数”卷展栏中的环境光吸收相混淆。通过映射此参数，可以模拟光能传递：环境光源于场景中反射光。光能传递的一种效果为映色。例如，在光线强的时候，橘色墙旁边的白色衬衫上将显示反射的橘色。

半透明——创建半透明效果。“半透明”颜色是无方向性漫反射。对象上的漫反射颜色取决于曲面法线与光源位置的夹角。如果不考虑曲面法线对齐，该颜色组件可模拟半透明材质。

对于薄的对象，产生的效果可能会像在米纸后面点着一盏灯。可以向纸背面投射阴影，然后看到整个纸上投射的影子；如果用投影灯效果会很好。对于更薄的对象，可以获得很好的蜡烛效果。

荧光与荧光偏移——创建一种类似黑色海报上的黑色灯光的效果。黑光中的光主要是紫外线，位于可见光谱之外。在黑光下，荧光图画会产生光斑或光晕。“光线跟踪”材质中的荧光会吸收场景中的任何光，对它们应用“偏移”，然后不考虑场景中光的颜色，好像白光一样，照明荧光材质。

当偏移为 0.5 时，荧光就像漫反射颜色一样。比 0.5 更高的偏移值可增加荧光效果，使对象比场景中的其他对象更亮。比 0.5 更低的偏移值使对象比场景中的其他对象更暗。利用这种特性，就可以得到一些色度转移效果。“荧光”颜色的最大饱和度和值可以获得商业荧光画的效果。少量的“荧光”能增加皮肤和眼睛的真实感。

“线框”组——与标准材质一样。

“高级透明度”组

本组中的控件可以用来进一步调整透明度效果。

透明度（透明度环境）——与“基本参数”中的环境贴图类似，只是用透明度（折射）覆盖场景环境。透明对象折射该贴图，与此同时反射仍然能反射场景（或“基本参数环境”贴图，如果选中的话）。

锁定按钮——将“透明度环境”贴图锁定于“环境”贴图（位于“基本参数”卷展栏）。启用此选项后，“透明环境”贴图控件被禁用，应用于“光线跟踪环境”的贴图也会被应用于“透明环境”。禁用此选项后，启用“透明环境”贴图控件，将另一个贴图指定给“透明环境”。默认设置为启用。

如果此处改变该按钮的设置，那么“基本参数”卷展栏以及“贴图”卷展栏中的设置也会随着改变。

密度——密度控件用于透明材质。如果材质不透明（默认），那么它们将没有效果。

颜色——根据厚度设置过渡色。过滤（透明）色将透明对象后面的对象染色，密度色使对象自身内部上色，像有色玻璃一样。要使用该选项，首先要确保对象透明。单击色样，显示“颜色选择器”。选择一种颜色，然后启用复选框。“数量”控制密度颜色的数量。减小此值会降低密度颜色的效果。范围为 0 至 1.0。默认设置为 1.0。

染色玻璃的薄片大体上非常清澈，而相同玻璃的厚片则具有更多颜色。“开始”和“结束”控件可以模拟该效果。它们用世界单位表示。“开始”是密度颜色在对象中开始出现的位置（默认设置为 0.0）。“结束”是对象中密度颜色达到其完全“数量”值的位置（默认设置为 25.0）。为了获得更明亮的效果，应该增加“结束”值。为了获得更暗的效果，应该减小“结束”值。

雾——密度雾也是基于厚度的效果。其使用不透明和自发光的雾填充对象。这种效果类似于在玻璃中弥漫的烟雾或在蜡烛顶部的蜡。管状对象中的彩色雾类似于霓红管。要使用该选项，首先要确保对象透明。单击色样，显示“颜色选择器”。选择一种颜色，然后启用复选框。

“数量”控制密度雾的数量。减小此值会降低密度雾的效果，并使雾半透明。范围为 0.0 至 1.0。默认设置为 1.0。

“开始”和“结束”控件用于根据对象的尺寸调整雾的效果，它们用世界单位表示。“开始”是密度雾在对象中开始出现的位置（默认设置为 0）。“结束”是对象中密度雾达到其完全“数量”值的位置（默认设置为 25.0）。为了获得更明亮的效果，应该增加“结束”值。为了获得更暗的效果，应该减小“结束”值。

渲染光线跟踪对象内的对象——启用或禁用光线跟踪对象内部的对象渲染。

渲染光线跟踪对象内的大气——启用或禁用光线跟踪对象内部大气效果的渲染。大气效果包括火、雾、体积光等。

“反射”组

本组中的控件可以更好地控制反射。

类型——当设置为默认时，反射将使用“漫反射”颜色分层。例如，如果材质并不透明，可以完全反射，那么就没有漫反射颜色。当设置为附加时，反射会加到漫反射颜色上，与标准材质一样。漫反射组件始终可见。

增益——控制反射亮度。值越小，反射越亮。在增益为 1.0 时，没有反射。默认值为 0.5。

光线跟踪器控制（ Raytracer Controls，如图3–30）

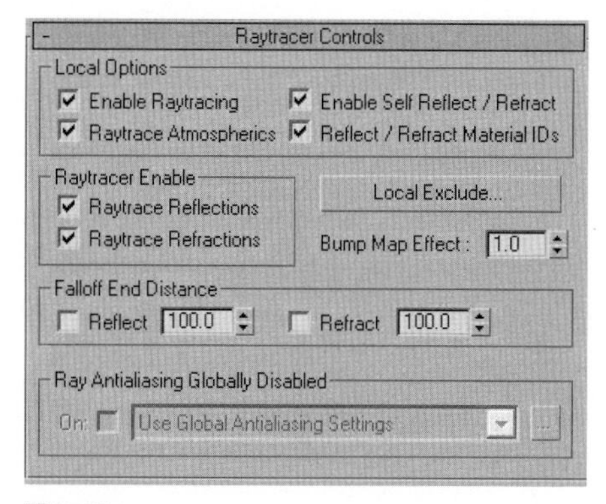

图 3–30

“局部选项”组

启用光线跟踪——启用或禁用光线跟踪器。即使禁用光线跟踪，光线跟踪材质和光线跟踪贴图仍然反射和折射环境，包括用于场景的环境贴图和指定给光线跟踪材质的环境贴图。

光线跟踪大气——启用或禁用大气效果的光线跟踪。大气效果包括火、雾、体积光等。默认设置为启用。

启用自反射／折射——启用或禁用自反射／折射。

反射／折射材质 ID——启用该选项之后，材质将反射启用或禁用渲染器的 G 缓冲区中指定给材质 ID 的效果。

“启用光线跟踪器”组

这两个复选框启用或禁用材质的反射或折射光线跟踪。如果使用“光线跟踪器”材质来仅创建产生反射或折射，则可以不使用禁用命令来缩短渲染时间。

光线跟踪反射——启用或禁用反射对象的光线跟踪。默认设置为启用。

光线跟踪折射——启用或禁用透明对象的光线跟踪。默认设置为启用。

局部排除——显示局部“排除／包含”对话框。局部排除的对象，仅从这一材质中排除。使用排除列表是提高光线跟踪器效果最简单的最佳方法之一。

凹凸贴图效果——调整凸凹贴图的光线跟踪反射和折射效果。默认设置为 1.0。

“衰减末端距离”组

反射——在该距离反射暗淡至黑色。默认设置为 100.0。

折射——在该距离折射暗淡至黑色。默认设置为 100.0。

“光线跟踪反射和折射抗锯齿器”组

使用此组中的控件可以覆盖光线跟踪贴图和材质的全局抗锯齿设置。如果全局禁用抗锯齿，则这些控件不可用。要全局启用抗锯齿，选择“渲染”＞“光线跟踪全局”可显示“全局光线跟踪器设置”对话框。

启用——启用此选项之后将使用抗锯齿。

下拉列表——选择要使用的抗锯齿设置。具有三种备选方法：使用全局抗锯齿设置——使用全局抗锯齿设置（默认设置）；快速自适应抗锯齿器——使用“快速自适应抗锯齿器”，不必考虑全局设置；多分辨率自适应抗锯齿器——使用“多分辨率自适应抗锯齿器”，不必考虑全局设置。

贴图(Maps ,如图3–31)

与标准材质一样，光线追踪材质具有贴图通道卷展览，用法与标准材质贴图通道一样。可以直接点击贴图类型通道按钮。也可点击各部分的快捷按钮直接进入。

Maps	Amount	Map
Ambient	100	None
Diffuse	100	None
Diffusion	100	None
Reflect	100	None
Transparency	100	None
Luminosity	100	None
IOR	100	None
Spec. Color	100	None
Spec. Level	100	None
Glossiness	100	None
N / A	100	None
N / A	100	None
Extra Lighting	100	None
Translucency	100	None
Fluorescence	100	None
Color Density	100	None
Fog Color	100	None
Bump	30	None
Environment	100	None
Trans.Environ	100	None
Displacement	100	None

贴图	数量	贴图类型
环境光	100	无
漫反射	100	无
漫反射	100	无
反射	100	无
透明度	100	无
发光度	100	无
IOR	100	无
高光 颜色	100	无
高光反射 级别	100	无
光泽度	100	无
N / A	100	无
N / A	100	无
附加光	100	无
半透明	100	无
荧光	100	无
颜色密度	100	无
雾颜色	100	无
凹凸	30	无
环境	100	无
透明环境	100	无
置换	100	无

图 3-31

3.4 常用贴图的设置

3.4.1 位图贴图

位图是由彩色像素的固定矩阵生成的图像。位图可以用来创建多种材质，从木纹和墙面到蒙皮和羽毛。也可以使用动画或视频文件替代位图来创建动画材质。指定位图贴图后，"选择位图图像文件"对话框会自动打开。使用此对话框可将一个文件或序列指定为位图图像。

"坐标"卷展栏

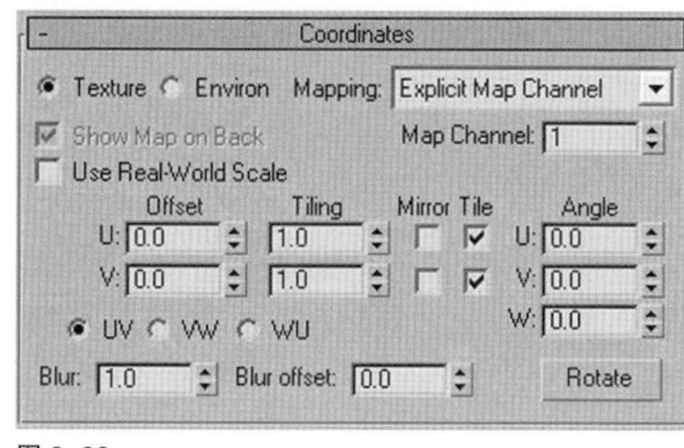

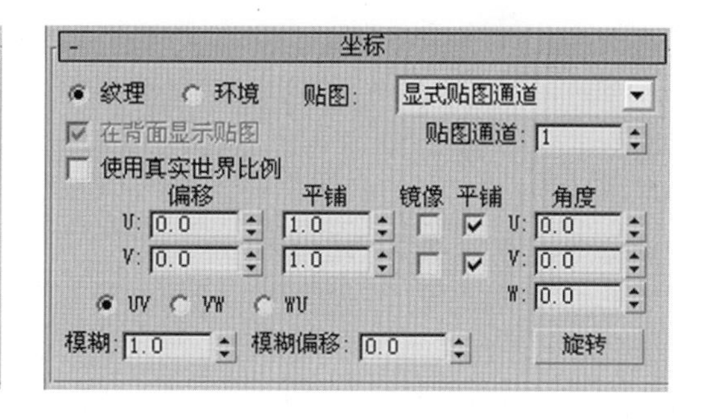

图 3-32

"坐标"卷展栏（如图 3-32）主要是设置位图的贴图模式，以及各轴上的大小等。

纹理——将该贴图作为纹理贴图对表面应用。

环境——使用贴图作为环境贴图。

"贴图"列表——其中包含的选项因选择纹理贴图或环境贴图而异。

显式贴图通道——使用任意贴图通道。如选中该字段，"贴图通道"字段将处于活动状态，可选择从 1 到 99 的任意通道。

顶点颜色通道——使用指定的顶点颜色作为通道。

从“贴图”列表中选择坐标类型：

对象 XYZ 平面——使用基于对象的本地坐标的平面贴图（不考虑轴点位置）。用于渲染时，除非启用“在背面显示贴图”，否则平面贴图不会投影到对象背面。

世界 XYZ 平面——使用基于场景的世界坐标的平面贴图（不考虑对象边界框）。用于渲染时，除非启用“在背面显示贴图”，否则平面贴图不会投影到对象背面。

球形环境、圆柱形环境或收缩包裹环境——将贴面投影到场景中与将其贴面到背景中的不可见对象一样。

屏幕——投影为场景中的平面背景。

在背面显示贴图——如启用该控件，平面贴图（对象 XYZ 平面，或使用“UVW”贴图修改器）穿透投影，以渲染在对象背面上。禁用此选项后，不能在对象背面对平面贴图进行渲染。默认设置为启用。只有在两个维度中都禁用“平铺”时，才能使用此切换。只有在渲染场景时，才能看到它产生的效果。在视口中，无论是否启用了“显示背面贴图”，平面贴图都将投影到对象的背面。为了将其覆盖，必须禁用“平铺”。

使用真实世界比例——启用此选项之后，使用真实“宽度”和“高度”值而不是 UV 值将贴图应用于对象。默认设置为启用。启用“真实比例”之后，纹理位置相对于纹理贴图的角，以便架构对象对齐（像墙一样）更为有效。禁用此选项之后，纹理位置相对于纹理贴图的中心。

偏移（UV）——在 UV 坐标中更改贴图的位置。移动贴图以符合它的大小。例如，如果希望将贴图从原始位置向左移动其整个宽度，并向下移动其一半宽度，就在“U 偏移”字段中输入 -1，在“V 偏移”字段中输入 0.5。

UV/VW/WU——更改贴图使用的贴图坐标系。默认的 UV 坐标将贴图作为幻灯片投影到表面。VW 坐标与 WU 坐标用于对贴图进行旋转使其与表面垂直。

平铺——决定贴图沿每根轴平铺（重复）的次数。

镜像——镜像 从左至右（U 轴）和/或从上至下（V 轴）。

平铺——在 U 轴或 V 轴中启用或禁用平铺。

U/V/W 角度——绕 U、V 或 W 轴旋转贴图（以度为单位）。

旋转——显示图解的“旋转贴图坐标”对话框，用于通过在弧形球图上拖动来旋转贴图（与用于旋转视口的弧形球相似，虽然在圆圈中拖动是绕全部三个轴旋转，而在其外部拖动则仅绕 W 轴旋转）。“UVW 向角度”的值随着操作者在对话框中拖动而改变。

模糊——基于贴图离视图的距离影响贴图的锐度或模糊度。贴图距离越远，模糊度就越大。“模糊”值模糊世界空间中的贴图。模糊主要用于消除锯齿。

模糊偏移——影响贴图的锐度或模糊度，而与贴图离视图的距离无关。“模糊偏移”模糊对象空间中自身的图像。如果需要对贴图的细节进行软化处理或者散焦处理以达到模糊图像的效果时，使用此选项。

“噪波”卷展栏（如图3–33）

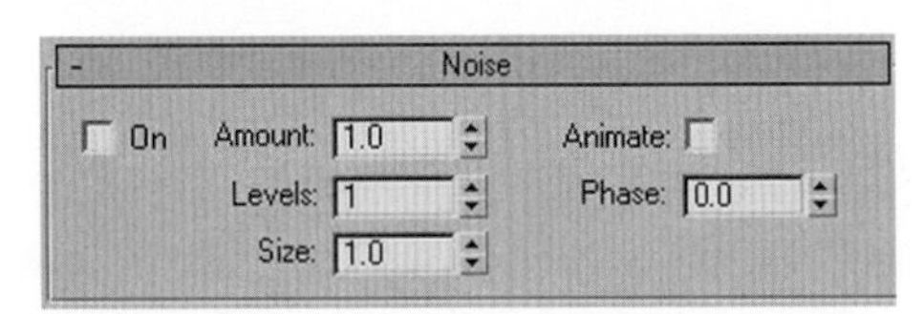

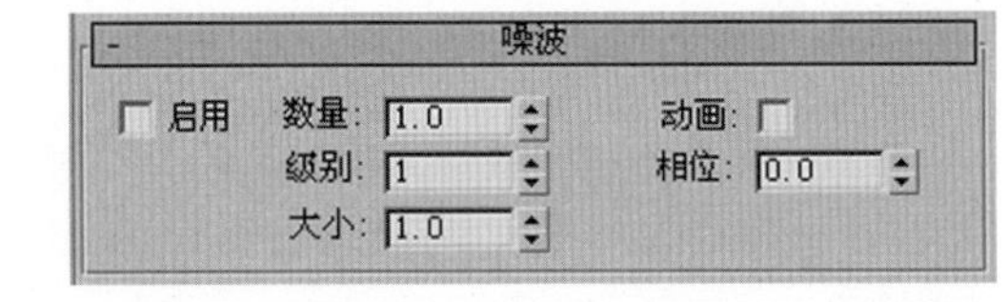

图 3–33

这些控件显示在很多 2D 贴图的“噪波”卷展栏上。

启用——决定“噪波”参数是否影响贴图。

数量——设置分形函数强度，用百分比表示。如果数量为 0，则没有噪波。如果数量为 100，贴图将变为纯噪波。默认设置为 1.0。

级别或迭代次数——应用函数的次数。“数量”值决定了层级的效果。数量值越大，增加层级值的效果就越强。范围为 1 至 10。默认值为 1。

大小——相对于几何体，设置噪波函数的尺度。如果值很小，那么噪波效果相当于白噪声。如果值很大，噪波尺度可能超出几何体的尺度，如果出现这样的情况，将不会产生效果或者产生的效果不明显。范围为 0.001 至 100。默认值为 1.0。

动画——决定动画是否启用噪波效果。如果要将噪波设置为动画，必须启用此参数。

相位——控制噪波函数动画的速度。

“位图参数”卷展栏

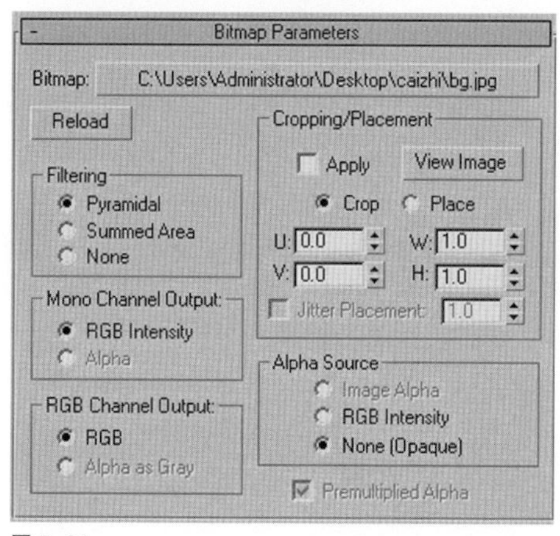

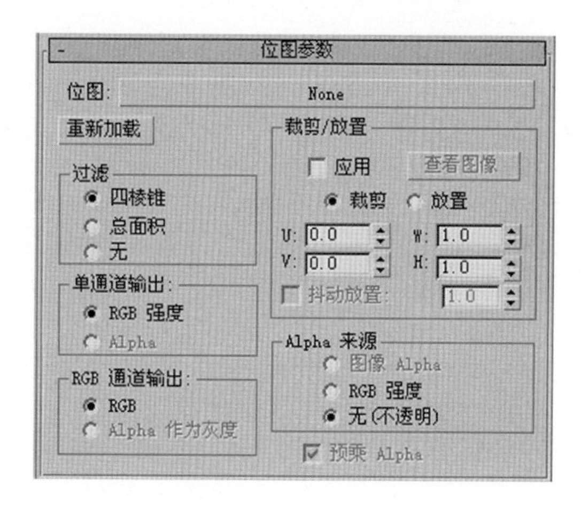

图 3-34

位图——使用标准文件浏览器选择位图。选中之后，此按钮上将显示完整的路径名称。

重新加载——对使用相同名称和路径的位图文件进行重新加载。在绘图程序中更新位图后，无须使用文件浏览器重新加载该位图。单击重新加载场景中任意位图的实例可在所有示例窗中更新贴图。

“过滤”组

过滤选项允许选择抗锯齿位图中平均使用的像素方法。

四棱锥——需要较少的内存并能满足大多数要求。

总面积——需要较多内存但通常能产生更好的效果。

无——禁用过滤。

“单通道输出”组

某些参数（如不透明度或高光度）相对材质的三值颜色分量来说是单个值。此组中的控件根据输入的位图确定输出单色通道的源。

RGB 强度——使用贴图的红、绿、蓝通道的强度。忽略像素的颜色，仅使用像素的值或亮度。颜色作为灰度值计算，其数值范围是 0（黑色）至 255（白色）。

Alpha——使用贴图的 Alpha 通道的强度。

“RGB 通道输出”组

使用“RGB 通道输出”确定输出 RGB 部分的来源。此组中的控件仅影响显示颜色的材质组件的贴图：环境光、漫反射、高光、过滤色、反射和折射。

RGB——显示像素的全部颜色值。（默认设置）

Alpha 作为灰度——显示基于 Alpha 通道级别的灰度色调。

“裁剪 / 放置”组

此组中的控件可以裁剪位图或减小其尺寸，用于自定义放置。裁剪位图意味着将其减小得比原来的长方形区域更小。裁剪不更改位图的比例。放置位图可以缩放贴图并将其平铺放置于任意位置。放置会改变位图的比例，但是显示整个位图。指定放置和裁剪尺寸或放置区域的四个数值都可设置动画。裁剪和放置设置仅当其用于此贴图或此贴图的任意实例时才影响位图，对贴图文件本身并无效果。

应用——启用此选项可使用裁剪或放置设置。

查看图像——在渲染帧窗口中显示位图。在显示区域轮廓边角处有控制柄。启用裁剪后，可以拖动控制柄更改裁剪区域的大小。也可以通过在该区域内拖动来移动它。帧窗口在其工具栏上有 U/V 和 W/H（宽 / 高）微调器。使用这些微调器可以调整图像或裁剪区域的位置和大小。（如图 3–35）

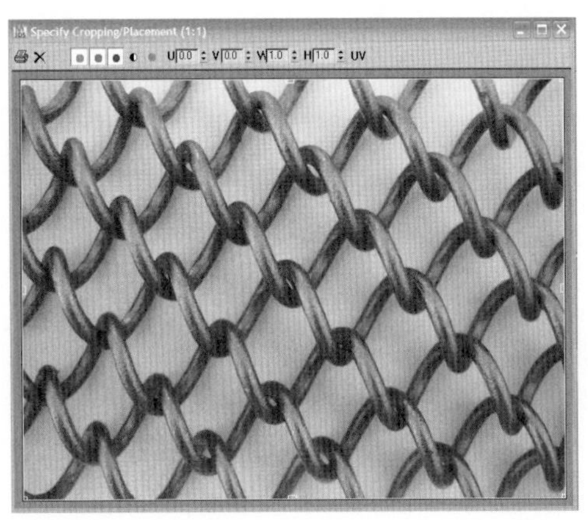

图 3–35

裁剪——激活裁剪。

放置——激活放置。

U/V——调整位图位置。

W/H——调整位图或裁剪区域的宽度和高度。

抖动放置——指定随机偏移的量。0 表示没有随机偏移。范围为 0.0 至 1.0。

启用“放置”后，将忽略微调器或编辑窗口指定的大小和位置。然后，该软件会随机选择图像的大小和位置。

“Alpha 来源”组

此组中的控件根据输入的位图确定输出 Alpha 通道的来源。

图像 Alpha——使用图像的 Alpha 通道。（如果图像没有 Alpha 通道，则禁用）

RGB 强度——将位图中的颜色转换为灰度色调值并将它们用于透明度。黑色为透明，白色为不透明。

无（不透明）——不使用透明度。

预乘 Alpha——确定 Alpha 在位图中的处理方式。启用此选项后，根据默认设置，预乘 Alpha 在文件中。禁用此选项后，Alpha 会视为非预乘处理，并且将忽略任何 RGB 值。

这些控件可以更改用于动画纹理贴图的 FLIC 和 AVI 文件的开始时间和速度。由于可以非常精确地控制时间，因此易于将图像序列用作场景中的贴图。（如图 3–36）

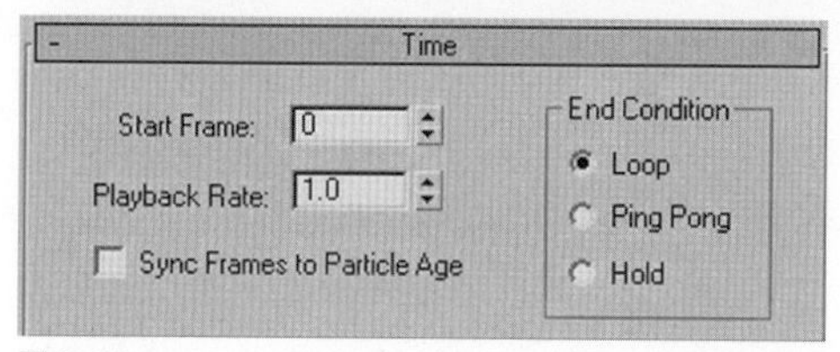

图 3–36

开始帧——指定动画贴图将开始播放的帧。

播放速率——用于对应用于贴图的动画速率加速或减速（例如，1.0 为正常速度，2.0 快两倍，0.333 为正常速度的 1/3）。

将帧与粒子年龄同步——启用此选项后，该软件会将位图序列的帧与贴图所应用的粒子年龄同步。利用这种效果，每个粒子从出生开始显示该序列，而不是被指定于当前帧。默认设置为禁用状态。

循环——使动画反复循环播放。

往复——使动画向后播放，使每个动画序列“平滑循环”。

保持——使动画的最后一帧在曲面上冻结直到场景结束。

3.4.2 渐变贴图

渐变是从一种颜色到另一种颜色进行着色。“渐变参数”面板如图 3–37 所示。为渐变指定两种或三种颜色，软件将自动插补中间值。渐变贴图是 2D 贴图。通过将一个色样拖动到另一个色样上，然后单击“复制或交换颜色”对话框中的“交换”，可以交换颜色。要反转渐变的总体方向，可以交换第一种和第三种颜色。

颜色 #1 至 #3——渐变在中间进行插值的三个颜色。显示颜色选择器。可以将颜色从一个色样中拖放到另一个色样中。

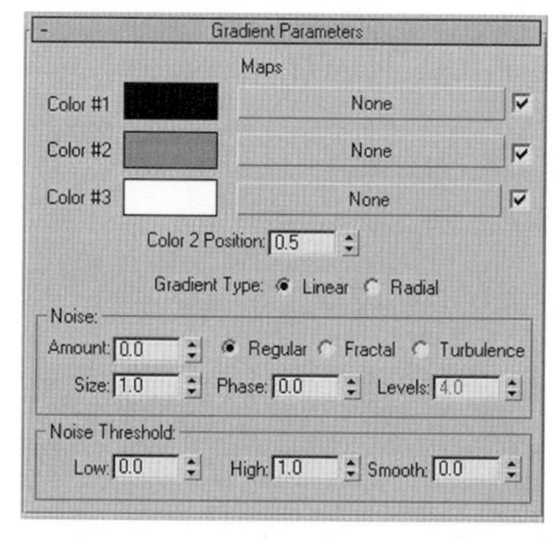

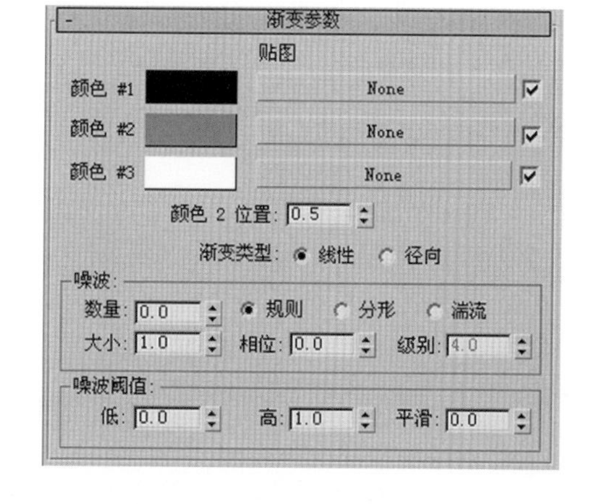

图 3–37

贴图——显示贴图而不是颜色。复选框可以启用或禁用与它们相关的贴图。

颜色 #2 位置——控制中间颜色的中心点位置。位置范围为 0 到 1。当为 0 时，颜色 #2 替换颜色 #3。当为 1 时，颜色 #2 替换颜色 #1。

渐变类型——线性渐变基于垂直位置（V 坐标）插补颜色，而径向渐变则基于距贴图中心的距离插补颜色（中心为：U=0.5，V=0.5）。对于这两种类型，都可以使用“坐标”下可设置动画的角度参数来旋转渐变。

“噪波”组

数量——数量值的范围为 0 到 1。当该值为非 0 时，应用噪波效果。它使用 3D 噪波函数并基于 U、V 和相位来影响颜色插值参数。例如，给定像素在第一个颜色和第二个颜色的中间，插值参数为 0.5，如果添加噪波，插值参数将会扰动一定的数量，可能变成小于或大于 0.5。

规则——生成普通噪波。该选项与“级别”设置为 1 时的“分形”噪波相同。在将噪波类型设置成“规则”后，“级别”微调器就变为禁用。（因为“规则”不是一个分形函数）

分形——使用分形算法生成噪波。“层级”选项设置分形噪波的迭代数。

湍流——生成应用绝对值函数来制作故障线条的分形噪波。要查看湍流效果，噪波量必须大于 0。

大小——缩放噪波功能。此值越小，噪波碎片也就越小。

相位——控制噪波函数动画的速度。3D 噪波函数用于噪波。前两个参数是 U 和 V，第三个参数是相位。

级别——设置湍流（作为一个连续函数）的分形迭代次数。

“噪波阈值”组

如果噪波值高于“低”阈值而低于“高”阈值，动态范围会拉伸到填满 0 到 1。这样在阈值转换时会补偿较小的不连续，因此会减少可能产生的锯齿。

低——设置低阈值。

高——设置高阈值。

平滑——用以生成从阈值到噪波值较为平滑的变换。当平滑为 0 时，没有应用平滑。当为 1 时，应用最大数量的平滑。

3.4.3 渐变坡度

“渐变坡度”是与“渐变”贴图相似的 2D 贴图，它也是从一种颜色到另一种进行着色，但在这个贴图中，可以为渐变指定任何数量的颜色或贴图。它有许多用于高度自定义渐变的控件，几乎任何“渐变坡度”参数都可以设置动画。（如图 3–38）

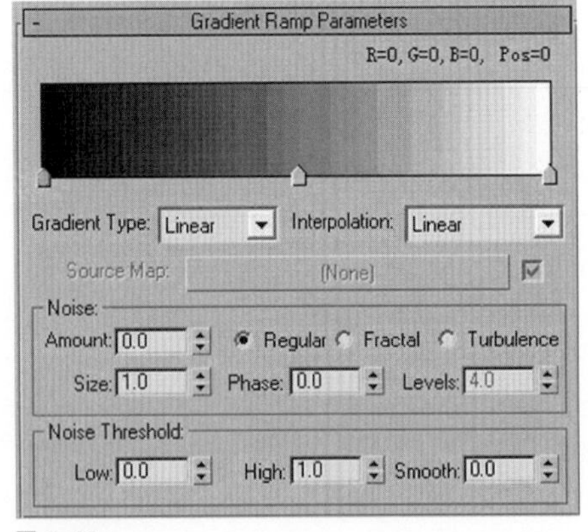

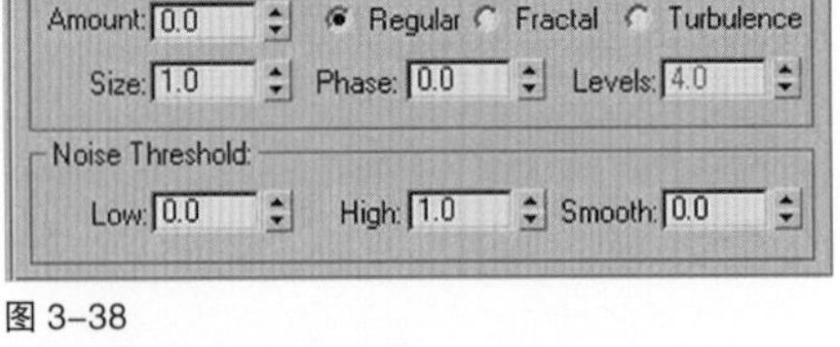

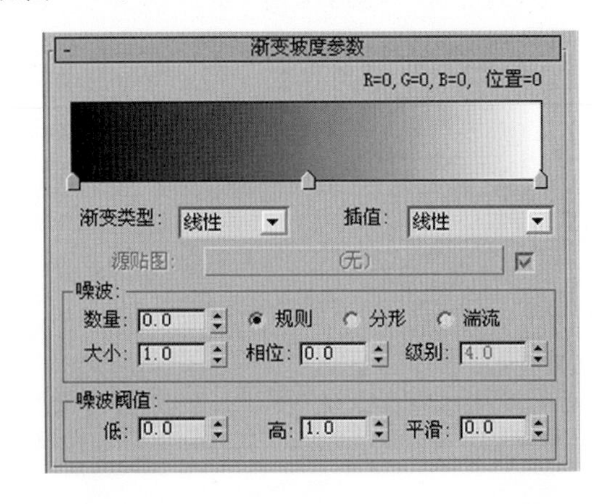

图 3–38

渐变栏——展示正被创建的渐变的可编辑表示。渐变的效果从左（始点）移到右（终点）。

默认情况下，三个标志沿着红、绿、蓝渐变的底边出现。每个标志控制一种颜色（或贴图）。当前所选的标志是绿色，其 RGB 值和在渐变中的位置（范围为 0 到 100）出现在渐变栏的上方。每个渐变可以有任意数目的标志。

渐变栏有以下功能：单击沿着底边的任何位置，可以创建附加的标志。拖动任何一个标志，可以在渐变内调整它的颜色（或贴图）的位置。不可以移动起始标志和结束标志（0 处的标志 #1 和 100 处的标志 #2）。但其他标志可以占用这些位置，而且仍然可以移动。

对于一个给定的位置，可以有多个标志占用。如果在同一个位置上有两个标志，那么在两种颜色之间会出现轻微边缘。如果同一个位置上有三个或更多的标志，边缘就为实线。

渐变栏的右键单击选项——在渐变栏中右键单击以显示带有以下选项的菜单。

重置——将渐变栏还原为默认设置。

加载渐变——将现有的渐变（.dgr 文件）载入渐变栏中。

保存渐变——将当前的渐变作为（.dgr 文件）进行加载。

复制、粘贴——复制渐变并将其粘贴到另一个“渐变坡度”贴图中。

加载 UV 贴图——选择 UV 贴图。

加载位图——选择位图。

标志模式——切换标志的显示。

标志的右键单击选项——右键单击任一标志以显示带有以下选项的菜单：

复制和粘贴——复制当前的关键点并将其粘贴以替换另一个关键点。另一个关键点可以在另一个“渐变坡度”中，也可以在当前的“渐变坡度”中。

编辑属性——选择此选项以显示“标志属性”对话框。

删除——删除标志。

渐变类型——选择渐变的类型。渐变类型影响整个渐变。以下“渐变”类型可用。

四角点——颜色的不对称线性变换。

长方体——长方体。

对角线——颜色的线性对角线变换。

照明——基于灯光的强度值。无灯光表示最左边；最亮灯光表示最右边。

线性——颜色的平滑线性变换。

贴图——用于指定贴图以用作渐变。启用“源贴图”控件以便指定该贴图，并启用和禁用它。

法线——基于从摄影机到对象的向量和示例点曲面法线向量之间的角度。渐变最左端的标志为 0 度；而最右端的标志为 90 度。

往复——在中部进行重复的对角线扫描。

径向——颜色的径向变换。

螺旋——颜色的平滑圆形变换。

扫描——颜色的线性扫描变换。

格子——即为格子。

插值——选择插值的类型。插值类型影响整个渐变。以下“插值”类型可用：

注意：渐变按照从左到右的顺序排列。“下一个”标志在当前标志的右方；“上一个”标志在当前标志的左方。

自定义——为每个标志设置各自的插值类型。右键单击标志可显示“标志属性”对话框并设置插值。

缓入——与当前标志相比，加权更朝向下一个标志。

缓入缓出——与下一个标志相比，加权更朝向当前标志。

缓出——与下一个标志相比，加权更朝向上一个标志。

线性——从一个标志到另一个标志的常量。（默认设置）

实体——无插值。变换是清晰的线条。

源贴图——单击可将贴图指定给贴图渐变。使用复选框可启用或禁用贴图。仅当选择渐变类型后，"源贴图"控件才可用。

"噪波"组

数量——当值非0时，将基于渐变坡度颜色（还有贴图，如果出现的话）的交互，而将随机噪波效果应用于渐变。该数值越大，效果越明显。范围为 0 至 1。

规则——生成普通噪波。基本上与禁用级别的分形噪波相同。(因为"规则"不是一个分形函数)

分形——使用分形算法生成噪波。"层级"选项设置分形噪波的迭代次数。

湍流——生成应用绝对值函数来制作故障线条的分形噪波。注意，要查看湍流效果，噪波量必须要大于 0。

大小——设置噪波功能的比例。此值越小，噪波碎片也就越小。

相位——控制噪波函数动画的速度。对噪波使用 3D 噪波函数；第一个和第二个参数是 U 和 V，而第三个参数是相位。

级别——设置湍流（作为一个连续函数）的分形迭代次数。

"噪波阈值"组

如果噪波值高于"低"阈值而低于"高"阈值，动态范围会拉伸到填满 0 到 1。这样，在阈值转换时会补偿较小的不连续，因此会减少可能产生的锯齿。

低——设置低阈值。

高——设置高阈值。

平滑——用以生成从阈值到噪波值较为平滑的变换。当"平滑"为 0 时，没有应用平滑。当"平滑"为 1 时，应用了最大数量的平滑。

3.4.4 平铺贴图

平铺常用于房屋的墙壁贴图。使用"平铺"程序贴图，可以创建砖、彩色瓷砖或材质贴图。通常有很多定义的建筑砖块图案可以使用，也可以设计一些自定义的图案。

"标准控制"卷展栏（如图3-39）

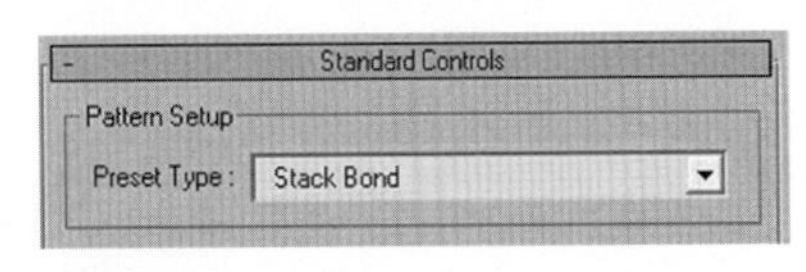

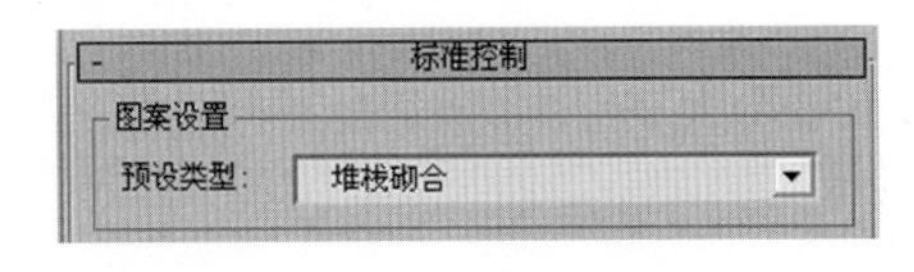

图 3-39

预设类型——列出定义的建筑平铺砌合、图案、自定义图案，这样可以通过选择"高级控制"和"堆垛布局"卷展栏中的选项来设计自定义的图案。以下的插图列出了几种不同的砌合：

1. 常见的荷兰式砌合
2. 连续砌合（Fine）
3. 堆栈砌合（Fine）
4. 1/2 连续砌合
5. 连续砌合
6. 堆栈砌合

“高级控制”卷展栏（如图3-40）

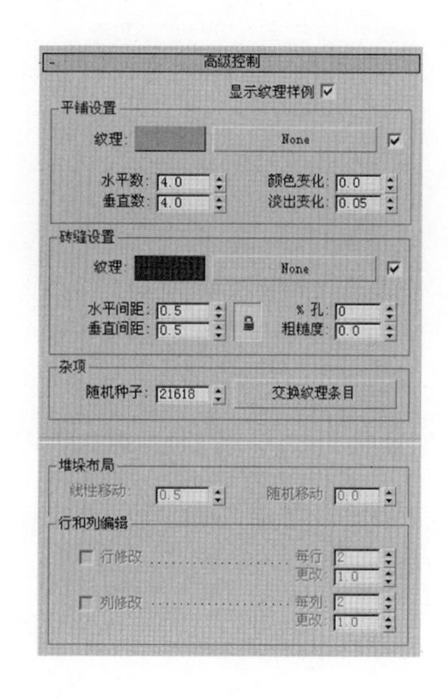

图 3-40

显示纹理样例——更新并显示贴图指定给“平铺”或“砖缝”的纹理。

“平铺设置”组

纹理——控制用于平铺的当前纹理贴图的显示。启用此选项后，纹理将作为平铺图案使用，而不是用作色样。禁用此选项后，显示平铺的颜色，单击色样显示颜色选择器。

无（None）——充当一个目标，可以为平铺拖放贴图。如果为指定的贴图单击此按钮，软件将显示贴图的卷展栏。通过从“贴图／材质浏览器”中拖放“无”贴图，可以将此按钮恢复到“无”（移除指定的贴图）。

水平数——控制行的平铺数。

垂直数——控制列的平铺数。

颜色变化——控制平铺的颜色变化。

淡出变化——控制平铺的淡出变化。

“砖缝设置”组

纹理——控制砖缝的当前纹理贴图的显示。启用此选项后，纹理将作为砖缝图案使用，而不是用作色样。禁用此选项后，显示砖缝的颜色，单击色样显示颜色选择器。

无（None）——充当一个目标，可以为砖缝拖放贴图。如果为指定的贴图单击此按钮，软件将显示贴图的卷展栏。通过从“贴图／材质浏览器”中拖放“无”贴图，可以将此按钮恢复到“无”（移除指定的贴图）。

水平间距——控制平铺间的水平砖缝的大小。在默认情况下，将此值锁定给垂直间距，因此当其中的任一值发生改变时，另外一个值也将随之改变。单击锁定图标，将其解锁。

垂直间距——控制平铺间的垂直砖缝的大小。在默认情况下，将此值锁定给水平间距，因此当其中的任一值发生改变时，另外一个值也将随之改变。单击锁定图标，将其解锁。

% 孔——设置由丢失的平铺所形成的孔占平铺表面的百分比。砖缝穿过孔显示出来。

粗糙度——控制砖缝边缘的粗糙度。

“杂项”组

随机种子——对平铺应用颜色变化的随机图案。不用进行其他设置就能创建完全不同的图案。

交换纹理条目——在平铺间和砖缝间交换纹理贴图或颜色。

“堆垛布局”组

只有在“标准控制”卷展栏中选定“自定义平铺”时，此控制组才处于活动状态。

线性移动——每隔两行将平铺移动一个单位。

随机移动——将平铺的所有行随机移动一个单位。

“行和列编辑”组

只有在“标准控制”卷展栏中选定“自定义平铺”时，此控制组才处于活动状态。

行修改——启用此选项后，将根据每行的值和改变值，为行创建一个自定义的图案。默认设置为禁用状态。

每行——指定需要改变的行。如果“每行”为 0，则没有需要更改的行。如果“每行”为 1，则所有行都需要改变。如果“每行”的值大于 1，将改变数值的整数倍的行。值为 2 时，每隔一行进行一次改变；值为 3 时，每隔两行进行一次改变，以此类推。默认设置为 2。

更改——更改受到影响的行的贴图宽度。默认的平铺宽度值为 1.0。值大于 1.0 将增加平铺的宽度，反之将减小平铺宽度。范围为 0.0 至 5.0。默认设置为 1.0。值为 0.0 属于特殊情况（如果将值更改为 0.0，此行中不会显示平铺，只显示主要材质）。

列修改——启用此选项后，将根据每列的值和更改值，为列创建一个自定义的图案。默认设置为禁用状态。

每列——指定需要改变的列。如果“每列”为 0，则没有需要更改的列。如果“每列”为 1，则所有列都需要更改。如果“每列”的值大于 1 ，将改变数值的整数倍的列。值为 2 时，每隔一列进行一次改变，值为 3 时，每隔两列进行一次改变，以此类推。默认设置为 2。

更改——更改受到影响的列的贴图高度。默认的平铺高度值为 1.0 。值大于 1.0 将增加平铺高度，反之将减小平铺高度。范围为 0.0 至 5.0。默认设置为 1.0。值为 0.0 属于特殊情况。（如果更改值为 0.0，此列中不会显示平铺，只显示主要材质）

3.4.5 噪波贴图

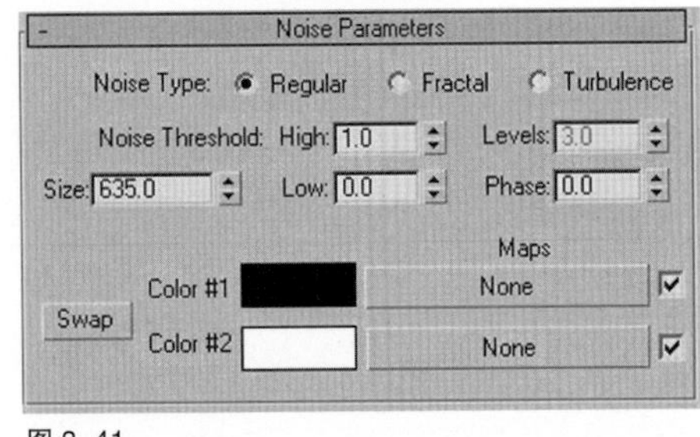

图 3–41

噪波贴图基于两种颜色或材质的交互创建曲面的随机扰动。”噪波参数”面板如图 3–41 所示。对于噪波贴图，“纹理平铺和输出”卷展栏中禁用平铺和镜像控件。

噪波类型分为规则、分形、湍流三种。

规则——生成普通噪波。基本上与层级设置为 1 的分形噪波相同。将噪波类型设置为“规则”

时，级别微调器不可用。（因为“规则”不是分形功能）

分形——使用分形算法生成噪波。“层级”选项设置分形噪波的迭代次数。

湍流——生成应用绝对值函数来制作故障线条的分形噪波。

大小——以 3ds Max 为单位设置噪波函数的比例。默认设置为 25.0。

噪波阈值——如果噪波值高于“低”阈值而低于“高”阈值，动态范围会拉伸到填满 0 到 1。这样在阈值转换时会补偿较小的不连续，因此会减少可能产生的锯齿。

高——设置高阈值。默认设置为 1.0。

低——设置低阈值。默认设置为 0.0。

级别——决定有多少分形能用于分形和湍流噪波函数。您可以根据需要设置确切数量的湍流，也可以设置分形层级数量的动画。默认设置为 3.0。

相位——控制噪波函数动画的速度。使用此选项可以设置噪波函数的动画。默认设置为 0.0。

交换——切换两个颜色或贴图的位置。

颜色 #1 和颜色 #2——显示颜色选择器，以便可以从两个主要噪波颜色中进行选择。将通过所选的两种颜色生成中间颜色值。

贴图——选择以一种或其他噪波颜色显示的位图或程序贴图。启用复选框可使贴图处于活动状态。

3.4.6 衰减贴图

衰减贴图基于几何体曲面上面法线的角度衰减来生成从白到黑的值。用于指定角度衰减的方向会随着所选的方法而改变。然而根据默认设置，贴图会在法线从当前视图指向外部的面上生成白色，而在法线与当前视图相平行的面上生成黑色。

与标准材质“扩展参数”卷展栏的“衰减”设置相比，“衰减”贴图提供了更多的不透明度衰减效果。可以将“衰减”贴图指定为不透明度贴图。但是为了获得特殊效果也可以使用“衰减”，如彩虹色的效果。当使用“衰减”的旧文件在 3ds Max 中使用时，就会显示旧的“衰减”界面，而取代新的“衰减”界面。

“衰减参数”卷展栏（如图3-42）

图 3-42

前:侧——默认情况下,"前:侧"是位于该卷展栏顶部的组的名称。"前:面"表示"垂直/平行"衰减。该名称会因选定的衰减类型而改变。在任何情况下,左边的名称是指顶部的那组控件,而右边的名称是指底部的那组控件。单击"交换颜色/贴图"(弯曲的双箭头图标)以反转该指定。

衰减类型——选择衰减的种类。其中包括五个选项:

垂直/平行——在与衰减方向相垂直的面法线和与衰减方向相平行的法线之间设置角度衰减范围。衰减范围为基于面法线方向改变 90 度。(默认设置)

朝向/背离——在面向(平行于)衰减方向的面法线和背离衰减方向的法线之间设置角度衰减范围。衰减范围为基于面法线方向改变 180 度。

Fresnel——基于折射率(IOR)的调整。在面向视图的曲面上产生暗淡反射,在有角的面上产生较明亮的反射,创建了就像在玻璃面上一样的高光。

阴影/灯光——基于落在对象上的灯光在两个子纹理之间进行调节。

距离混合——基于"近端距离"值和"远端距离"值在两个子纹理之间进行调节。用途包括减少大地形对象上的抗锯齿和控制非照片真实级环境中的着色。

衰减方向——选择衰减的方向。其中包括五个选项:

查看方向(摄影机 Z 轴)——设置相对于摄影机(或屏幕)的衰减方向。更改对象的方向不会影响衰减贴图。(默认设置)

摄影机 X/Y 轴——类似于摄影机 Z 轴。例如,对"朝向/背离"衰减类型使用"摄影机 X 轴",会从左(朝向)到右(背离)进行渐变。

对象——拾取其方向能确定衰减方向的对象。单击"拾取",然后拾取场景中的对象。衰减方向就是从进行着色的那一点指向对象中心的方向。朝向对象中心的侧面上的点获取"朝向"值,而背离对象的侧面上的点则获取"背离"值。

局部 X/Y/Z 轴——将衰减方向设置为其中一个对象的局部轴。更改对象的方向会更改衰减方向。当没有选定任何对象时,衰减方向使用正被着色的对象的局部 X、Y 或 Z 轴。

世界 X/Y/Z 轴——将衰减方向设置为其中一个世界坐标系轴。更改对象的方向不会影响衰减贴图。

"模式特定参数"组

对象——从场景中拾取对象并将其名称放到按钮上。

"Fresnel"衰减类型的参数

覆盖材质 IOR——允许更改为材质所设置的"折射率"。

折射率——设置一个新的"折射率"。只有在启用"覆盖材质 IOR"后该选项才可用。

"距离混合"衰减类型的参数

近端距离——设置混合效果开始的距离。

远端距离——设置混合效果结束的距离。

外推——允许效果继续超出"近端"和"远端"设置。

"混合曲线"卷展栏(如图3-43)

通过"混合曲线"卷展栏上的工具按钮,可控制和调节曲线来改变渐变的效果,并能够在图形下方的栏中查看渐变的预览。

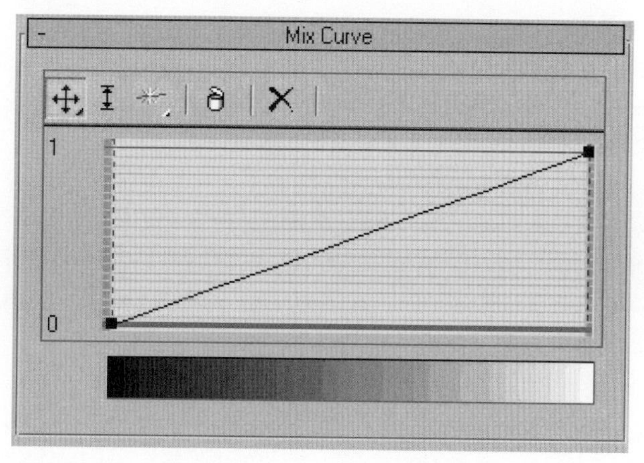

图 3-43

“移动”弹出按钮，可任意移动选中的点，从而改变线的形态。

将运动约束为水平方向。

将运动约束为垂直方向。

缩放点，可在渐变范围内缩放选定点。在 Bezier 角点上，这种控制与垂直移动一样有效。在 Bezier 平滑点上，可以缩放该点本身或任意的控制柄。通过这种移动控制，缩放每一边都被未选中的点所限制。

“添加点”弹出按钮，可在图形线上的任意位置添加一个 Bezier 角点。该点在移动时构建一个锐角。

在线上的任意位置添加 Bezier 平滑点，创建平滑曲线。

移除选中的点。

重置曲线，将曲线返回到默认状态。

3.4.7 混合贴图（如图 3-44）

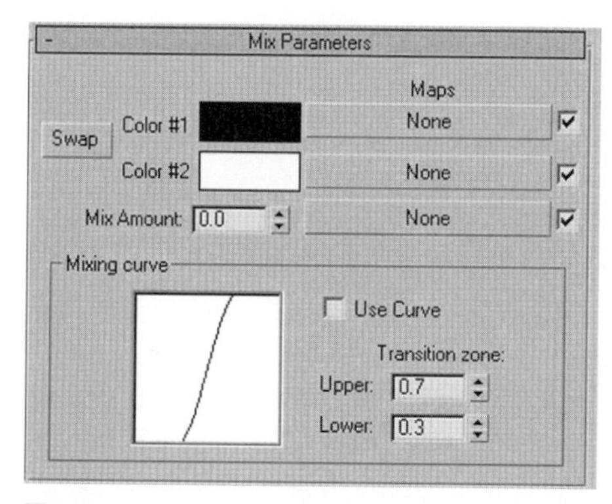

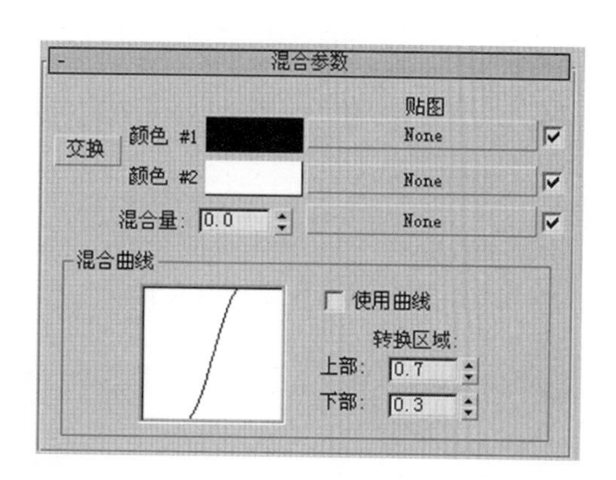

图 3-44

混合贴图与混合材质基本类似，可以将两种颜色或材质混合在一起。

交换——交换两种颜色或贴图。

颜色 #1、颜色 #2——颜色选择器来选中要混合的两种颜色。

贴图——选中或创建要混合的位图或者程序贴图来替换每种颜色。

复选框——可以启用或禁用与它们相关的贴图。

贴图中黑色的区域显示颜色 #1，而白色的区域显示颜色 #2。灰度值显示中度混合。

混合量——确定混合的比例。其值为 0 时意味着只有颜色 #1 在曲面上可见，其值为 1 时意味着只有颜色 #2 可见。也可以使用贴图而不是混合值。两种颜色会根据贴图的强度以大一些或小一些的程度混合。

“混合曲线”组

这些参数控制要混合的两种颜色间变换的渐变或清晰程度。此操作仅在处理应用“混合量”的贴图时才有实际意义。尝试将两个使用噪波贴图的标准材质混合为一个遮罩，使之呈现一种丰富的混合效果。

使用曲线——确定“混合曲线”是否对混合产生影响。

转换区域——调整上限和下限的级别。如果两个值相等，两个材质会在一个明确的边上相接。加宽的范围提供更加渐变的混合。

3.4.8 遮罩贴图（如图 3–45）

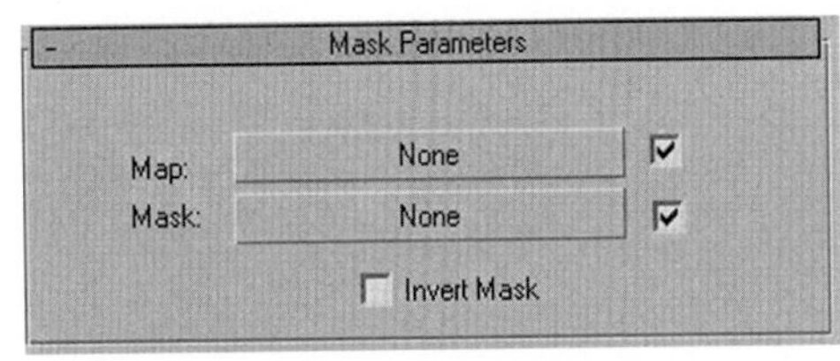

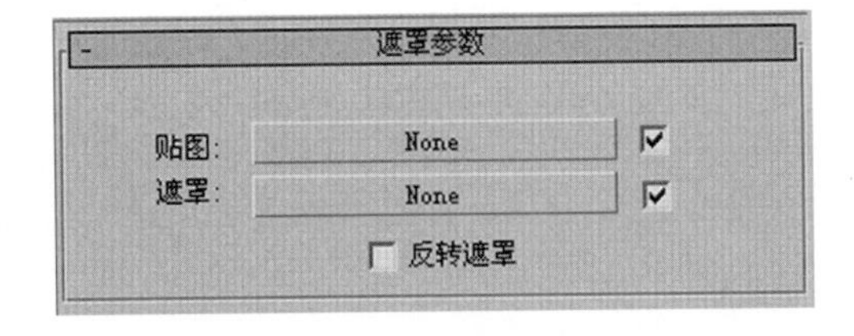

图 3–45

使用遮罩贴图，可以在曲面上通过一种材质查看另一种材质。遮罩控制应用到曲面的第二个贴图的位置。

默认情况下，浅色（白色）的遮罩区域为不透明，显示贴图。深色（黑色）的遮罩区域为透明，显示基本材质。可以使用“反转遮罩”来反转遮罩的效果。

贴图——选择或创建要通过遮罩查看的贴图。

遮罩——选择或创建用作遮罩的贴图。

反转遮罩——反转遮罩的效果。

3.4.9 平面镜贴图（如图 3–46）

平面镜贴图应用到共面面集合时生成反射环境对象的材质。可以将它指定为材质的反射贴图。反射 / 折射贴图不适合平面曲面，因为每个面基于其面法线所指的地方反射部分环境。使用此技术，一个大平面只能反射环境的一小部分。“平面镜”自动生成包含大部分环境的反射，以更好地模拟类似镜子的曲面。

“平面镜”只有遵循以下规则才能正确生成反射：如果将“平面镜”指定给多个面，这些面必须位于一个平面上。同一个对象中的非共面面不能拥有相同的“平面镜”材质。也就是说，如果要使一个对象的两个不同的平面都有平面反射，则必须使用多维 / 子对象材质。将“平面镜”

指定给两个不同的子材质，并将不同的材质 ID 指定给不同的平面。对于对象中的共面面，“平面镜”子材质所使用的材质 ID 必须唯一，否则该软件不能正确生成平面镜反射。

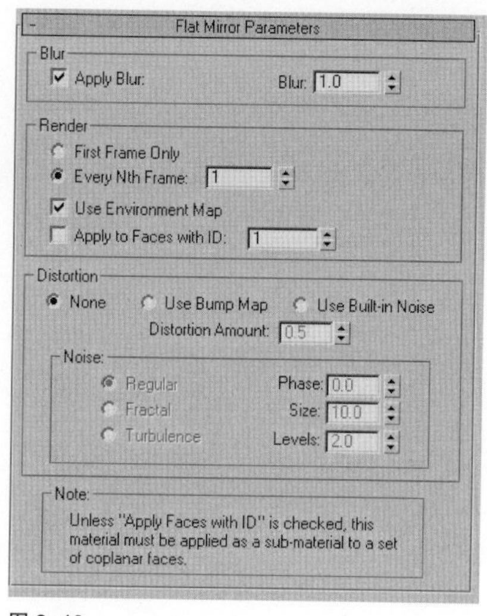

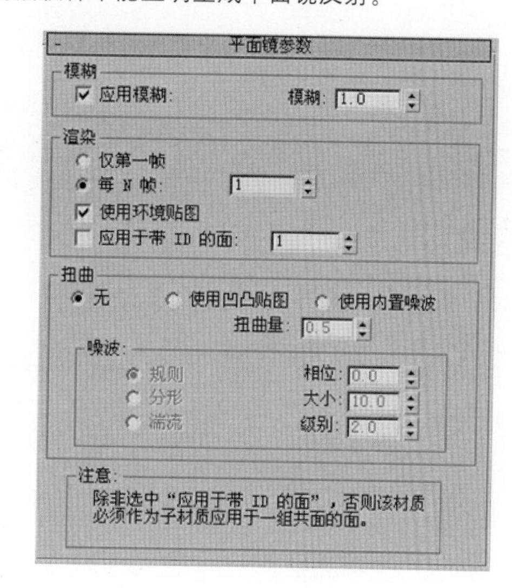

图 3-46

“模糊”组

应用模糊——启用和禁用模糊效果。

模糊——通过数值调节模糊程度。模糊能够消除锯齿，并且使用少量模糊设置，能够避免像素细节减少时出现闪烁。

“渲染”组

仅第一帧——渲染器仅在第一帧上自动创建平面镜反射效果。

每 N 帧——设置每几帧自动创建平面镜反射效果。

使用环境贴图——启用和禁用对环境贴图的平镜面反射。

应用于带 ID 的面——设置平面镜贴图材质的 ID 号。

“扭曲”组

能够通过扭曲平面镜反射效果来模拟不规则表面。

无——启用和禁用扭曲。

使用凹凸贴图——通过材质中凹凸贴图通道中的贴图产生扭曲反射。

使用内置噪波——通过“噪波”组中的设置扭曲反射。

扭曲量——通过数值设置来控制反射的扭曲强度。

“噪波”组

只有选择了“使用内置噪波”的扭曲类型，此组才处于活动状态。

规则、分形、湍流——三种噪波类型。

相位——控制噪波函数动画的速度。以制作达到噪波效果的动画。

大小——设置噪波的尺寸大小。

级别——设置湍流（作为一个连续函数）的分形迭代次数。“数量”值决定了层级的效果。数量值越大，增加层级值的效果就越强。范围为 1 至 10；默认值为 1。

3.4.10“光线跟踪”贴图

“光线跟踪”贴图与“光线跟踪”材质类似，可以提供全部光线跟踪反射和折射，从而生成较精确的效果。“光线跟踪”贴图和“光线跟踪”材质具有相似的参数面板，但也存在着微小差别：

“光线跟踪”贴图是贴图范畴，因此与其他贴图的操作一样，能够添加到各种材质中。

“光线跟踪”贴图比“光线跟踪”材质拥有更多衰减控制。

“光线跟踪”贴图比“光线跟踪”材质渲染速度要快。

3.5 材质贴图坐标设置

制作精美的贴图时，要指定正确的贴图坐标才能在对象表面上正确显示，也就是要设定这张图怎么贴。贴图坐标能够指定贴图在对象上的位置、方向及大小比例。在 3ds Max 中共有 3 种设定贴图坐标的方式：

(1) 创建对象时，在参数设定中打开生成贴图坐标的选项，则会使用默认的贴图坐标。

(2) 修改命令面板指定 UVW 贴图修改器，可以选择一种贴图方式，并能够设定贴图坐标的位置及大小。

(3) 对特殊类型的模型使用特别的贴图轴设定，如放样对象提供了内定的贴图选项，可以沿着对象的纵向与横向指定贴图轴。

UVW贴图修改器

贴图坐标是在它们的 Gizmo 子对象层级的指引下投影到物体的表面上的。可以将其打开，直接移动、旋转等来更改贴图的坐标。软件提供了 7 种坐标类型。(如图 3–47)

平面贴图——从对象上的一个平面投影贴图，但它会在物体的侧面产生条纹图案。(如图 3–48)

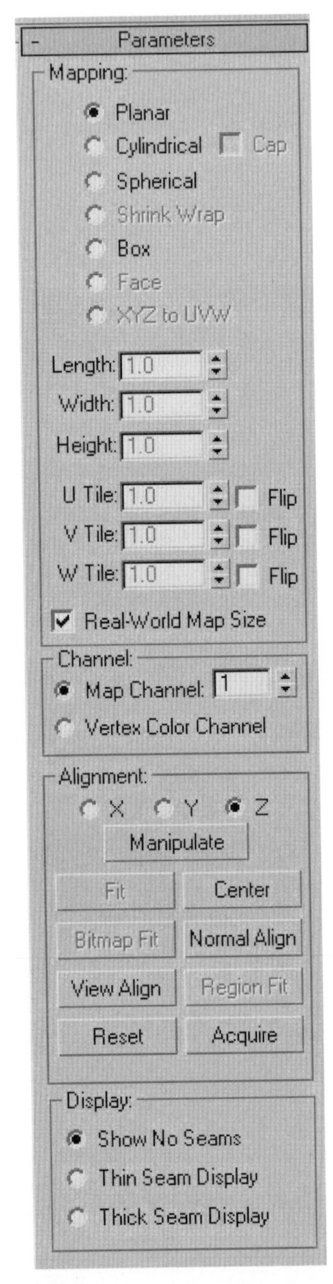

图 3–47

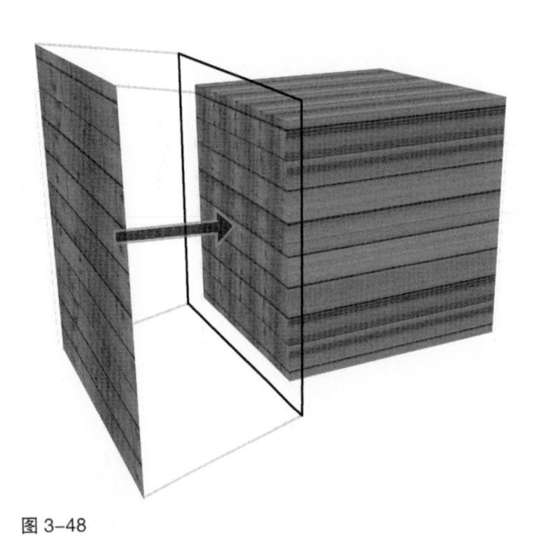
图 3–48

柱面贴图——从圆柱体投影贴图。用于基本形状趋向于圆柱形的对象。（如图 3–49）

球体贴图——通过从球体投影贴图来包围对象。在球体顶部和底部两极交汇处能够看到点。用于基本形状趋向于球形的对象。（如图 3–50）

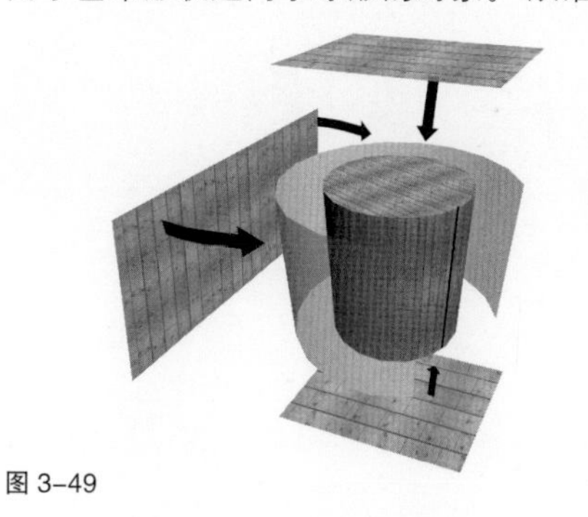

图 3–49

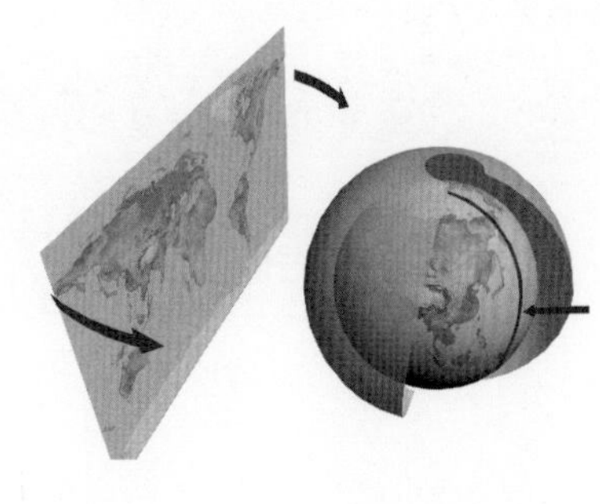

图 3–50

收缩包裹贴图——是球面贴图的一种变形，位图图像的四个角被切除，然后包裹对象，位图的边都聚到物体的底部产生变形。（如图 3–51）

立方体贴图——从六个方向使用平面贴图，缩放 Gizmo 物体也就是缩放了最终的贴图。（如图 3–52）

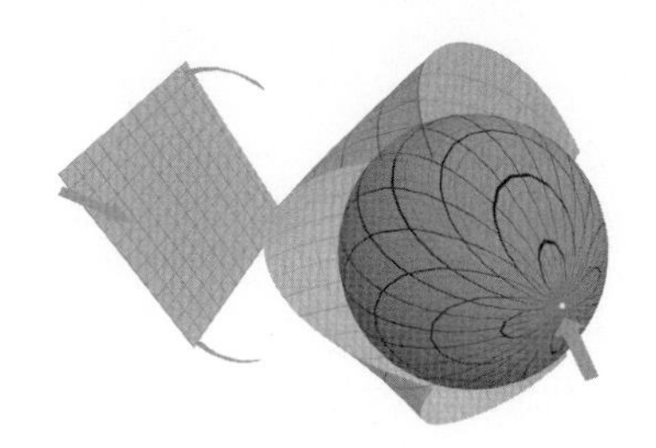

图 3–51

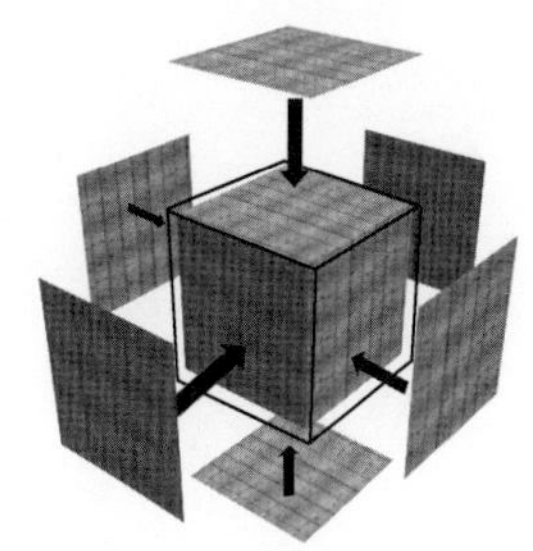

图 3–52

面贴图——将位图投影所编辑的所有面。（如图 3–53）

XYZ to UVW——将 3D 程序坐标贴图到 UVW 坐标，使 3D 程序类的贴图跟随物体表面的变化而变化。（如图 3–54）

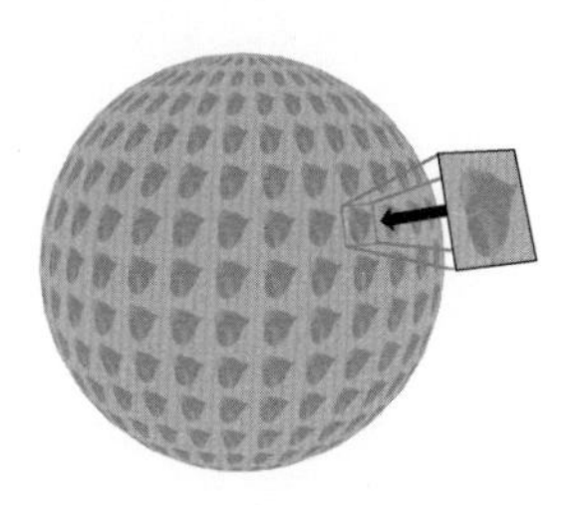

图 3–53

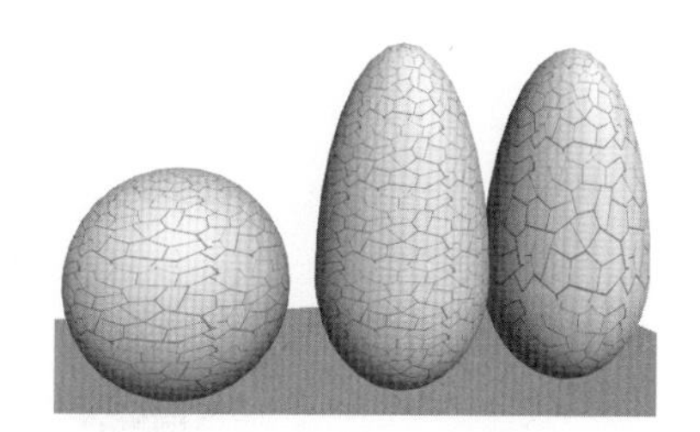

图 3–54

练习

1. 对同一模型进行不同材质的设置并完成渲染。

3ds Max灯光设置的基本方法

目标

了解灯光基础知识。
掌握标准灯光的创建及基本参数。
掌握光学度灯光的创建及基本参数。
了解高级照明。

引言

光线照射到对象物体，物体反射这些光线到我们的眼睛，因此我们才看到物体。物体的外观取决于照射它的光以及物体表面本身的材质属性，如光滑度、透明度、颜色等。本章节中，我们重点学习 3ds Max 灯光设置的基本方法。

4.1 灯光基础知识简介

4.1.1 强度

灯光的强度其实就是光源的能量大小，直接影响着场景的明暗。3ds Max 标准灯光的强度为其 HSV 值。当数值为 255 时，强度最大，灯光最亮；当数值为 0，灯光完全黑暗。当数值为小于 0 的负值时，灯光会吸光从而降低场景的亮度。光度学灯光的强度参照真实世界的光源强度值设置，以流明、坎德拉或照度为单位。

4.1.2 入射角

物体表面与光源的倾斜越大，表面接收到的光越少，从而显得越暗。3ds Max 中物体表面法线相对于光源的照射角度称为入射角。当入射角为 0 度（即，光源与曲面垂直）时，表面接受的光源强度最大，也显得最亮。随着入射角的增加，照明的强度会减小。

4.1.3 衰减

在现实世界中，灯光的强度不是一成不变的，它与距离成反比，随着距离的增加而减弱。同一光源照射下离光源远的物体看起来较暗，而距离光源较近的物体看起来则较亮。这种灯光强度由强变弱的现象称为衰减。通常情况下灯光强度以平方反比速率衰减，即灯光强度的减小与离光源距离的平方成比例。但当光线受到大气（如雾、尘埃等）影响阻碍时，则衰减幅度会更大。

3ds Max 中对于标准灯光，默认情况下，衰减为禁用状态，可进行开启。标准灯光中的所有类型都支持衰减，并支持灵活地设置衰减开始和结束的位置，不必严格遵照逼真的衰减距离。光度学灯光始终都有衰减，并且是使用平方反比衰减。"衰减"对模拟灯光的真实感非常有作用，特别是室内很微弱的照明（如蜡烛等）。

4.1.4 反射光和环境光

光线照射到物体表面后，部分光线被吸收，部分光线穿透物体，还有部分光线被反弹。被反弹的光线就是反射光。它可以照亮其他对象。物体表面越光滑其反射光的方向越统一，表现的强度越大。相反物体表面越粗糙其反射光的方向越分散，越柔和。环境光其实就是反射光。它是环境反射的光，有均匀的强度，属于均质漫反射。环境光对物体有柔和的光照效果，不具有可辨别的光源和方向。

3ds Max 中使用默认渲染器进行渲染时，标准灯光不计算场景中对象反射的光线。因此使用标准灯光照明场景通常需要添加一些光源来模仿反射光。但是也可以使用光追踪器与光能传递来计算和显示反射光的效果。

4.1.5 颜色和灯光

灯光的颜色主要取决于构成光源自身的物理与化学特性。例如太阳光为浅黄色、钨灯投射橘黄色的灯光、水银蒸汽灯投射浅蓝色的灯光。灯光颜色也受到光线通过的介质的影响。例如海底的灯光为浅蓝色、大气中的云为天蓝色等。

4.1.6 阴影

阴影是场景中重要的组成部分，与光源一起塑造着物体对象及场景的光影效果。阴影的强弱直接与光源的强弱有关。强光照射下阴影硬朗清晰，弱光照射下阴影柔和模糊。真实世界中阴影也是有衰减的，靠近物体的地方深且相对清晰，远离的地方浅且相对模糊。3ds Max 中有多种阴影模式，效果与渲染时间各不相同，因此要针对不同的场景和光源选择对应的类型。

3ds Max 中，灯光是模拟真实灯光的对象，不同种类的灯光对象用不同的方法投射灯光，模拟真实世界中的各种光源。当场景中没有设置灯光时，使用默认的照明，但一旦创建了一种灯光，默认照明就会被自动禁用。默认照明包含两种不可见的灯光：一种灯光位于场景的左上方，而另一种位于场景的右下方。3ds Max 中，灯光包括标准灯光与光度学灯光两大类。其中标准灯光设置相对简单方便，但想要创建真实的光照效果则需要理性的分析和丰富的设置经验，而使用光度学灯光和光能传递解决方案虽然参数调节相对复杂，但很容易模拟真实的光影效果。

4.2 标准灯光的创建及基本参数

标准灯光是 3ds Max 中的基本灯光，也是最重要的灯光。在场景中创建灯光，首先要在创建面板中点击灯光，在下拉菜单中选中标准灯光类别。（如图 4–1）

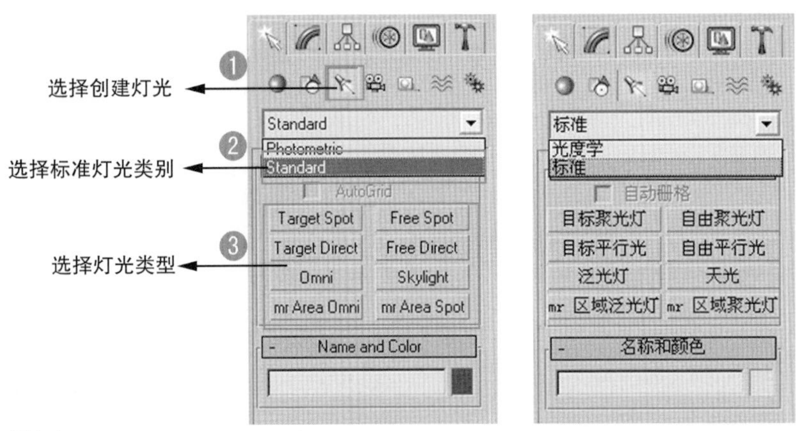

图 4-1

标准灯光中共有八种类型的灯，但从灯光自身类型特点来分只有四种：聚光灯、平行光、泛光灯和天光。在这几种灯光中目标灯光与自由灯光的区别在于前者有目标点，两点控制灯光位置和角度；后者没有目标点，一点控制灯光。而标准灯光类型中的"区域泛光灯"和"区域聚光灯"只有在 Mental Ray 渲染器下才起作用，默认线扫渲染下与普通的泛光灯和聚光灯没差别。天光则需要光追踪器高级照明方式来完成最终渲染。（如图 4-2、图 4-3）

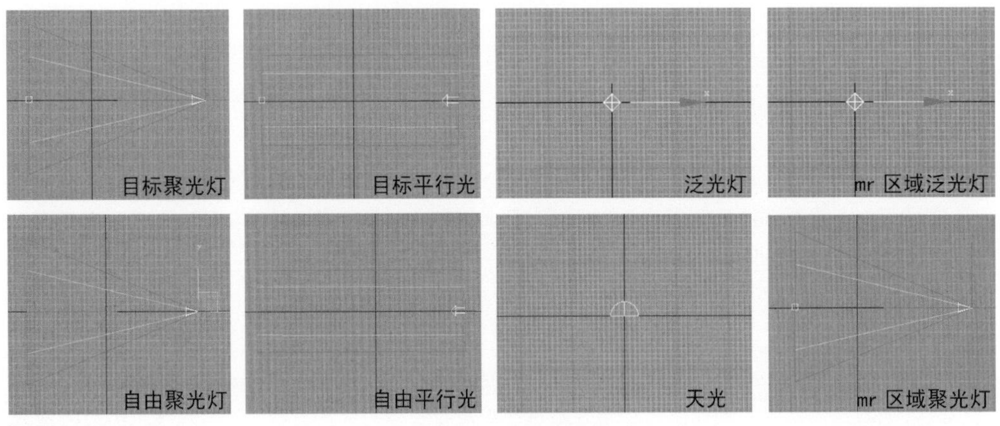

图 4-2

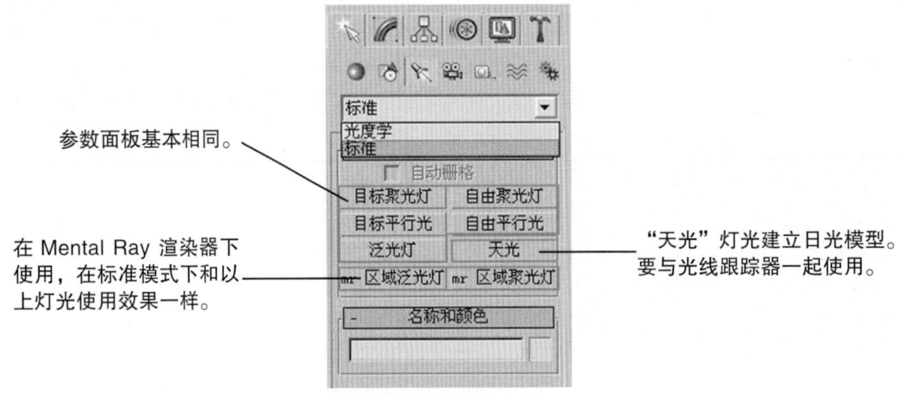

图 4-3

所有标准灯光中，聚光灯、平行光和泛光灯三种类型灯光的参数调节面板基本类似。本文以目标聚光灯为例，对灯光的创建参数面板进行讲解。（如图 4–4、图 4–5）

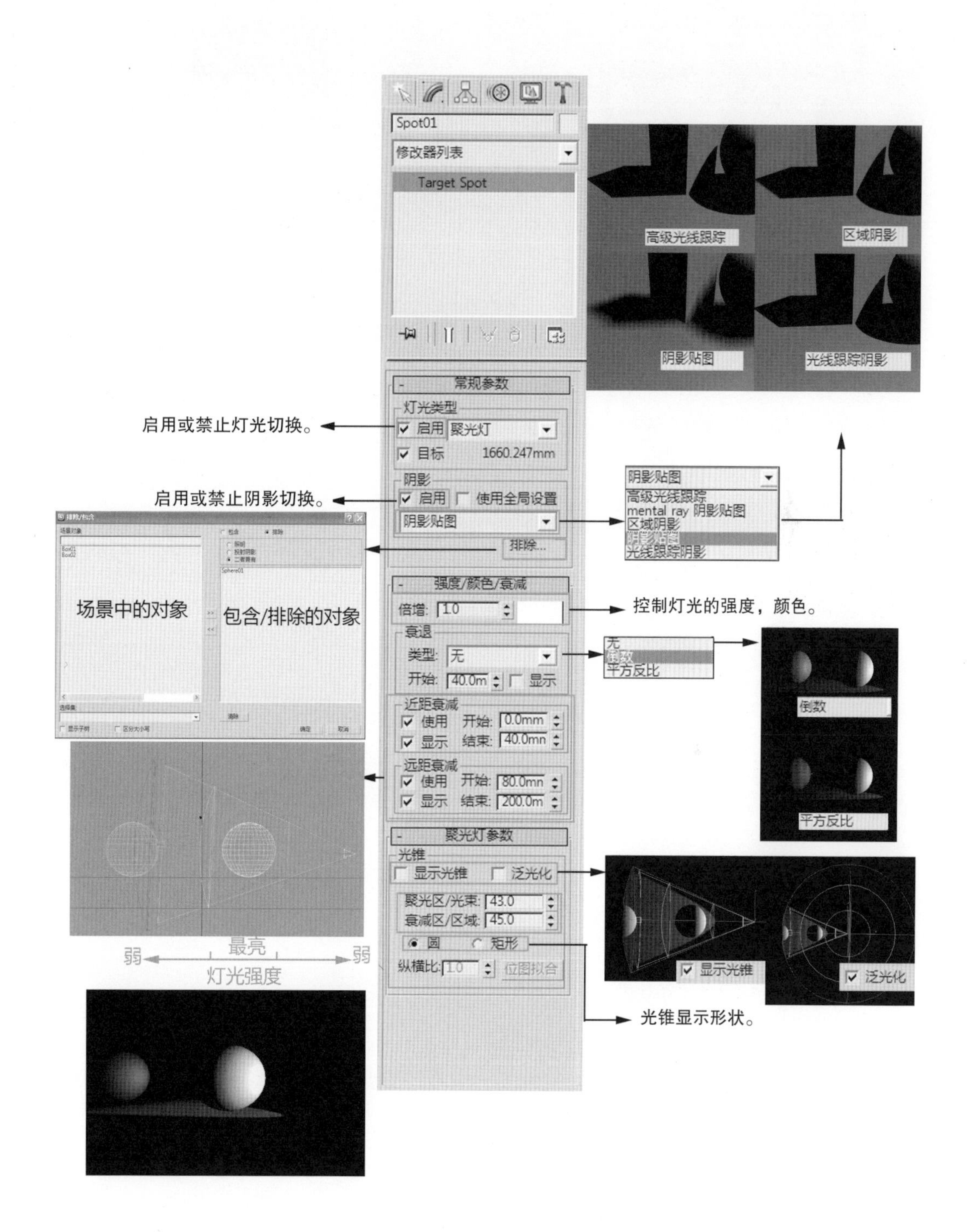

图4–4

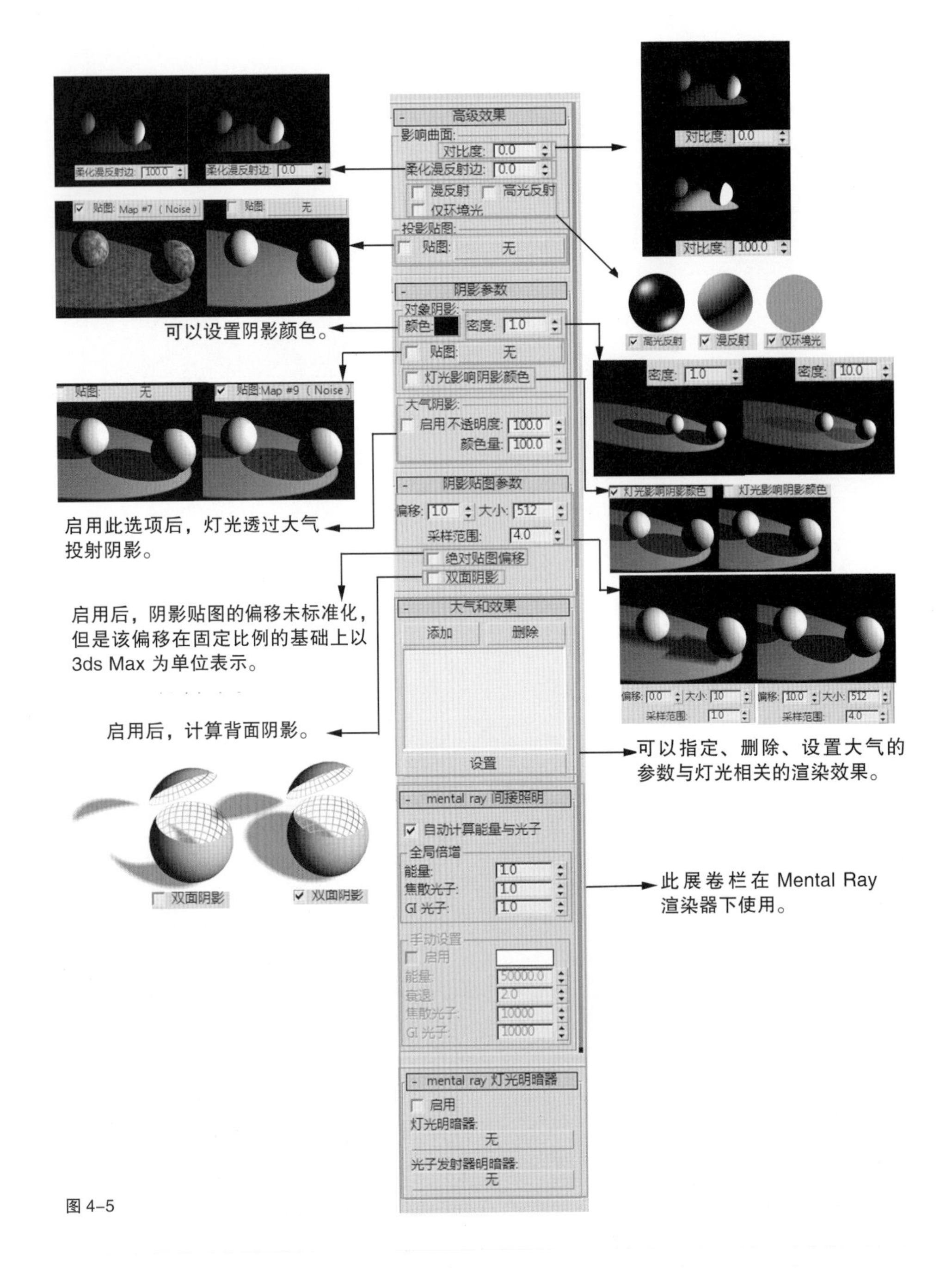

图 4–5

4.2.1 常规照明参数（如图 4–4）

“常规参数”卷展栏用于对灯光的一些最基本的参数进行设置，包括灯光与阴影的开启和禁用，照明对象的排除或包含等。也控制灯光的目标点，并将灯光从一种类型更改为另一种类型。

阴影类型，能够启用或禁用投射阴影，并且选择灯光使用的阴影类型。下表介绍每种阴影类型的优点和不足。

阴影类型	优点	不足之处
高级光线跟踪	支持透明和不透明贴图。 使用不少于 RAM 的标准光线跟踪阴影。 建议对复杂场景使用一些灯光或面。	比阴影贴图慢。 不支持柔和阴影。 处理每一帧。
区域阴影	支持透明和不透明贴图。 使用很少的 RAM。 建议对复杂场景使用一些灯光或面。 支持区域阴影的不同格式。	比阴影贴图慢。 处理每一帧。
Mental Ray 阴影贴图	使用 Mental Ray 渲染器可能比光线跟踪阴影更快。	不如光线跟踪阴影精确。
光线跟踪阴影	支持透明和不透明贴图。 如果不存在对象动画，则只处理一次。	可能比阴影贴图慢。 不支持柔和阴影。
阴影贴图	产生柔和阴影。 如果不存在对象动画，则只处理一次。 最快的阴影类型。	不支持使用透明或不透明贴图的对象。

“灯光类型”组

启用——启用和禁用灯光。灯光启用时，将照亮场景。禁用时，灯光则被关闭。默认设置为启用。

灯光类型列表——变换标准灯光的类型。可以将灯光更改为泛光灯、聚光灯或平行光。

目标——启用该选项后，灯光将成为目标。灯光与其目标之间的距离显示在复选框的右侧。对于自由灯光，可以设置该值。对于目标灯光，可以通过禁用该复选框、移动灯光或灯光的目标对象对其进行更改。

“阴影”组

启用——决定当前灯光是否投射阴影。默认设置为启用。

阴影下拉列表——选择阴影的类型，包括阴影贴图、光线跟踪阴影、高级光线跟踪阴影或区域阴影生成该灯光的阴影。“Mental Ray 阴影贴图”类型与 Mental Ray 渲染器一起使用。

每种阴影类型都有其特定控件。

使用全局设置——启用此选项可以使用该灯光投射阴影的全局设置，该数据将与其他全局设置的每个灯光共享。禁用此选项则启用阴影的单个控件。

“排除 / 包含”对话框（如图 4–6）

“排除 / 包含”对话框决定选定的灯光不照亮哪些对象或只照亮哪些对象。该功能在精确控制场景中的照明时非常有用。

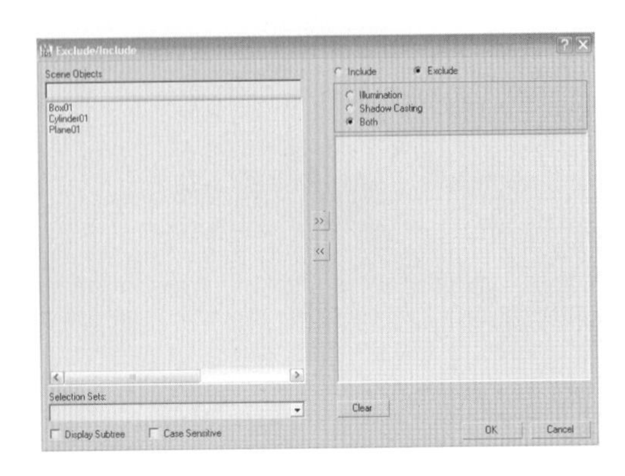

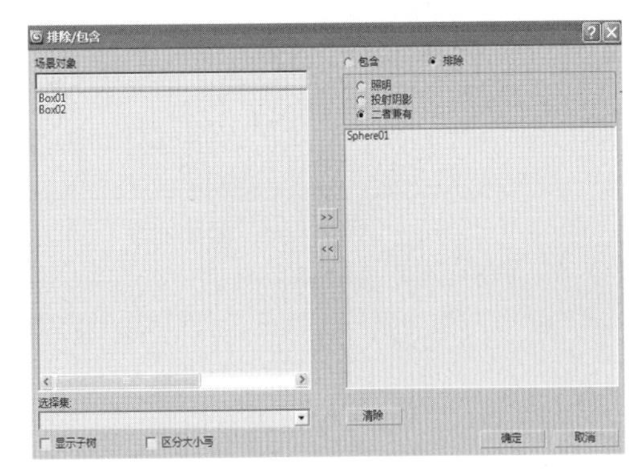

图 4–6

排除 / 包含——决定灯光是否排除或包含右侧列表中已命名的对象。

照明 / 阴影投射 / 两者兼有——分别选择排除或包含对象的内容。

场景对象——选中左边场景对象列表框中的对象，然后使用箭头按钮将它们添加至右面的列表框中。

搜索字段——“场景对象”列表下方的编辑框用于按名称搜索对象。可以输入使用通配符的名称。

显示子树——根据对象层次缩进“场景对象”列表。

区分大小写——搜索对象名称时区分大小写。

选择集——显示命名选择集列表。通过从此列表中选择一个选择集来选中在“场景对象”列表中的对象。

清除——从右边的“排除 / 包含”列表中清除所有项。

4.2.2 强度（Intensity）/颜色（Color）/衰减参数（Attenuation）

“强度 / 颜色 / 衰减参数”卷展栏可以设置调节灯光的颜色和强度，也可以定义和设置灯光的衰减。（如图 4–7）

倍增——直接影响灯光强度，照明的亮度。高“倍增”值会冲蚀颜色。负的“倍增”值导致“黑色灯光”，即灯光使对象变暗而不是使对象变亮。

色样——显示灯光的颜色。单击色样将显示颜色选择器，调节修改灯光的颜色。

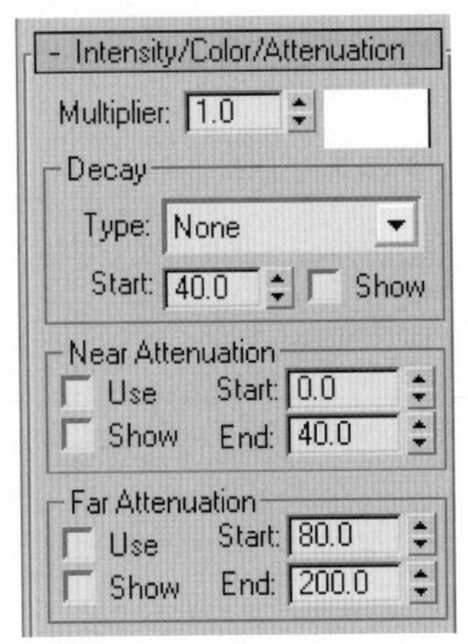

图 4–7

“衰退”组

类型——选择衰退类型。有三种类型可选择：

无——不应用衰退。（默认设置）

倒数——应用反向衰退。

平方反比——应用平方反比衰退。实际上这是灯光的“真实”衰退。

倒数　　平方比

图 4-8

“近距衰减”组

开始——设置灯光开始淡入的距离。

结束——设置灯光达到全值的距离。

使用——启用灯光的近距衰减。

显示——在视口中显示近距衰减范围设置。对于聚光灯，衰减范围看起来好像圆锥体的镜头形部分。对于平行光，范围看起来好像圆锥体的圆形部分。对于启用“泛光化”的泛光灯和聚光灯或平行光，范围看起来好像球形。

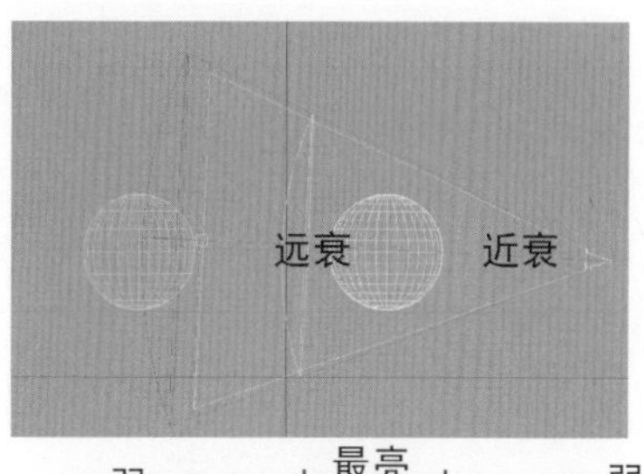

弱　最亮　弱

灯光强度

图 4-9

“远距衰减”组（如图 4-9）

开始——设置灯光开始淡出的距离。

结束——设置灯光强度减为 0 时的距离。

使用——启用灯光的远距衰减。

显示——在视口中显示远距衰减范围设置。

4.2.3 聚光灯参数 (Spotlight Parameters)

聚光灯像投射灯一样投射聚焦的光束。通常模拟射灯、筒灯、投影灯、舞台灯等。（如图 4—10）

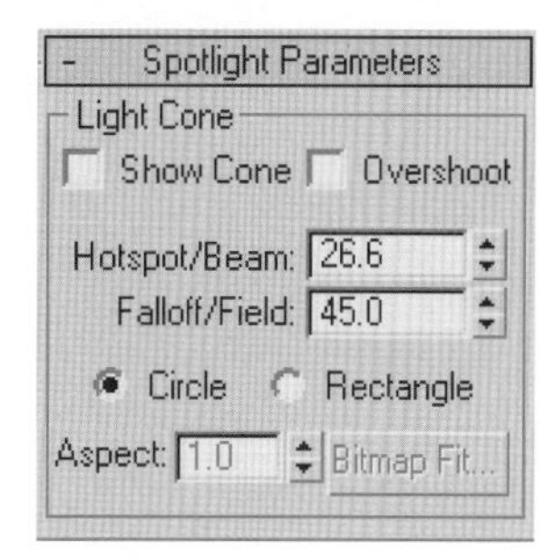

图 4-10

“锥形光线”组

控制聚光灯的聚光区 / 衰减区。

显示圆锥体——启用或禁用圆锥体的显示。只针对未被选择的灯光显现效果。

泛光化——当设置泛光化时，灯光将在各个方向投射灯光。但是投影和阴影只发生在其衰减圆锥体内。（如图 4—11）

图 4-11

聚光区 / 光束——调整灯光聚光区圆锥体的角度大小，也是灯光强度最大的区域。

衰减区 / 区域——调整灯光衰减区的角度。衰减区值以度为单位进行测量。超过衰减区灯光强度为 0。对于光度学灯光，"区域"角度相当于"衰减区"角度。它是灯光强度减为 0 的角度。

圆 / 矩形——确定聚光区和衰减区的形状（圆形或矩形）。

纵横比——设置矩形光束的纵横比。点击 Bitmap Fit... (Bitmap Fit) 按钮可以使纵横比按照特定的位图进行匹配。

位图拟合——如果灯光的投影纵横比为矩形，应设置纵横比以匹配特定的位图。

聚光灯的操纵器

当启用主工具栏中的 "选择并操纵" 按钮时，操纵器可见并且可用。在视口中操纵器上移动鼠标时，操纵器会变为红色以表明拖动或单击它将产生相应效果。在使用操纵器调节时，会显示对象的名称、参数和即时数值。（如图 4-12）

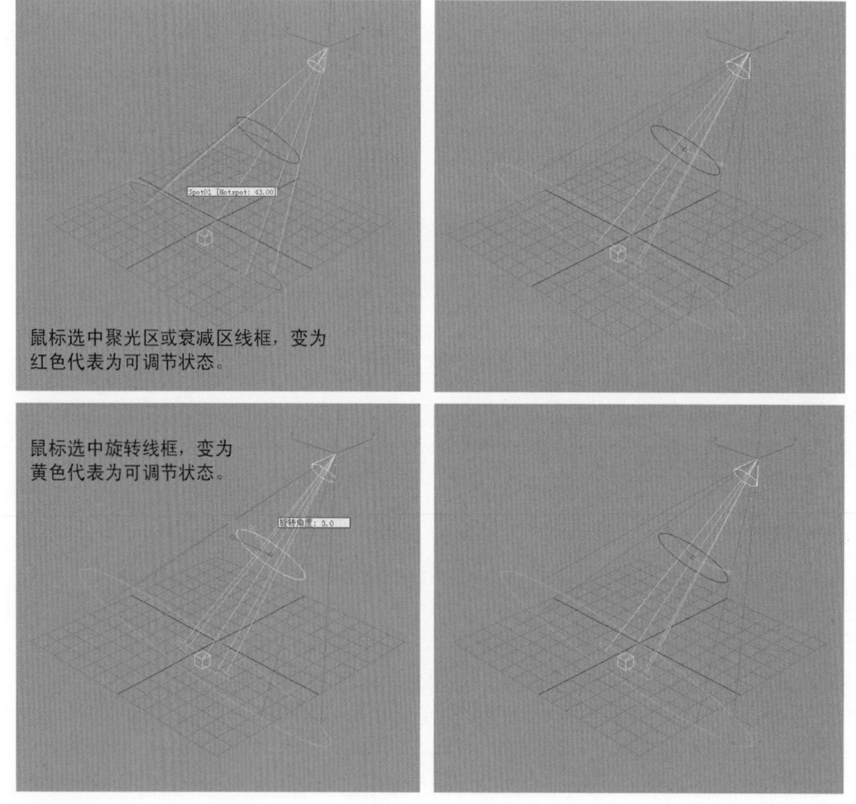

图 4-12

4.2.4 “高级效果”卷展栏（如图 4–5）

“高级效果”卷展栏提供设置灯光影响对物体表面的影响方式的控件，可对一些特殊的效果进行调节。（如图 4—13）

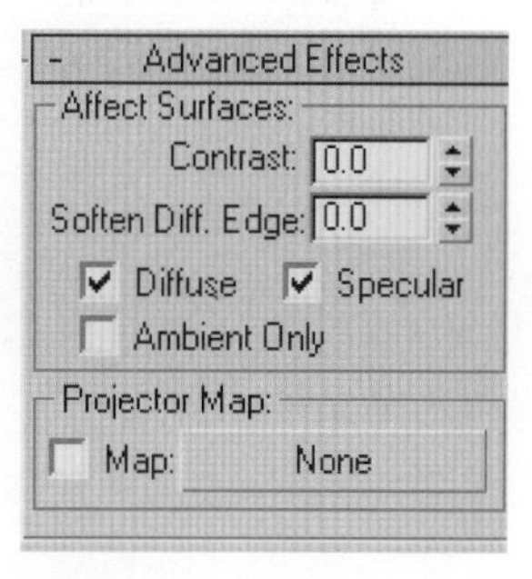

图 4–13

“影响曲面”组

对比度——调整表面的漫反射区域和环境光区域之间的对比度。普通对比度设置为 0。增加该值可增加对象表面的对比度。（如图 4—14）

柔化漫反射边——增加柔化漫反射边的值可以柔化对象表面漫反射与环境光两部分间的边缘过度。

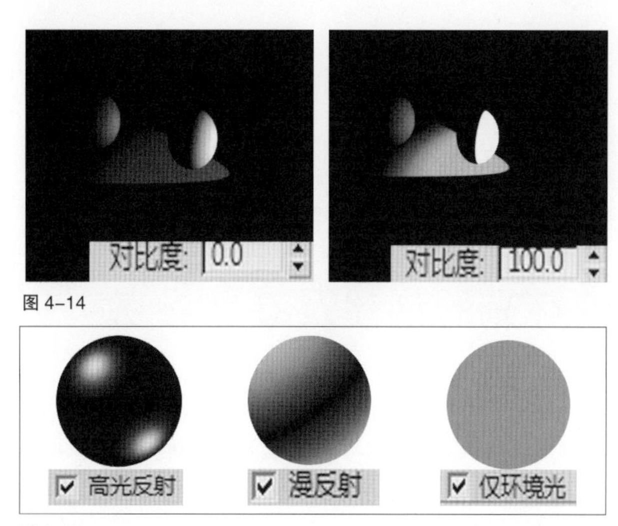

图 4–14

图 4–15

漫反射——启用此选项后，灯光将影响对象表面的漫反射属性。禁用此选项后，灯光在漫反射曲面上没有效果。默认设置为启用。

高光反射——启用此选项，灯光将影响对象表面的高光属性。禁用此选项，灯光在高光属性上没有效果，表现为物体表面没有高光。默认设置为启用。

仅环境光——启用此选项，灯光仅影响照明的环境光组件。这样使操作者可以对场景中的环境光照明进行更详细的控制。启用“仅环境光”后，“对比度”、“柔化漫反射边缘”、“漫反射”和“高光反射”不可用。默认设置为禁用状态。（如图 4—15）

“投影贴图”组

复选框——开启和禁用灯光投射贴图。

贴图——可以从“材质编辑器”中指定贴图拖动，或从任何其他贴图按钮（如“环境”面板上的按钮）拖动，并将贴图放置在灯光的“贴图”按钮上。单击“贴图”显示“材质／贴图浏览器”。使用浏览器可以选择贴图类型，然后将按钮拖动到“材质编辑器”，并且使用“材质编辑器”选择和调整贴图。

4.2.5 阴影参数（如图 4–16）

颜色——调节和控制阴影的颜色。默认设置为黑色。

密度——调整阴影的密度。数值在 –1 到 1 之间，数值越大颜色越深，数值 0 时没有阴影，为负值时与设置的颜色相反。

贴图复选框——开启和禁用贴图。

贴图——可以将贴图指定给阴影。贴图将取代阴影颜色产生丰富的效果。

灯光影响阴影颜色——开启此选项后，阴影的颜色是灯光颜色与阴影颜色的混合色。

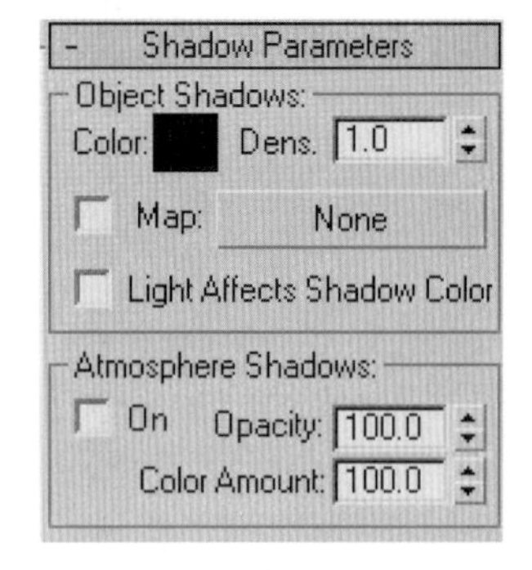

图 4–16

“大气阴影”组

控件可调节大气阴影效果。

启用——开启和禁用大气阴影。

启用不透明度——调整阴影的不透明度，影响着大气阴影的深度。数值为 0 时，大气效果没有阴影。默认设置为 100 时，产生完全的阴影。

颜色量——调整大气颜色与阴影颜色混合的量。

4.3 光学度灯光的创建及基本参数

光度学灯光使用光度学（光能）值，通过这些值可以更精确地定义灯光，就像在真实世界一样。我们可以导入真实的特定光度学文件模拟出完全真实的光照效果。但光学度必须借助光能传递高级照明方式计算才能完成最终效果。光度学灯光一共包括三种类型：目标灯光、自由灯光、mr 天光。其中 mr 天光是依赖 Mental Ray 渲染器完成的。而目标灯光与自由灯光区别就在于有无目标点。其参数控制面板基本一样（如图 4–17）。

目标灯光与自由灯光的参数卷展栏中，部分卷展栏与标准灯光中的类似，但也有些部分区别较大，包括：模板、强度、颜色、衰减、图形／阴影贴图。（如图 4–18）

图 4–17

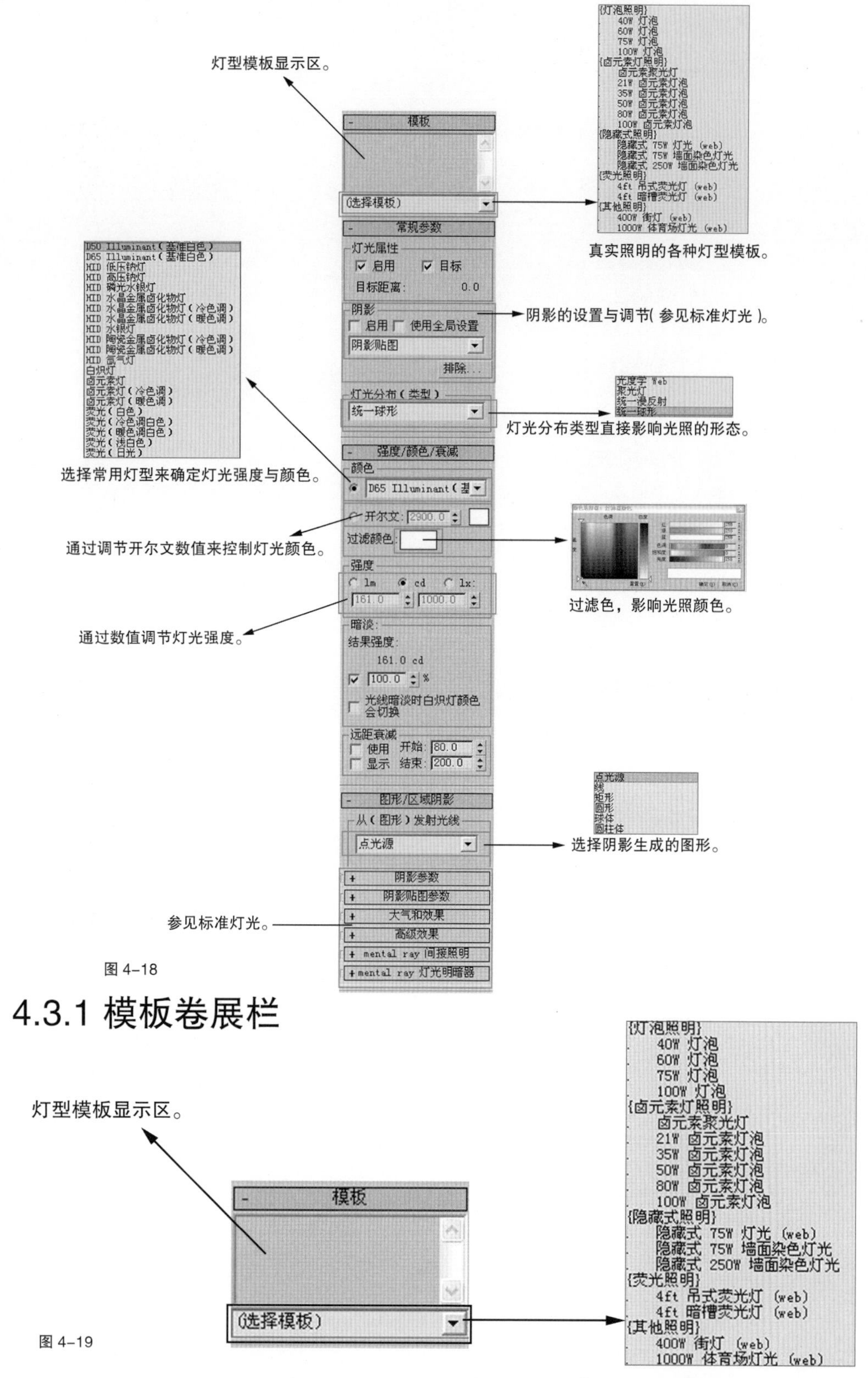

图 4-18

4.3.1 模板卷展栏

图 4-19

模板卷展栏中可以选择并显示灯光的类型。这里提供了真实世界中的多种灯型，一旦选择了就会在模板中显示，以下的相关卷展栏的参数也会相应发生变化。模板提供了各种真实世界中的灯源。(如图 4—19)

4.3.2 常规参数卷展栏

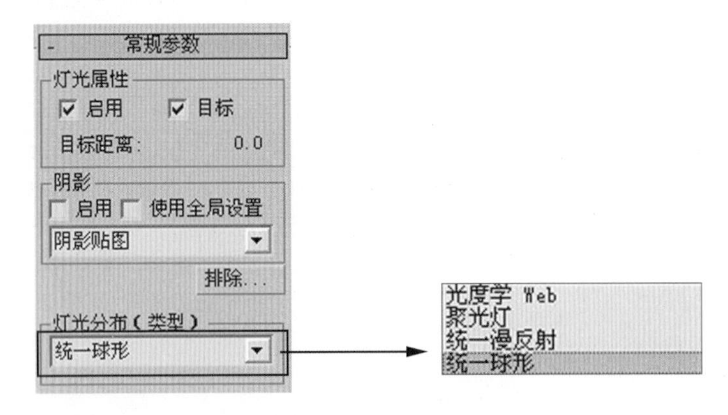

图 4-20

常规参数卷展栏中的部分设置与标准灯光类似。"启用"是灯光开启和关闭的复选框，就像灯光的开关。"目标"是开启和关闭灯光的目标点，是目标灯源与自由灯源转换的复选框。当关闭目标点时，目标距离的数值将被激活，可以通过数值调节目标点的远近。阴影设置组同样也和标准灯光的阴影设置一样。包括"开启"与"使用全局设置"复选框、阴影类型的选择以及灯光与阴影排除设置。灯光分布类型的选择是光学度灯光所特有的，包括四种类型：光度学 Web 分布、聚光灯分布、统一漫反射分布、统一球形分布。（如图 4–20）

光学度 Web 分布是使用光度学 Web 定义分布灯光的一种形式。通常所说的光域网是灯光强度分布的 3D 表示，其文件一般是 IES、LTLI 或 CIBSE 格式。光域网文件中包含了灯光的分布信息，不同的光域网文件代表着不同的灯源。许多照明制造商都为其产品创建了相应的光域网文件。互联网上也有大量的光域网文件下载。一旦选择了光学度 Web 分布形式，便会显示"分布（光学度 Web）"卷展栏，可以从中调用光域网文件，并能够分别在 X、Y、Z 轴上进行旋转调节。

其他三种灯光分布比较容易理解。聚光灯分布和标准灯光的聚光灯类似，像投射灯一样具有集中投影的光束。统一漫反射分布是在半球体中发射漫反射灯光，就如同从某个表面发射灯光一样。遵循 Lambert 余弦定理：从各个角度观看灯光时，它都具有相同明显的强度。统一球形分布则是在球体中发射漫反射灯光。

4.3.3 强度 / 颜色 / 衰减卷展栏

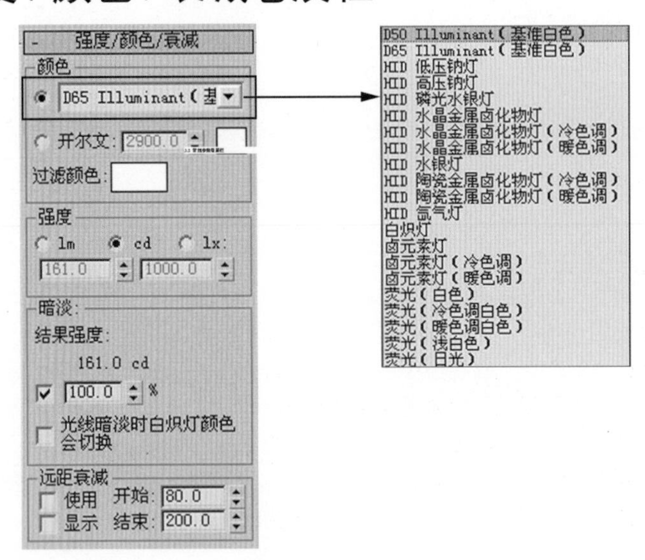

图 4-21

光学度灯光的“强度／颜色／衰减”卷展栏与标准灯光的“强度／颜色／衰减”卷展栏有着显著的区别。光学度灯光的颜色与真实世界的相对应，可以选择光源的类型来控制颜色，也可通过开尔文数值设置色温来控制灯光的颜色，另外还可通过过滤色进行调整，而灯光强度也完全依据真实的光源数据，分为流明（lm）、坎德拉（cd）、勒克斯（lx）三种单位，也是三种照度的计算方式。前两种直接输入数值即可，而勒克斯除了要输入相应数值还需在第二个数值栏中输入所测量照度的距离。所有灯光的颜色及强度数值可以从照明制造商处直接获得。（如图 4–21）

暗淡组用于对灯光的结果强度进行调节，除了实现当前的强度外还可以控制倍增强度的百分比。如果是 100%则是完全强度，而低于 100%则灯光强度会降低，相反高于 100%则灯光强度会增加。远距衰减组具体用法和效果与标准灯光类似，并不完全符合真实世界的灯光原理，但设置方便，效果也容易控制，更重要的可以缩短渲染时间。

4.3.4 图形、区域卷展栏

主要用于发射光线的类型的选择，包括点光源、线性光源、矩形面光源、圆形光源、球体光源和圆柱体光源（如图 4–23）。不同的类型具有不同的光线发射形态，可计算出不同的阴影效果。点光源计算阴影时，就像点在发射灯光一样。由于点没有尺寸，因此当选择点光源类型时不会增加调控卷展栏，而其余几种类型一旦选择则会增加相应的调控卷展栏。线性光源计算阴影时就像线在发射灯光一样。矩形光源计算阴影时，就像矩形区域在发射灯光一样。圆形光源计算阴影时，就像圆形在发射灯光一样。球体光源计算阴影时，就像球体在发射灯光一样。圆柱体光源计算阴影时，就像圆柱体在发射灯光一样。

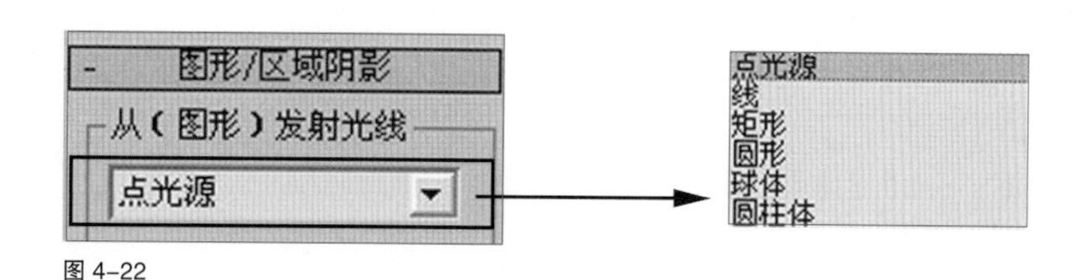

图 4–22

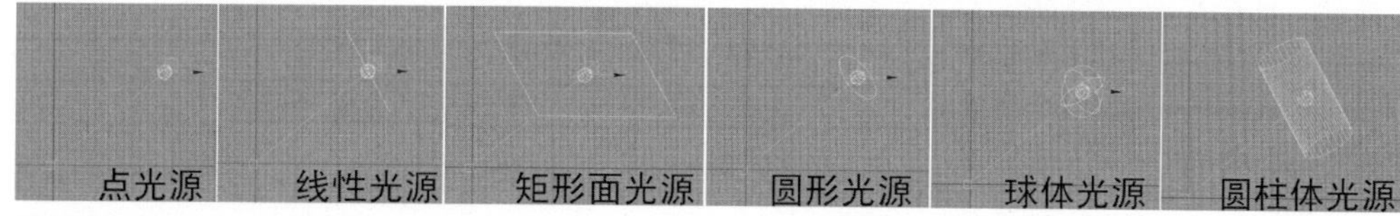

图 4–23

4.4 高级照明

高级照明是指对光线传递的计算采取高级算法，模拟出光线的漫反射，产生柔和丰富的光影效果。光能传递比光追踪器计算更加精确、真实。高级照明的创建主要有两种途径：第一，点击渲染下拉菜单中的光追踪器和光线传递；第二点击工具栏中的渲染设置，在弹出面板中选择高级照明（如图 4–24）。无论光追踪器还是光能传递都需要较长的渲染时间，要提高渲染速度，除了要进行正确合理的参数设置外，还可以使用“对象属性”对话框来对最终效果影响不大的对象禁用光跟踪或光能传递。

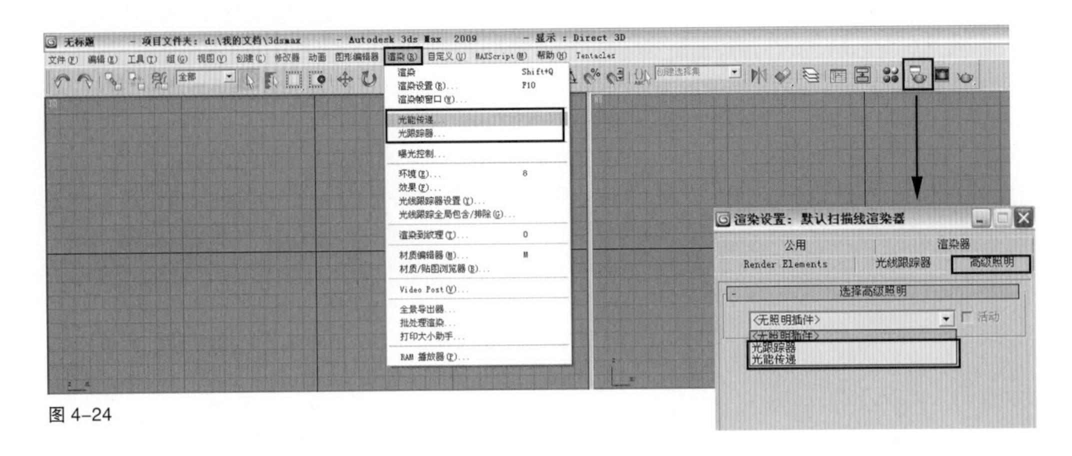

图 4-24

4.4.1 光追踪器

光追踪器是一种全局光照系统，运用设置比较方便，能够给场景提供柔和的边缘阴影和映色，基本接近真实效果。它通常与天光结合使用，多用于室外，而室内多采取光能传递。

光追踪器调节参数面板分为“常规设置”组和“自适应欠采样”组两部分（如图 4-25）。常规设置主要控制光追踪的包括强度、溢色、反弹等常规参数的设置，直接影响着光照效果。而“自适应欠采样”组则影响着渲染的质量和速度。

在“常规设置”组中，降低“光线／采样数”的值，并将“反弹”设置为 0，这样将得到快速但非常不细致的渲染预览。增加“光线／采样数”和“过滤器大小”的值可改善图像质量。通常可以在启用“自适应欠采样”的条件下使用较低的“过滤器大小”值并保持较大的“光线／采样数”值，这样可以得到很好的较快的渲染效果。

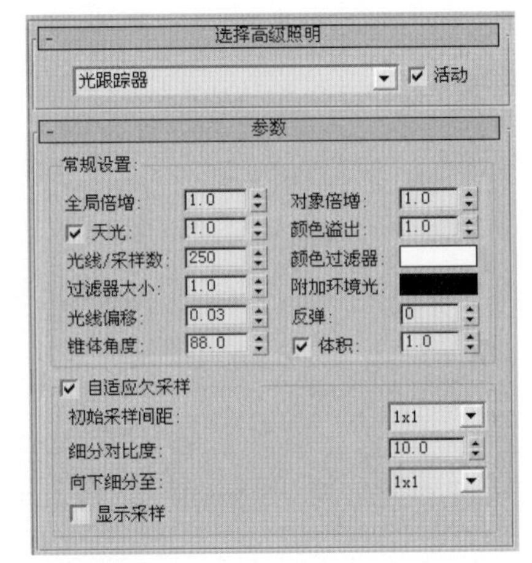

图 4-25

“常规设置”组

全局倍增——控制总体照明级别，默认设置都为 1.0。数值越大，场景光照越强。

对象倍增——控制场景中的对象反射的照明级别，但只有反弹值大于或等于 2 时，该设置才起作用。默认设置都为 1.0，数值越大其强度则越大，场景也会越亮。

天光——复选框用于开启与禁用天光，数值代表天光的缩放量。数值越大，场景天光强度越大。

颜色溢出——控制映色强度，调节漫反射中色彩的反射效果。但只有反弹的数值大于 0 时才起作用。

光线／采样数——每个采样（或像素）投射的光线数目。直接影响着渲染效果。数值越大效果越平滑，但也会增加渲染时间。相反，数值越小渲染颗粒越大，效果也越粗糙，但渲染速度越快。默认设置为 250。 一般在预览阶段都会将此数值设置较小。

颜色过滤器——过滤所有灯光颜色。设置为白色时无过滤效果，为其他颜色时则会丰富色彩效果，默认设置为白色。但只有反弹数值大于或等于 2 时，该设置才起作用。

过滤器大小——以像素为单位设置过滤器的大小。增加过滤器大小能够减少效果中的噪波。默认值为 0.5。当禁用“自适应欠采样”并且“光线／采样数”值较小时，“过滤器大小”选项特别有用。

附加环境光——可以在场景中添加环境光。默认设置为黑色。黑色不起作用。

光线偏移——可以调整光线反射的位置。从而更正渲染的失真效果。默认值为 0.03。

反弹——设置的光线反弹数。增大该值可以增加光线反射的强度和映色量，会产生更亮更精确的图像，但将使用较多渲染时间。值越小，快速结果越不精确，并且通常会产生较暗的图像。默认值为 0，但如果场景中有透明对象，反弹值通常要增加到大于零。

锥体角度——设置和调节投射光线的分布角度。所有光线的初始投射都受锥体角度限制。减小数值对比度会升高。默认值为 88.0，调节范围为 33.0–90.0。

体积切换——启用该选项后大气效果(如体积光和体积雾)将被看做发光体。默认设置为启用。

体积——设置体积照明的强度。增大数值可增加其对渲染场景的影响，减小该值可减少其效果。默认设置为 1.0。对使用光跟踪器的体积照明，反弹值必须大于 0，才会有显示效果。

“自适应欠采样”组

启用后将创建采样点网格。禁用该选项后，则对每个像素进行采样，虽然这样可以增加最终渲染的细节，但是将大大增加渲染时间，而且效果并不明显。所以通常都采取默认“启用”设置状态。

初始采样间距——设置图像初始采样的栅格间距。以像素为单位进行衡量。默认设置为 16x16。另外还可选择 1x1、2x2、4x4、8x8、32x32 几种类型。格栅间距越小，采样计算越精细，出现的噪波也越少，但渲染的时间会增加。

细分对比度——确定区域是否应进一步细分的对比度阈值。增加该值将减少细分。该值过小会导致不必要的细分。默认值为 5.0。减小细分对比度阈值可以减少柔和阴影和反射照明中的噪波。

向下细分至——细分的最小间距。增加该值可以缩短渲染时间，但是以精确度为代价。默认值为 1x1。

显示采样——启用该选项后，采样点位置渲染为红色圆点。可以帮助分析选择欠采样的最佳设置。默认设置为禁用状态。

4.4.2 光能传递的设置与运用

光能传递是一种独立于渲染的处理过程，它可以真实地模拟灯光在环境中传递及相互作用的方式。3ds Max 的光能传递技术可在场景中生成较精确的照明模拟。能够通过光线的计算很方便地产生间接照明、柔和阴影和对象映色等效果，生成自然逼真的图像。光能传递提供了真实世界的照明接口，能够更直观地设置和分析真实的基于物理的照明模拟。在具体运用时首先要注意场景中对象的单位一致性和精确性。并且灯光要使用“光度学”灯光。而场景中所使用材质的反射比值必须在它们表示的物理材质范围之内。这会直接影响着间接照明。光能传递的参数面板共有五个部分，分别是“光能传递处理参数”卷展栏、“光能传递网格参数”卷展栏、“灯光绘制”卷展栏、“渲染参数”卷展栏、“统计信息”卷展栏。

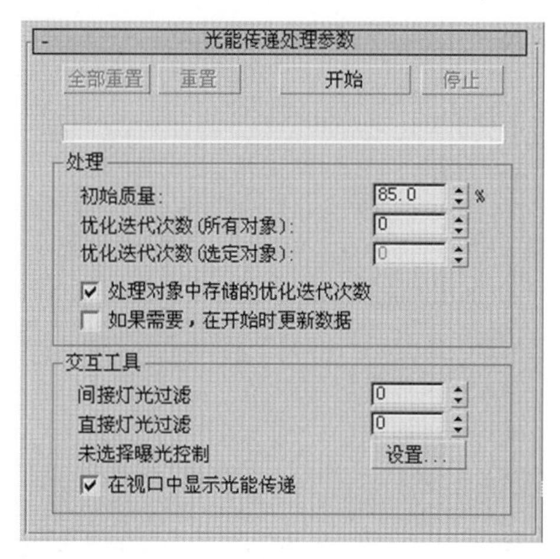

图 4-26

“光能传递处理参数”卷展栏

全部重置——将光能传递的解决方案和网格细分全部复位，恢复到初始状态。

重置——将光能传递的解决方案复位，但不清除几何体。

开始——开始光能传递处理。是光能传递计算过程的启动按钮。一旦启动，进度条便开始显示进度，只要进度未达到全部的“初始质量”时，“开始”按钮就变成了“继续”。

停止——与开始相对，停止光能传递处理。解决方案将维持在已有的进度。(如图 4—26)

“处理”组

主要设置光能传递解决方案前两个阶段的行为，即“初始质量”和“细化”。

初始质量——设置场景中所需质量的级别，这里的“质量”指的是能量分布计算的精确度，而不是解决方案的图片质量，数值最高为 100%。通常测试时用 40—70 的数值，最终渲染时用 85—99 的数值。

优化迭代次数（所有对象）——为场景中的所有对象定义一个超越全局设置的细化迭代值。但在处理“优化迭代次数”之后，将禁用“初始质量”，只有在单击“重置”或“全部重置”之后才能对其进行更改。

优化迭代次数（选定对象）——为场景中选定的对象定义细化迭代值。同样在 3ds Max 处理“优化迭代次数”之后，将禁用“初始质量”，只有在单击“重置”或“全部重置”之后才能对其进行更改。

处理对象中存储的优化迭代次数——选中复选框则每个对象都将有一个叫做“优化迭代次数”的光能传递属性。每当细分选定对象时，与这些对象一起存储的步骤数就会增加。如果启用了此切换，在重置光能传递解决方案然后再重新开始时，每个对象的步骤就会自动优化。这在创建动画、需要在每一帧上对光能传递进行处理以及需维持帧之间相同层级的质量时非常有用。

如果需要在开始时更新数据——启用此选项之后，如果解决方案无效，则必须重置光能传递引擎，然后再重新计算。在这种情况下，将更改“开始”菜单，以阅读“更新与开始”。当按下该按钮时，将重置光能传递解决方案，然后再开始进行计算。禁用此切换之后，如果光能传递解决方案无效，则不需要重置。可以使用无效的解决方案继续处理场景。

“交互工具”组

该组中的选项有助于调整光能传递解决方案在视口中和渲染输出中的显示。这些控件在现有光能传递解决方案中立即生效，无须任何额外的处理就能看到它们的效果。

间接灯光过滤——用周围的元素平均化间接照明级别以减少曲面元素之间的噪波数量。通常值设为 3 或 4 已足够。如果使用太高的值，则可能会在场景中丢失详细信息。然而，因为“间接灯光过滤”是交互式的，可以根据自己的需要对结果进行评估，然后再对其进行调整。

直接灯光过滤——用周围的元素平均化直接照明级别以减少曲面元素之间的噪波数量。通常值设为 3 或 4 已足够。如果使用太高的值，则可能会在场景中丢失详细信息。然而，因为“直接灯光过滤”是交互式的，可以根据自己的需要对结果进行评估，然后再对其进行调整。只有在使用投射直射光时“直接灯光过滤”才可用。如果未使用投射直射光，则将每对象视为间接照明。

过滤——用周围的元素平均化照明级别以减少曲面元素之间的噪波数量。通常值设为 3 或 4 已足够。如果使用太高的值，则可能会在场景中丢失详细信息。然而，因为“过滤”是交互式的，可以根据自己的需要对结果进行评估，然后再对其进行调整。对于一个 65% 的光能传递解决方案，将过滤器从 0 增加到 3 会创建比较平滑的漫反射灯光。结果相当于一个较高质量的解决方案。

未选择曝光控制——显示当前曝光控制的名称。

设置——单击以显示“环境”面板，在此面板中可以访问“曝光控制”卷展栏；在此处可以为特定的曝光控制选择当前的控制和参数卷展栏。

在视口中显示光能传递——在光能传递和标准 3ds Max 着色之间切换视口中的显示。可以禁用光能传递着色以增加显示性能。

“光能传递网格参数”卷展栏

此卷展栏（如图 4–27）用于控制光能传递网格的创建及其大小（以世界单位表示）。要快速测试，可能需要全局禁用网格。场景将看起来像平面，但解决方案将仍然为操作者快速提供总体亮度。网格分辨率细分得越细，照明细节将越精确。

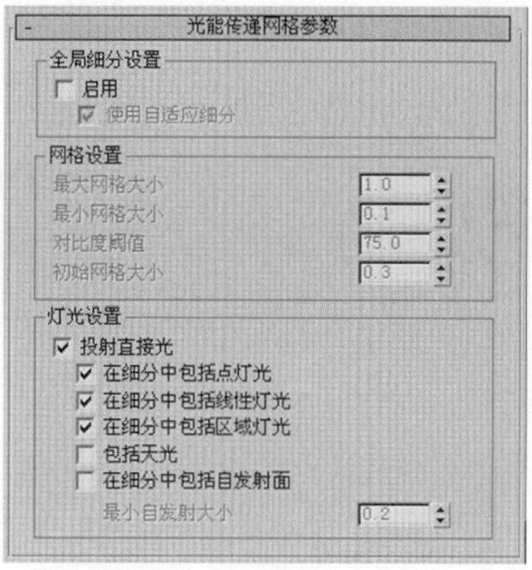

图 4–27

“全局细分设置”组

启用——用于启用整个场景的光能传递网格。当要执行快速测试时，禁用网格。

使用自适应细分——该开关用于启用和禁用自适应细分。默认设置为启用。只有启用“使用自适应细分”后网格设置组参数最小网格大小、对比度阈值和初始网格大小才可用。

“网格设置”组

使用默认网格和灯光设置的“自适应细分”。

最大网格大小——自适应细分之后最大面的大小。对于英制单位，默认值为 36 英寸，对于公制单位，默认值为 100 厘米。

最小网格大小——不能将面细分使其小于最小网格大小。对于英制单位，默认值为 3 英寸，对于公制单位，默认值为 10 厘米。

对比度阈值——细分具有顶点照明的面，顶点照明因多个对比度阈值设置而异。默认设置为 75.0。

初始网格大小——改进面图形之后，不细分小于初始网格大小的面。用于决定面是否是不佳图形的阈值，当面大小接近初始网格大小时还将变得更大。对于英制单位，默认值为 12 英寸，对于公制单位，默认值为 30 厘米。

“灯光设置”组

投射直接光——启用自适应细分或投射直射光之后，根据其下面的开关来解析计算场景中所有对象上的直射光。照明是解析计算的并不用修改对象的网格，这样可以产生噪波较少且视觉效果更舒适的照明。使用自适应细分时隐性启用该开关。默认设置为启用。

在细分中包括点灯光——控制投射直射光时是否使用点灯光。如果关闭该开关，则在直接计算的顶点照明中不包括点灯光。默认设置为启用。

在细分中包括线性灯光——控制投射直射光时是否使用线性灯光。如果关闭该开关，则在计算的顶点照明中不使用线性灯光。默认设置为启用。

在细分中包括区域灯光——控制投射直射光时是否使用区域灯光。如果关闭该开关，则在直接计算的顶点照明中不使用区域灯光。默认设置为启用。

包括天光——启用该选项后，投射直射光时使用天光。如果关闭该开关，则在直接计算的顶点照明中不使用天光。默认设置为禁用。

在细分中包括自发射面——该开关控制投射直射光时如何使用自发射面。如果关闭该开关，则在直接计算的顶点照明中不使用自发射面。默认设置为禁用。

最小自发射大小——这是计算其照明时用来细分自发射面的最小大小。使用最小大小而不是采样数目以使较大面的采样数多于较小面。默认值为 6.0。

“灯光绘制”卷展栏

图 4–28

使用此卷展栏中（如图 4–28）的灯光绘制工具可以手动调节阴影和照明区域。使用这些工具，无须执行附加的重新建模或光能传递处理操作即可调节阴影和灯光的照明效果。通过使用“拾取照明”、“添加照明”和“删除照明”可以同时添加或移除一个选择集上的照明。要使用灯光绘制工具，首先必须选择对象，然后选择特定的照明绘制工具：“拾取照明”、“添加照明”或“删除照明”。活动按钮以黄色高亮显示，且当其位于选定对象时，光标将变成用于添加和删除照明工具的炭笔图标，或用于拾取照明的滴管图标。

强度——以勒克斯或坎德拉为单位指定照明的强度，具体情况取决于“单位设置”对话框中选择的单位。

压力——当添加或移除照明时指定要使用的采样能量的百分比。

添加照明——添加照明从选定对象的顶点开始。3ds Max 基于压力微调器中的数量添加照明。压力数量与采样能量的百分比相对应。

移除照明——移除照明从选定对象的顶点开始。3ds Max 基于压力微调器中的数量移除照明。压力数量与采样能量的百分比相对应。

拾取照明——采样选择的曲面的照明数。要保存无意标记的照亮或黑点，请使用“拾取照明”将照明数用作与您采样相关的曲面照明。单击按钮，然后将滴管光标移动到曲面上。当单击曲面时，以勒克斯或坎德拉为单位的照明数在强度微调器中反映。

清除——清除所做的所有更改。通过处理附加的光能传递迭代次数或更改过滤数也会清除使用灯光绘制工具对解决方案所做的任何更改。

“渲染参数”卷展栏

此卷展栏（如图 4–29）提供对光能传递处理场景进行渲染的参数。在默认情况下进行渲染时，3ds Max 首先重新计算灯光对象的阴影，然后将光能传递网格的结果作为环境光进行添加。卷展栏上的前两个选项控制渲染器如何处理直接照明。“重用光能传递解决方案中的直接照明”可以进行显示光能传递网格颜色的快速渲染。“渲染直接照明”使用扫描线渲染器以提供直接照明和阴影。第二个选项通常比较慢但更加精确。对于“渲染直接照明”，光能传递解决方案只提供直接照明。如果选择“渲染直接照明”，可以启用“重聚集间接照明”以校正不真实感和阴影泄露。“重聚集间接照明”提供最慢但质量最高的渲染。

重用光能传递解决方案中的直接照明——3ds Max 并不渲染直接灯光，但却使用保存在光能传递解决方案中的直接照明。如果启用该选项，则会禁用“重聚集间接照明”选项。场景中阴影的质量取决于网格的分辨率。捕获精细的阴影细节可能需要细的网格，但在某些情况下该选项可以加快总的渲染时间，特别是对于动画，因为光线并不一定需要由扫描线渲染器进行计算。

重聚集间接照明——除了计算所有的直接照明之外，3ds Max 还可以重聚集取自现有光能传递解决方案的照明数据，来重新计算每个像素上的间接照明。使用该选项能够产生最为精确、极

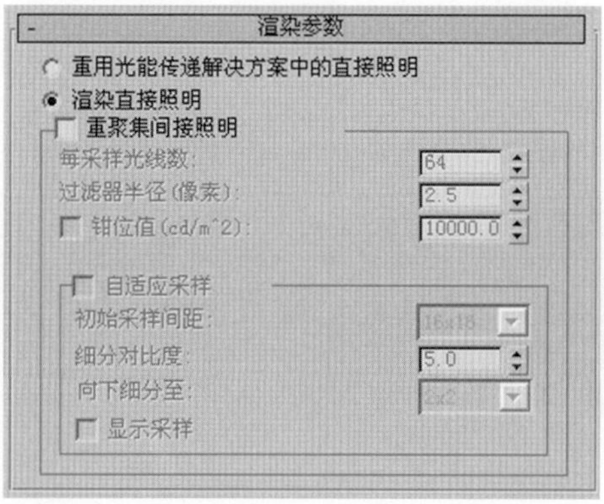

图 4-29

具真实感的图像，但是它会大大增加渲染时间。

如果要使用“重聚集间接照明”选项，通常对于光能传递解决方案来说，不需要密集的网格。即使根本不细分曲面并且“初始质量”为 0% ，重聚集也会进行工作，并且可能提供可接受的视觉效果（对于快速测试也非常有用）。然而精确度和精细级别取决于存储在网格中的光能传递解决方案的质量。光能传递网格是重聚集进程的基础。

增大每采样光线数会显著地增加渲染时间。在进行渲染时，右侧的图像花费的时间几乎是左边图像的 6 倍。增加过滤器半径也会增加渲染时间，但不会明显地增加。

钳位值（cd/m^2）——该控件表示为亮度值。亮度（每平方米国际烛光）表示感知到的材质亮度。“钳位值”设置亮度的上限，它会在“重聚集”阶段被考虑。使用该选项以避免亮点的出现。

“自适应采样”组

这些控件可以帮助操作者减少渲染时间。它们减少所采用的灯光采样数。自适应采样的理想设置随着不同的场景变化很大。自适应采样从叠加在场景中像素上的栅格采样开始。如果采样值间有足够的对比度，则可以细分该区域并进一步采样，直到获得由“向下细分至”所指定的最小区域。对于非直接采样区域的照明，由插值得到。如果使用“自适应采样”，则试着调整“细分对比度”值来获得最佳效果。

自适应采样——启用该选项后，光能传递解决方案将使用自适应采样。禁用该选项后，就不用自适应采样。禁用自适应采样可以增加最终渲染的细节，但是以渲染时间为代价。默认设置为禁用状态。

初始采样间距——图像初始采样的网格间距。以像素为单位进行衡量。默认设置为 16x16 。

细分对比度——确定区域是否应进一步细分的对比度阈值。增加该值将减少细分。减小该值可能导致不必要的细分。默认值为 5.0。

向下细分至——细分的最小间距。增加该值可以缩短渲染时间，但是以精确度为代价。默认设置为 2x2 。

显示采样——启用该选项后，采样位置渲染为红色圆点。该选项显示发生最多采样的位置，这可以帮助您选择自适应采样的最佳设置。默认设置为禁用状态。

练习

1. 运用 3ds Max 灯光对小场景进行各种光环境（白天、夜晚、黄昏、晴天等）的模拟。

3ds Max动画制作的基本方法

目标

了解动画制作工具。
了解关键桢动画。
了解动画控制器。
了解空间扭曲和粒子系统。
了解动画渲染设置的基本方法。

引言

动画制作通常分为前期制作、中期制作、后期制作等。前期制作包括了策划、作品设定等；中期制作包括了分镜、原画、中间画、动画、上色、背景作画、摄影、配音、录音等；后期制作包括剪辑、特效、字幕、合成、试映等。传统动画的制作过程可以分为总体规划、设计制作、具体创作和拍摄制作四个阶段。伴随计算机软件的发展，三维动画的形式日趋成熟。在本章节中，我们重点来学习 3ds Max 动画制作的基本方法。

5.1 动画制作工具简介

5.1.1 动画制作的基本知识

动画是利用人们眼睛的视觉残留作用，即在一定时间内连续快速观看一系列相关连的静止画面时，能够感觉成连续的动态画面的体验制作产生的。每个单幅画面被称为帧。动画最常用的格式为每秒钟 24 帧 (FPS) 和每秒钟 30 帧 (NTSC)。也就是每秒播放 24 幅画面和 30 幅画面。随计算机的发慌三维动画的制作具体步骤可分为：

3ds Max 就是一个基于时间的动画程序。它测量时间，并存储动画值，内部精度为 1/4800 秒。在 3ds Max 可将场景中对象的任意参数进行动画记录，当对象的参数被确定后，就可通过 3ds Max 的渲染器完成每一帧的渲染工作，从而形成的动画。随着计算机的发展，三维动画的制作具体步骤可分为：

剧本

动画片的剧本与真人表演的影视剧本大有不同。一般的影片中，演员的对话对于表演是非常重要的，但在动画影片中则应尽可能避免复杂的对话。更重要的是用画面表现视觉动作，通过视觉创作激发人们的想象。

故事板

故事板是根据剧本，绘制出的类似简易连环画的故事草图，创建故事板也就是分镜头绘图剧本，将剧本描述的动作表现出来，反映出人物的基本表情、姿势、场景、位置等信息。故事板在绘制各个分镜头的同时，作为其内容的动作、道白时间、摄影指示、画面连接等都要有相应的说明。后阶段的所有工作都应以故事板为基础。

布景与布局

布景与布局是搭建场景的阶段。不需要灯光、特效的修饰，但需建出很多的场景模型（如地形、建筑、植物等），这些模型通常比较复杂。它是其他环节的背景基础，能更准确地体现出场景布局跟任务之间的位置关系。其真实度与艺术感的表现直接影响着影片的效果。

制作动画

动画师制作动画细节、角色动作，包括说话时的口型等。到这一步动作的设定就已经完成了，这是影片的核心环节，其他的特效、灯光等都是辅助动画，使其更加出彩的东西。

模拟、上色

制作动力学的内容以及模型的材质贴图。人物和背景在这一阶段被刻画得更细致、真实、自然。

特效制作

制作影片中火、烟雾、水流等效果。虽然在整部片子中特效所占有的量不大，但它是动画效果的重要表现手段，是动画出彩的重要环节。

灯光

通过设置虚拟光源来模拟自然界中的各种光。它是影片真实度的反映，同时也是营造氛围的重要手段。

渲染

三维动画制作的最后一步，之前的效果必须通过渲染才能显示出具体的图像和动画。根据模型、材质及灯光的数据进行渲染计算，其速度与计算机硬件息息相关，同样也和各部分创建的规范化、数据量有关。

5.1.2 动画制作的基础设置

动画制作进行到具体实施阶段时，首先必须严格按照分镜脚本设置进行时间。在 3ds Max 软件界面中点击工具图标，进行动画制式与时间的设置。

时间配置包括帧速率、时间显示、播放、动画、关键点步幅五大部分（如图 5–1）。帧速率基于所需的制式，不同的制式帧速率不同。

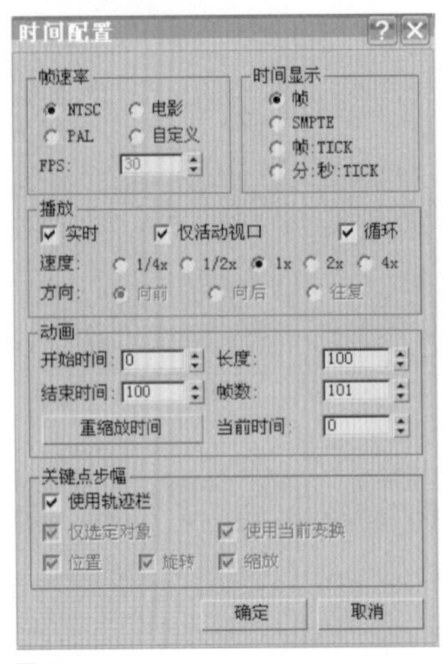

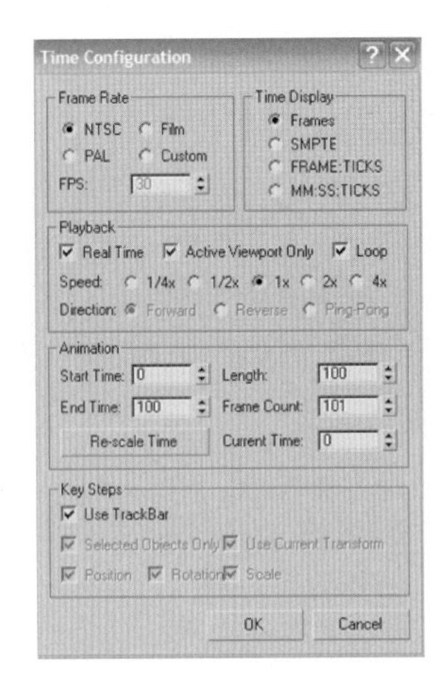

图 5–1

NTSC 与 PAL 都是电视广播中色彩编码的种类。NTSC 帧速率为每秒 29.97 帧（简化为 30 帧），美国、加拿大、墨西哥等大部分美洲国家以及中国台湾、日本、韩国、菲律宾等地区及国家均采用这种制式。PAL 帧速率为每秒 25 帧，包括中国在内的大部分地区都采取这种制式。而电影制式的帧速率为每秒 24 帧。在"帧速率"里同样也可以自定义。"时间显示"组块主要是选择视图中，时间滑块的显示形式。"播放"组块控制视口中动画预览的播放，包括播放的形式和播放的速度。"动画" 组块主要是控制动画的长度，包括开始时间和结束时间。长度和帧数的值越大代表动画的时间越长，反之则越短。

5.1.3 动画命令的基本分布

3ds Max 软件中创作动画的工具分布于界面的各个部分（如图 5–2）。包括曲线编辑器、时间滑轨、运动面板、层次面板、粒子系统、空间扭曲等。其中曲线编辑器也称轨迹视图，提供了一些细节动画编辑功能，是关键帧动画必不可少的调节工具。时间滑轨也称轨迹栏，位于屏幕窗口的下方，可以快速访问关键帧和插值控件。运动面板可以调整影响所有动画位置、旋转和缩放的变换控制器，能够做出较为复杂的动画效果。层次面板用来调整控制两个或多个对象链接的所有参数，其中包括反向运动学参数和轴点调整。播放控制也称时间控件，它就像一个播放器，可以移动到时间上的任意点，并在视图中播放动画。粒子系统能够利用粒子做出很多特效。空间扭曲能够创建使对象变形的力场。

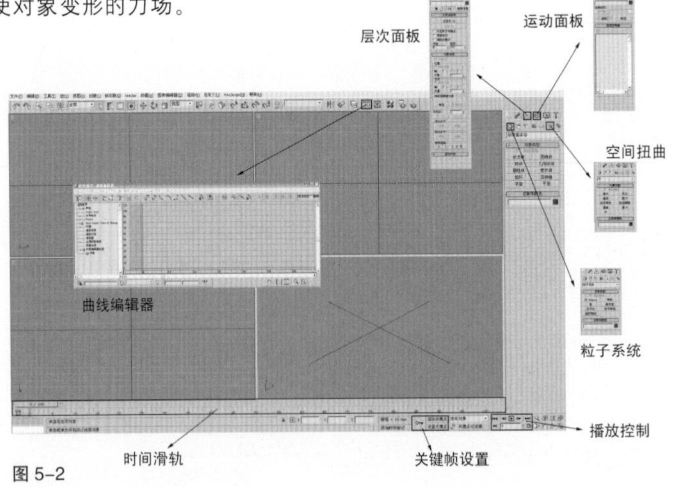

图 5–2

5.2 关键帧动画

5.2.1 关键帧动画制作的基本方法

关键帧动画是指在动画制作过程中，选取动画序列中比较关键的帧进行设置和制作，而其他时间帧中的值，可以用这些关键帧的值，采用特定的插值方法计算得到，从而达到比较流畅的动画效果。同样在 3ds Max 中，只需要创建记录每个动画序列的起始、结束和关键帧，这些关键帧称作 Keys（关键点）。关键帧之间的值 3D Studio Max 会自动进行插值计算，从而完成动画。

3ds Max 中使用自动关键点模式创建动画，需单击启用“自动关键点”按钮始创建动画，此时更改场景中物体的任何属性都将被自动记录为动画。对创建的关键点，可以进行移动、删除和重新创建操作。首先将时间滑块移动到 0 的时间位置。并打开自动关键点模式。再将时间滑块移动到相应的关键帧位置，调节对象的变换。所有的参数都可以制作关键帧动画，包括对象模型的参数、材质的参数、灯光的参数，以及对对象的编辑调节设置的参数。因此关键帧动画是其他动画制作的基础，是运用最广的动画制作形式。例如做一个小球弹动的动画。先将时间滑块移动到 0 的位置，打开自动关键点模式。将时间滑块移动到 50 的位置，将小球沿 Z 轴向下移动 150 个单位，并沿 Z 轴方向缩放成 70%。再将时间滑块移动到 100 的位置，将小球沿 Z 轴向上返回到最初的位置，并将 Z 轴方向的缩放值恢复到 100%（如图 5–3）。整个过程只调制了 0、50、100 三个关键帧的小球状态，而剩余的帧软件自动利用插值法生成，因此一段小球弹动的动画就生成了（如图 5–4）。生成的动画在曲线编辑器里同时生成记录，并可以通过适当地调节对动画进行编辑。

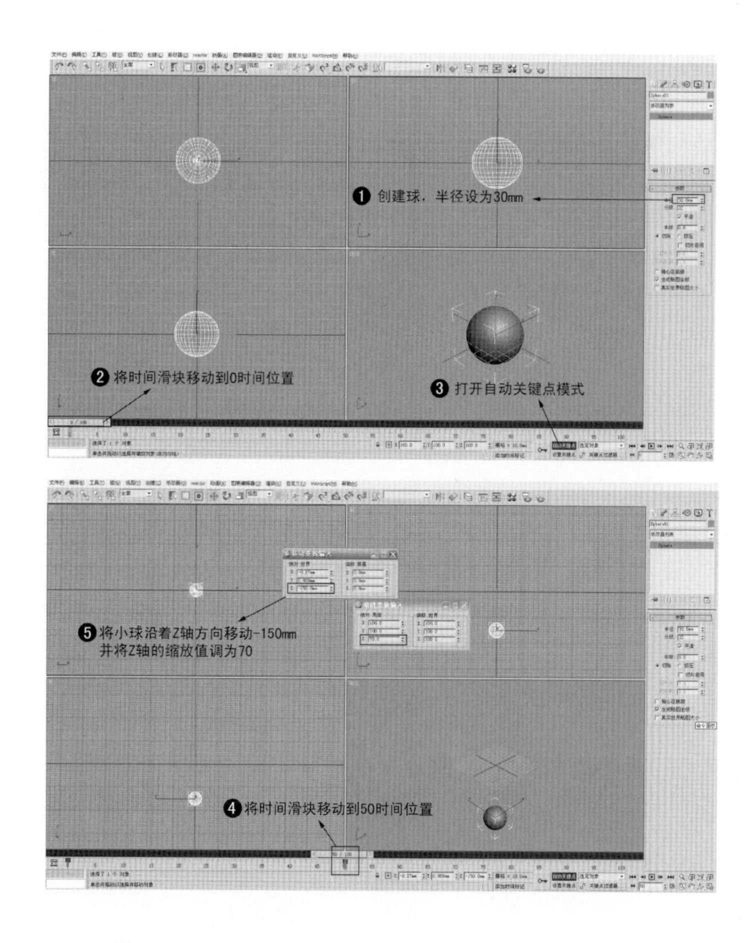

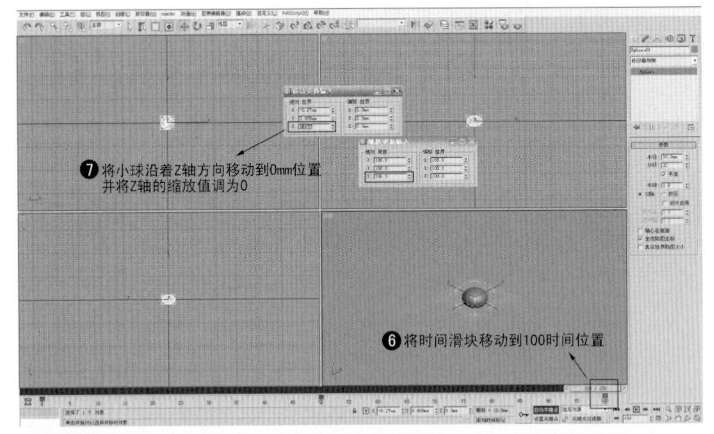

图 5-3

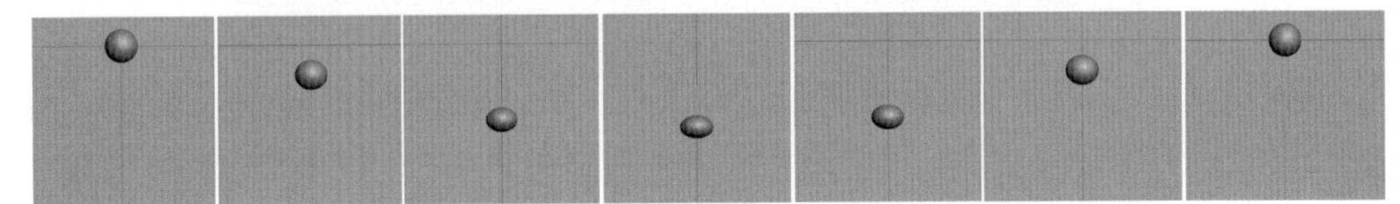

图 5-4

5.2.2 曲线编辑器

曲线编辑器以曲线的形式记录场景对象在动画过程中的参数变化。点击工具图标或菜单图表编辑器下拉菜单中的轨迹视图——曲线编辑器。曲线编辑器窗口是浮动的，且曲线编辑器中的工具栏同样也可以浮动并可以摆放在任意位置，包括“关键点”工具栏、“关键点切线”工具栏和“曲线”工具栏Biped工具栏组，视图调节工具栏组等，默认情况下它们都显示。在工具栏的空白区域点击鼠标右键并选择“显示工具栏”可选择需要显示和隐藏的工具栏。曲线编辑器共分为菜单、工具栏、控制器窗口、编辑窗口、视图调节五大部分。（如图5-5）

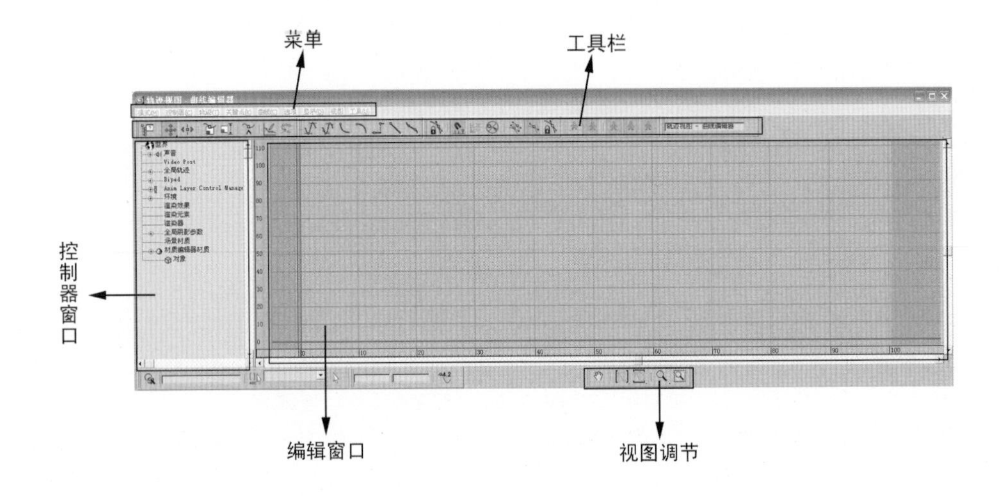

图 5-5

关键点工具栏组 主要控制控制器及编辑窗口的显示过滤和关键点的编辑。点击 跳出过滤器窗口（如图 5–6），从显示和隐藏等方面控制控制器窗口显示的内容。

点击 可在函数曲线图上沿水平和垂直方向自由移动关键点。

点击 与 分别在函数曲线图上只沿水平或只沿垂直方向移动关键点。

点击 可压缩或扩展两个关键帧之间的时间量。

点击 可按比例增加或减小关键点的值。

点击 与 可分别在函数曲线上增加或减少关键点。

点击 可绘制新曲线，或在函数曲线图上修改已有曲线。

关键点切线工具栏组 主要用于对函数曲线中的关键点切线进行设置调节。各工具分别代表了不同的切线形式，可以根据需求很方便地进行选择和编辑。

曲线工具栏组 用于对函数曲线进行编辑控制。

点击 可以对选择的关键点进行锁定。

点击 关键点移动将捕捉到帧中。

点击 可重复关键点范围外的关键帧运动。

选项包括“恒定”、“周期”、“循环”、“往复”、“线性”、“相对重复”六种类型（如图 5–7），用于选择要在“曲线编辑器”中显示哪些动画曲线。

Biped 工具栏组 主要用于对骨骼动画进行曲线编辑和调节。

视图调节工具栏组 主要用于调节曲线编辑窗口，分别是平移窗口、水平方向最大化、垂直方向最大化、缩放窗口和区域缩放。

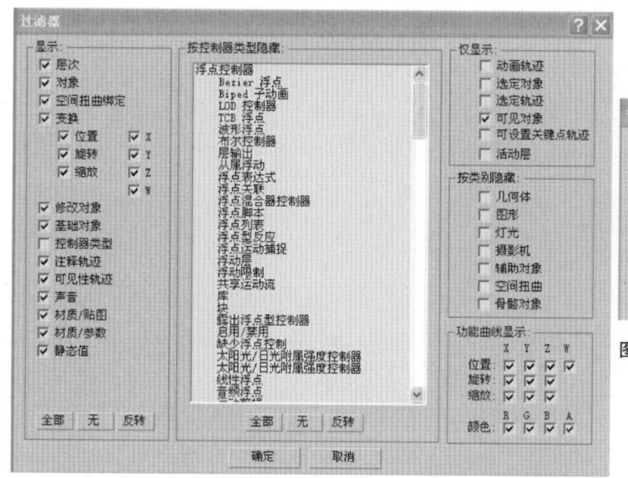

图 5–6

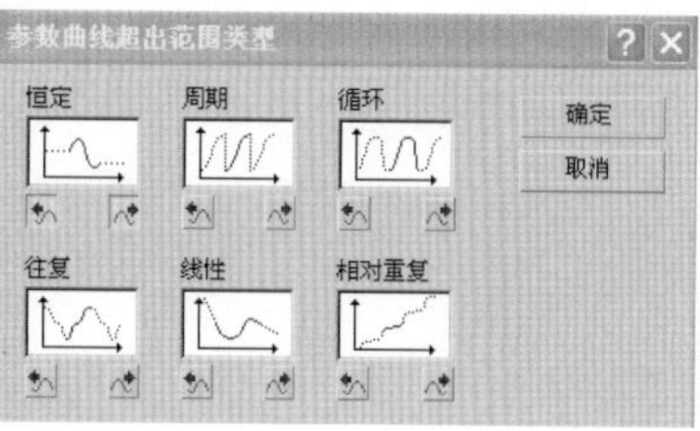

图 5–7

曲线编辑窗口是对曲线进行具体调节的区域。视图场景中设置的关键帧动画在此区域都以函数曲线的形式被记录了下来。如图 5–8 所示，在控制器窗口中选择制作动画的对象，曲线编辑窗口中便显示了动画曲线。其中横向轴代表时间帧，纵向轴代表动作的单位。图中的曲线代表小球 Z 轴方向的位移运动状态。0 帧时 Z 轴位置为 0–50 帧小球沿 Z 轴的负方向运动即向下运动。50 帧为最低点——60 个单位。50–100 帧小球又沿 Z 轴的正方向运动即向上运动。100 帧为最高点——32 个单位。

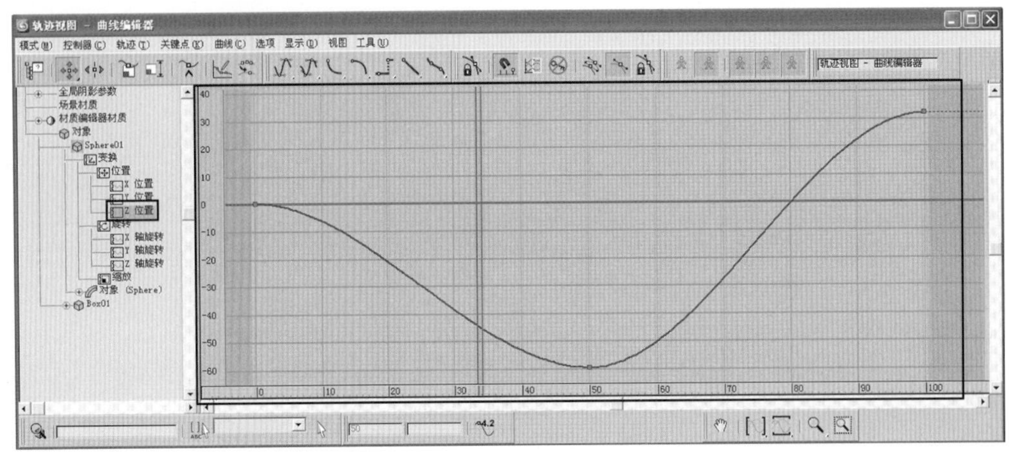

图 5-8

5.3 动画控制器

5.3.1 动画控制器简介

动画控制器实际上就是控制物体运动轨迹规律的工具，它决定动画参数如何在每一帧动画中形成规律，决定一个动画参数在每一帧的值，通常在 TrackView（轨迹视图）中或 Motion（运动）命令面板中指定。通过动画控制器控制的调整将得到一个流畅的符合情理的动画。控制器总是给新增加的关键点设置光滑的切线类型。动画控制器的种类繁多，各种类型的控制器以不同的方式约束着场景对象，创造出多样的动画方式。主要有几大类：变换控制器（链接约束控制器）、外部参照控制器、位置控制器、旋转控制器和缩放控制器等。（如图 5-9）

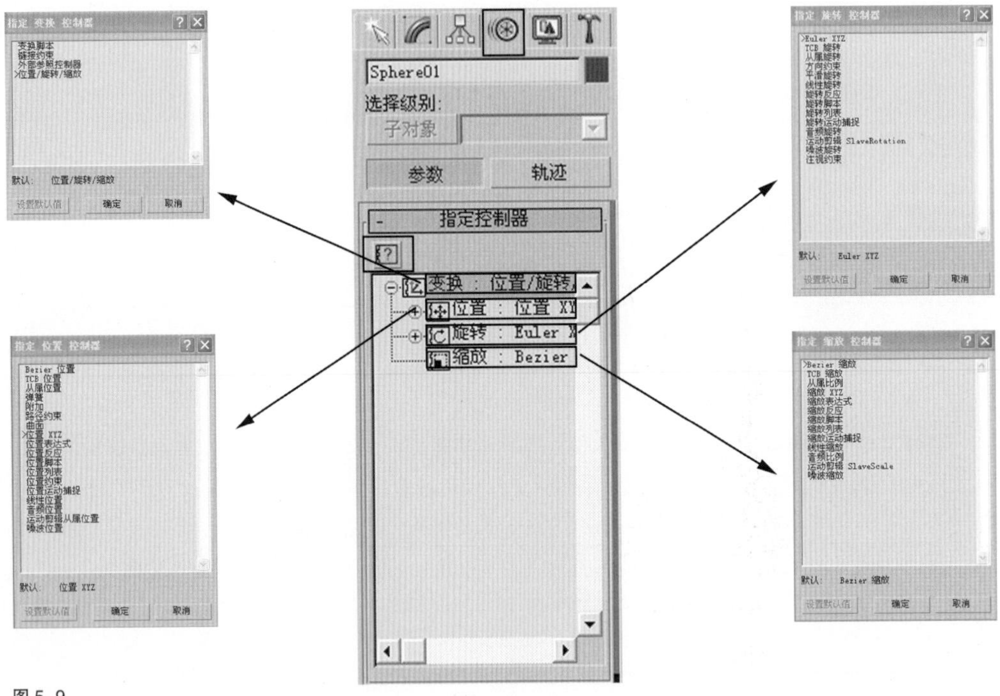

图 5-9

5.3.2 链接约束控制器

链接约束可以用来创建对象与目标对象之间彼此链接的动画，可以使对象继承目标对象的位置、旋转度以及比例。选择链接约束控制器后，进入链接约束控制面板。点击添加约束添加一个新的链接目标，链接目标显示区中将显示出添加的目标对象。删除链接则是将已有的对象链接删除。一旦链接目标被移除将不再对约束对象产生影响。链接到世界是将对象链接到世界（整个场景）。开始时间的参数用于设定每个链接开始的时间，在链接目标显示区中点击要设置的链接对象进行开始时间设定。（如图 5–10）

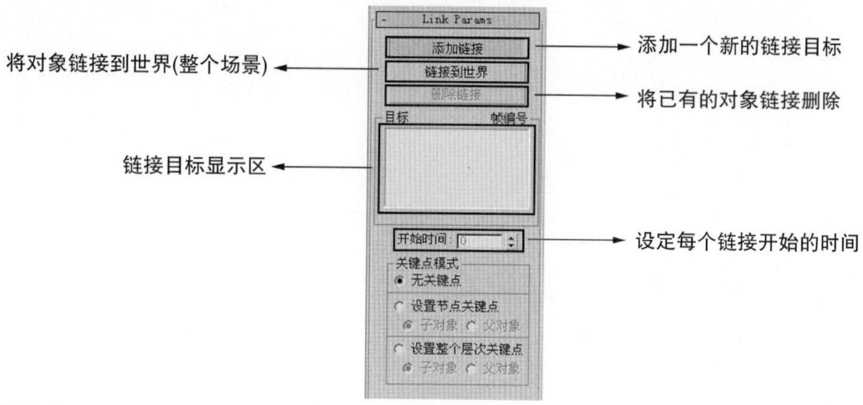

图 5–10

5.3.3 位置 / 旋转 / 缩放控制器

位置控制器、旋转控制器、缩放控制器分别针对对象的位置、旋转、缩放三方面进行控制。每类都包含多种控制器（如图 5–11）。用法同链接约束控制器一样，先在相应的类别中选中所需的控制器，然后进入选择的控制器参数面板进行详细参数调节。如常用的控制器路径约束，首先进入运动调节面板，选择位置控制器类型并点击，在指定控制器窗口中选择路径约束控制器。在路径约束控制器面板中点击添加路径并在场景中选择相应的对象。（如图 5–12）

【小贴士：路径约束中的路径对象文件必须是图形文件，包括样条线文件和 NURBS 曲线。】

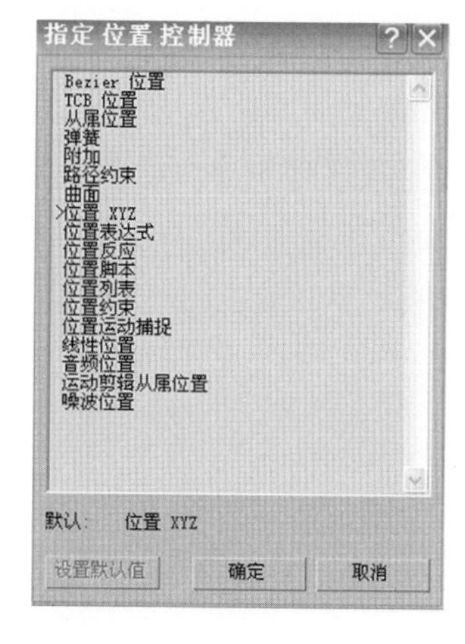

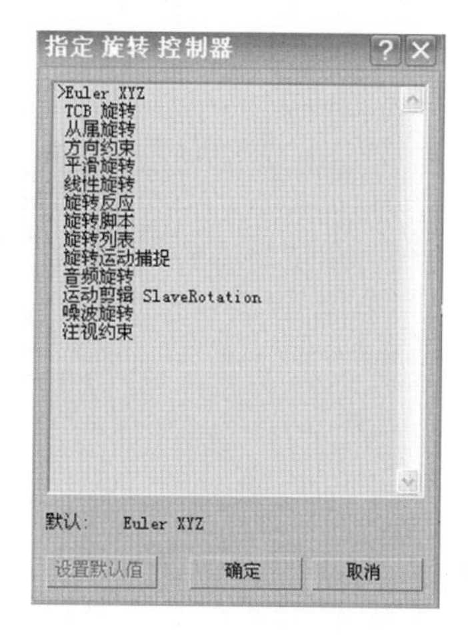

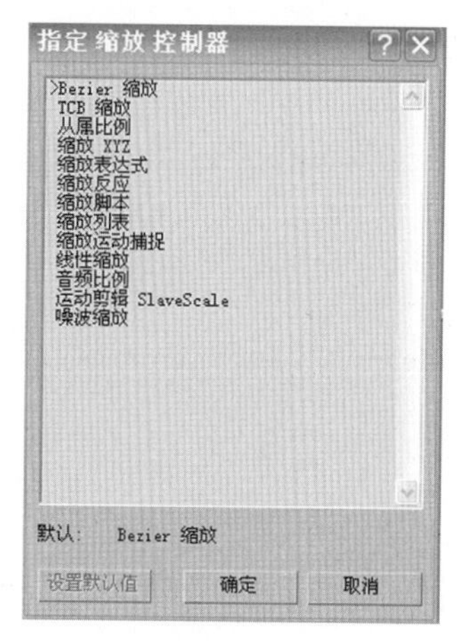

图 5–11

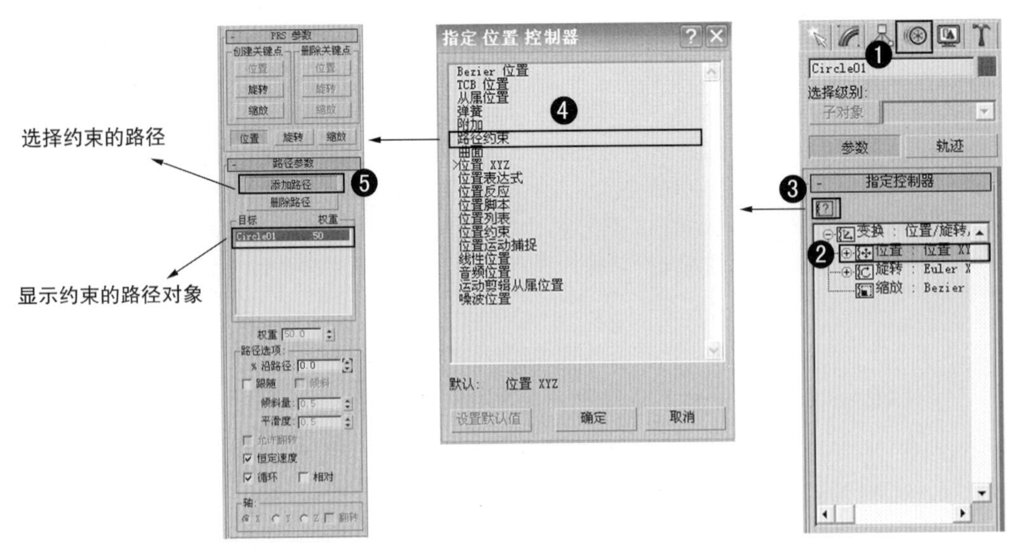

图 5-12

5.4 空间扭曲和粒子系统

5.4.1 空间扭曲对象

空间扭曲直接影响场景对象，是动画制作的重要组成部分。但自身的外观在渲染中是不可见的，空间扭曲只影响和它绑定在一起的对象，当把多个对象和一个空间扭曲绑定在一起时，空间扭曲的参数会平等地影响所有对象。某些类型的空间扭曲专门用于可变形对象上的，如基本几何体、网格、面片和样条线。某些类型的空间扭曲用于粒子系统，如“喷射”、“雪”等。在每种空间扭曲的“创建”面板上，都有“支持对象类型”的卷展栏，列出了可以和扭曲绑定在一起的对象类型。

力的空间扭曲

力的空间扭曲用来影响粒子系统和动力学系统。它们全部可以和粒子绑定使用，而且其中一些可以和动力学一起使用。此类空间扭曲包括推力、马达、漩涡、阻力、粒子爆炸、路径跟随、置换、重力、风（如图 5–13）。和其他空间扭曲一样，它们在渲染中都不可见。以重力为例，首先点击空间扭曲，选中重力。在视图中创建重力并将重力与对象绑定。调节重力的强度和衰退参数等。（如图 5–14）

图 5–13

导向器的空间扭曲

导向器的空间扭曲同样用来影响粒子系统和动力学系统，它们全部可以和粒子以及动力学一起使用。此类空间扭曲包括全动力学导向、全泛方向导向、动力学导向板、动力学导向球、泛方向导向板、泛方向导向球、全导向器、导向球、导向板（如图 5–15）。同样，它们在渲染视图中不可见。导向器的空间扭曲可以产生阻碍粒子运动的力，可以模拟受物体撞击的实体界面。导向器起着平面防护板的作用，能排斥由粒子系统生成的粒子。动力学导向板与动力学导向球能让粒子影响动力学状态下的对象。泛方向导向板与泛方向导向球能提供比原始导向器空间扭曲更强大的功能，包括折射和繁殖能力。全泛方向导向能够使用其他任意几何对象作为粒子导向器。导向板与导向球是最简单的导向器。具体用法步骤与上文基本相似。

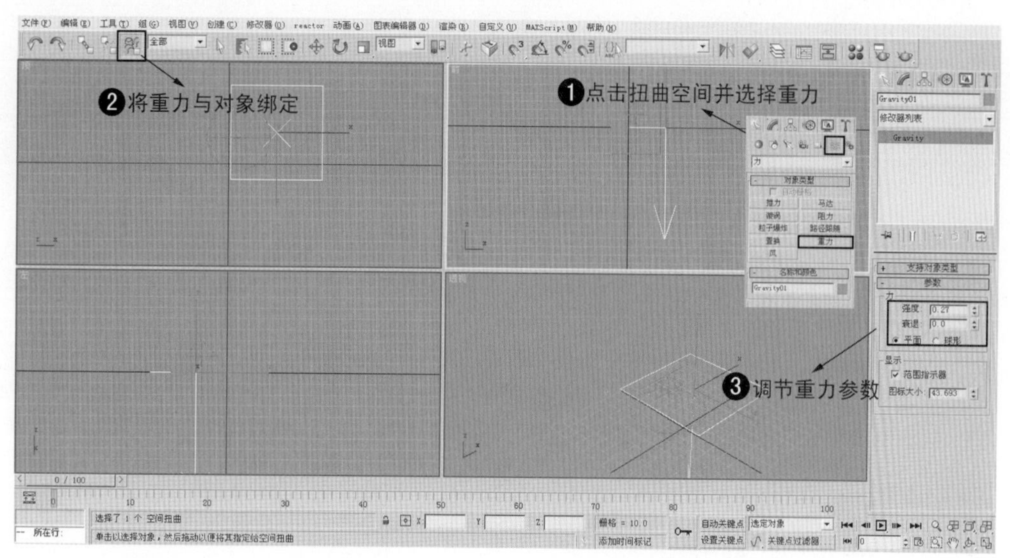

图 5–14

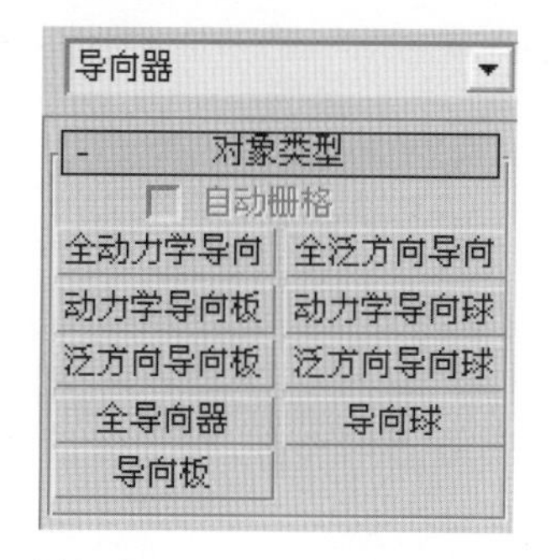

图 5–15

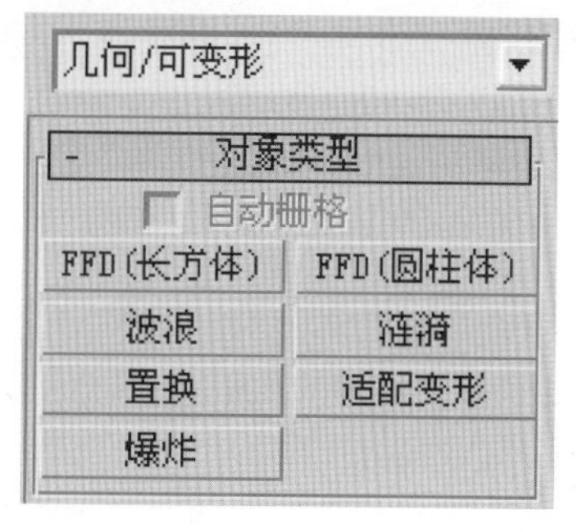

图 5–16

几何/可变形的空间扭曲

几何／可变形的空间扭曲用来影响几何体。它们全部可以使几何体变形。包括 FFD(长方体)、FFD（圆柱体）、波浪、涟漪、置换、适配变形、爆炸（如图 5–16）。绑定的对象能够根据它们进行变形，移动对象或改变几何／可变形的空间扭曲参数能够产生动画。经常用来制作水浪、旗帜飘扬等效果。

基于修改器的空间扭曲

这些是对象修改器的空间扭曲形式。包括倾斜、噪波、弯曲、扭曲、锥化、拉伸（如图 5–17）。基本参数与效果与修改里相应命令类似，但它们能够同时绑定多个对象并产生空间扭曲变形。调节相应参数利用关键帧可产生动画。

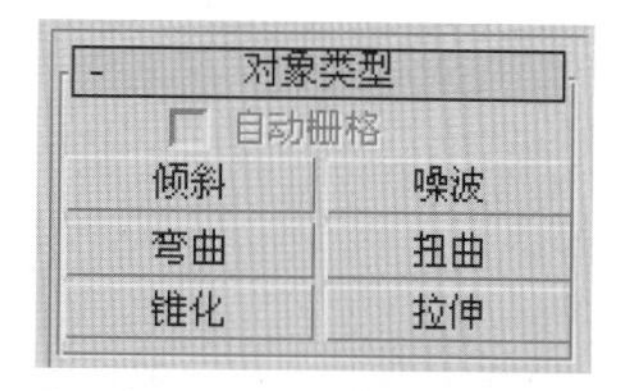

图 5–17

5.4.2 粒子系统

粒子系统用于各种动画任务，特别是一些特效（如暴风雪、水流或爆炸等）。可以分成非事件驱动粒子系统和事件驱动粒子系统两大类型。非事件驱动粒子系统中，粒子通常在动画过程中显示类似的属性，比较适用于制作一般化相对比较简单的场景。包括 PF Source、喷射粒子系统、雪粒子系统、暴风雪粒子系统、粒子云粒子系统、粒子阵列粒子系统、超级喷射粒子系统等（如图 5–18）。而事件驱动粒子系统又称为粒子流，粒子位于事件中时，每个事件都指定粒子的不同属性和行为。能够测试粒子属性，并根据测试结果将其发送给不同的事件。它的使用相对复杂，适用于制作复杂的粒子动画效果。粒子系统制作的一般步骤基本相同。首先创建粒子发射器。有些粒子系统用一个图标作为粒子发射器，如 PF Source、喷射粒子系统、雪粒子系统、暴风雪粒子系统、超级喷射粒子系统等。而有的粒子系统则需要使用场景中的物体对象作为粒子发射器，如粒子阵列粒子系统、粒子云粒子系统等。创建完后需设置粒子的数量，以及粒子的存活时间（单位是帧）等。然后，设置粒子的大小和形状。这直接影响着粒子系统的渲染效果。可以使用场景中现成的物体作为粒子，这样能制作一些特殊效果。接着设置粒子的基本运动状态，也就是粒子从发射器飞出来之后，在不受外力影响的情况下所具有的运动状态，包括速度、方向、转动等。最后针对复杂运动效果，通过添加空间扭曲影响粒子的运动状态。比如添加重力、风力作用等。

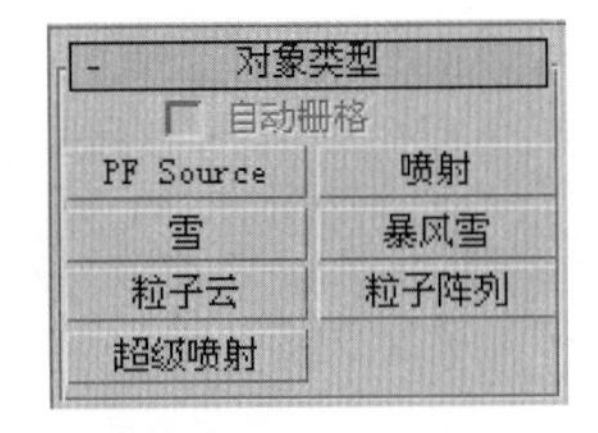

图 5–18

5.5 动画渲染设置的基本方法

场景中模型、材质、灯光、动画等设置完毕后，要形成最终的动画还需要进行最终的渲染设置。打开工具栏中的渲染设置面板。整个面板分为 Render Elements（渲染到元素）、光线跟踪设置、高级照明设置、公用设置、渲染器设置五大部分（如图 5–19）。其中公用设置部分是最基础的也是最重要的。渲染器设置部分用于对所选的渲染器进行详细设置。默认的是扫描线渲染器。如果利用渲染插件（如 Vary、Braize 等），这部分的设置则非常重要，直接影响最终效果和渲染速度。光线跟踪和高级照明是针对场景中运用的光线跟踪和高级照明进行的相应设置。渲染到元素可以将渲染输出中各种类型的信息分割成单个图像文件。在使用某些图像处理、合成和特效软件时，该功能非常有用。在公共设置面板中，首先要在公用参数栏中进行时间输出的设置，如果是渲染单帧效果图则需要选择单帧模式；如果是渲染动画则需要选择活动时间段，并可以选择范围；还可以选择指定的帧数进行渲染。其次要输入渲染尺寸大小，这直接影响着最终的输出质量。渲染输出可以设定渲染文件的保存路径和格式。在指定渲染器卷展栏中可以选择所需的渲染器，选择后相应地出现有详细参数的渲染器设置面板。

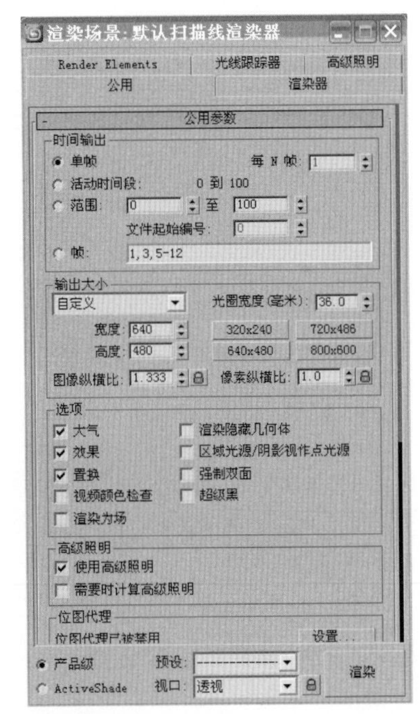

图 5–19

练习

1. 将某几何体视为角色进行动画创作并完成渲染。

3ds Max 动画制作的重点与难点

目标

了解建模的注意点。
了解材质设置的注意点。
了解动画制作的镜头运用方法。
了解光影效果营造的注意点。

引言

3ds Max 模型的具体创建中往往会因为追求精致的模型效果而忽略模型的优劣对渲染产生的影响。因为 3ds Max 场景中模型的面数和个数会直接影响到场景的渲染速度，最终影响到整个工作效率，所以合理有效地分配单体模型和多边形面的数量，从而减少场景模型的总的多边形面数量，是一项十分关键的工作，这就要求我们在创建模型过程中养成进行优化的好习惯。

6.1 建模的规范化

在 3ds Max 中创建优质的模型，能够大幅度提高工作效率。其中要注重模型的尺寸与比例，同时建模要有目的性和针对性，不要随意堆砌体块来组合建模，要切合实际物体，根据适当的尺寸和比例来进行单体模型的创建练习，否则遇到实战项目就不知该如何下手，浪费很多时间却不见成效。例如，我们要留意日常生活中经常接触的家具、工业产品等物体尺寸，也要关注人们常规活动下的空间尺度，这为我们建模提供参考依据，有助于高效建模。

【小贴士：建模之前先要对整个场景进行单位的设定；合并模型时要注意单位的统一。】

严格遵守对齐原则。时刻注意对齐原则，即捕捉和对齐工具的使用，避免体块与体块之间穿插而造成面的重叠，否则，不但会造成渲染出错，而且还会影响渲染速度。图 6–1 中的模型表面看起来虽是一个整体，但是由于没有规范地使用对齐工具，造成在线框模式下观察到的模型表现杂乱。显然前者整齐的模型更利于后期的渲染表现。建模时还应该注意轴心问题，及时调整物体轴心用以保证模型的精确度。

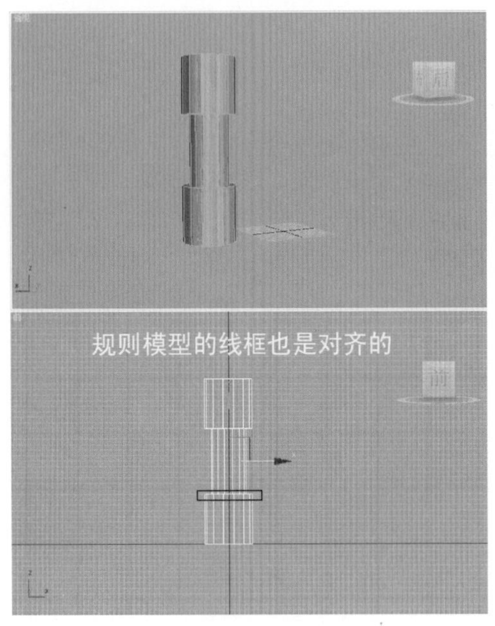

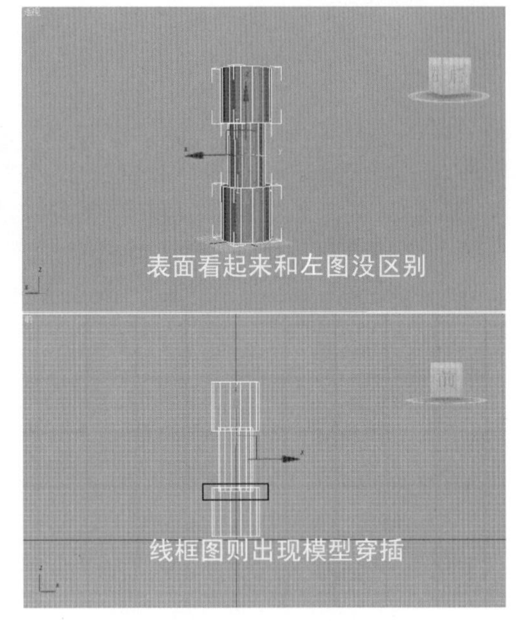

图 6-1

6.1.1 多用样条线建模

能使用二维图形来创建模型尽量不要用三维几何体来进行建模（不包括 POLY），因为这是一种便于随时修改和操作的建模方式。如图 6-2 所示，左图是采用布尔运算创建的模型，右图则是采用二维样条线通过挤出命令创建的模型，同样在线框模式下，大家可以清楚地看到右图模型比左图模型在线条排列上更整齐，产生的面数也要少得多。

【小贴士：尽量不要用三维布尔运算进行建模，以免产生过多的三角面。】

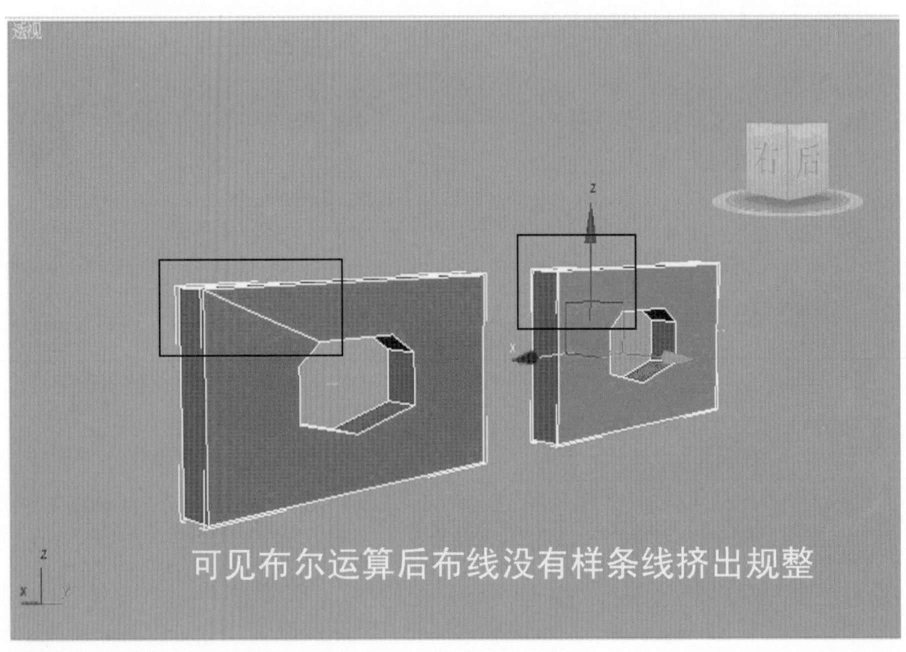

图 6-2

6.1.2 使用快捷键提高建模速度

使用快捷键可以节省我们在界面上找寻命令的时间，提高建模速度。现在大部分学生在学习3ds Max时都喜欢安装中文版本，其实中文版本虽然明晰易懂，但英文版更利于快捷键的使用，因为在修改面板中，我们可以在键盘上按需要使用的命令的首字母来快速找到该编辑命令。

【小贴士：经常使用全图显示能避免在可视区域中物体的丢失，也能及时检察到视图中的错误。我们可以通过 Alt+W 快捷键完成任意视图最大化切换。】

6.1.3 指定准确的命令

不要对模型进行重复的命令指定，这关系到模型创建的质量，也关系到整个场景文件的制作效率。如图6–3所示，在二维图形面板中的线命令，其自身就可以直接进行次对象层级编辑，因此我们就没有必要再给它添加“可编辑样条线”的修改命令了。

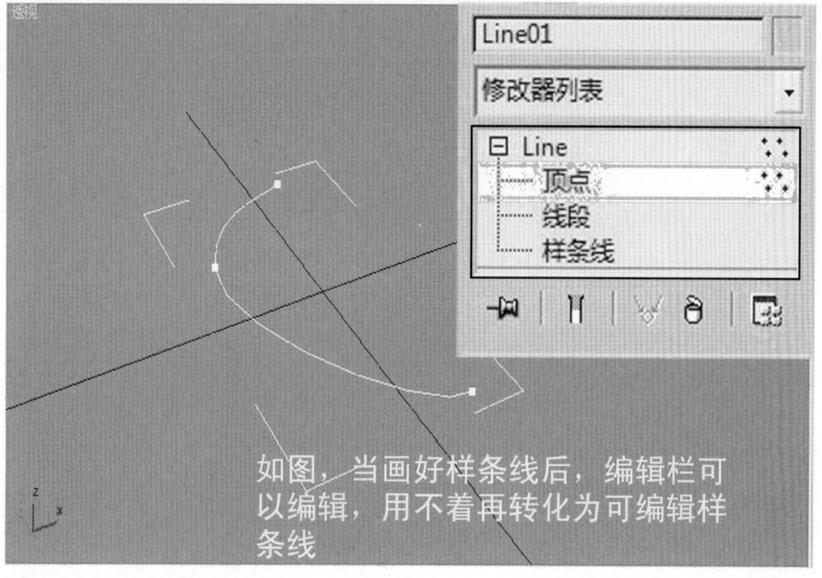

图6–3

6.2 模型的精简与优化

通过“附加”命令和“塌陷”命令精简模型个数。（如图6–4）

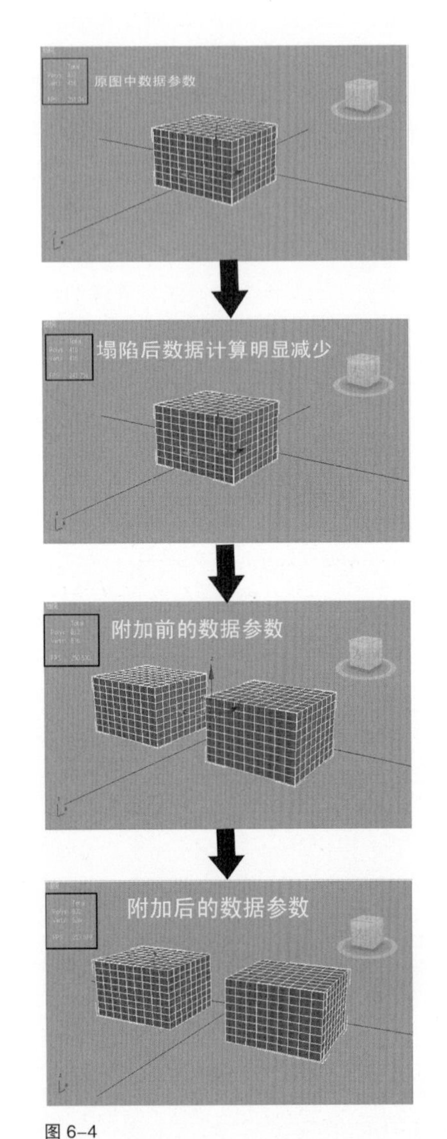

图 6-4

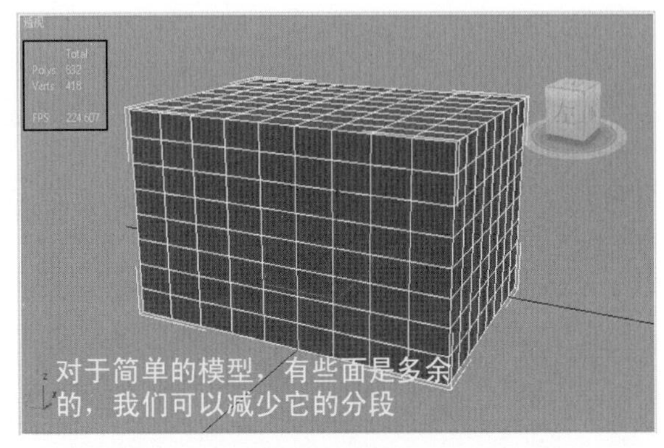

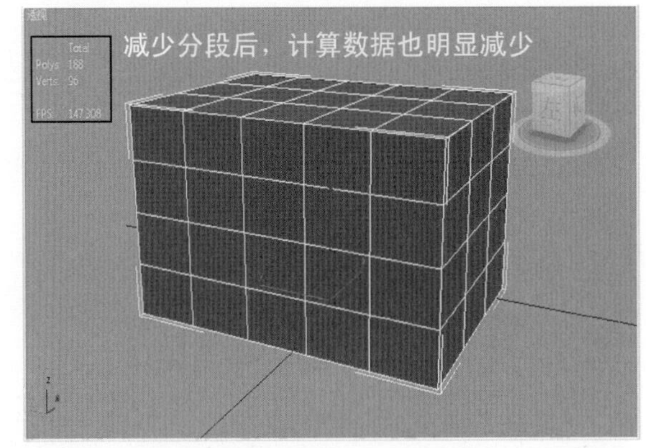

图 6-5

【小贴士：模型进行塌陷前，如果还想对模型信息历史进行保留并且修改，请不要右击鼠标选择“转换为可编辑多边形”，而是在修改面板里选择“编辑多边形”命令。】

如果不对其表面进行异形编辑，可以降低截面上的分段数来精简模型的面数。（如图 6-5）

尽可能删除不需要的面。例如模型底部的看不见的面、模型之间重叠的面、模型之间相交的面都应该及时删除，确保在渲染时候不会因为这些没有用的面而降低渲染速度。我们在进行室内空间建模时，通常情况下是将 CAD 导入 3ds Max 的二维平面图形挤出指定的厚度得到墙体模型，由于室外的墙体面在室内镜头渲染时是没有作用的，所以需要删除这些看不见的面来达到优化墙体的目的，对门窗、地面、天花板等的创建也是如此。大家千万不要因为这道工序烦琐而忽视它，由此方法得到的墙体等模型能减少整个场景的总面数，从而达到优化模型的目的。

彻底清除场景中的模型。删除场景中的物体一定要退出次对象层级后再删除物体，否则会出现大量空物体，很大程度上影响场景渲染速度。如图 6–6 所示，上面一幅图在面次对象层级对球体进行删除，看似场景里物体被删除了，但从选择轴能看出来场景里仍然存在一个空物体。

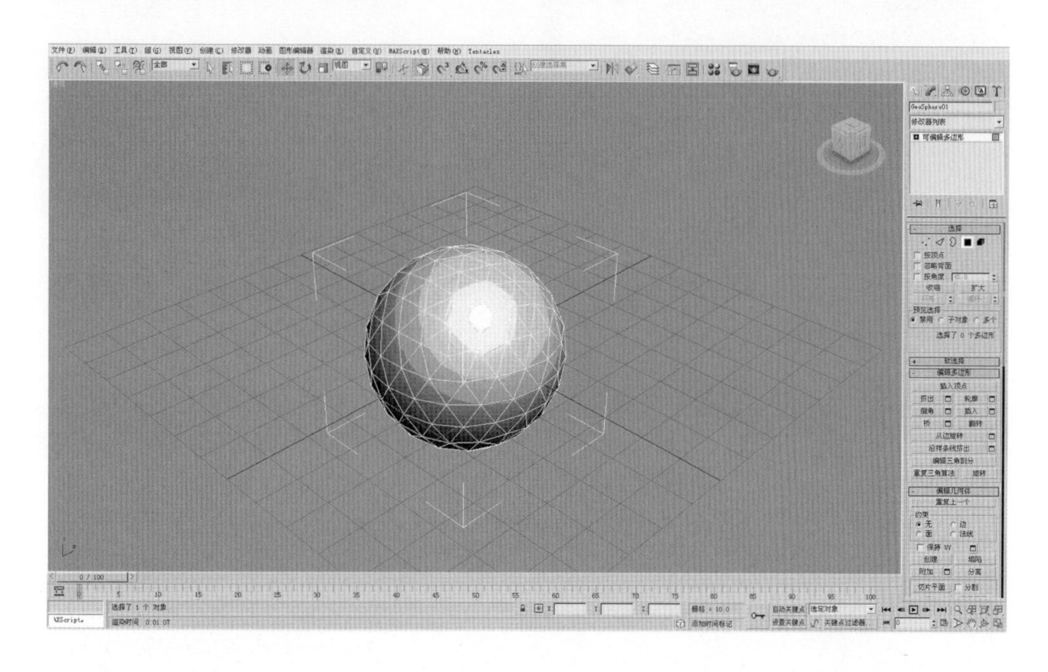

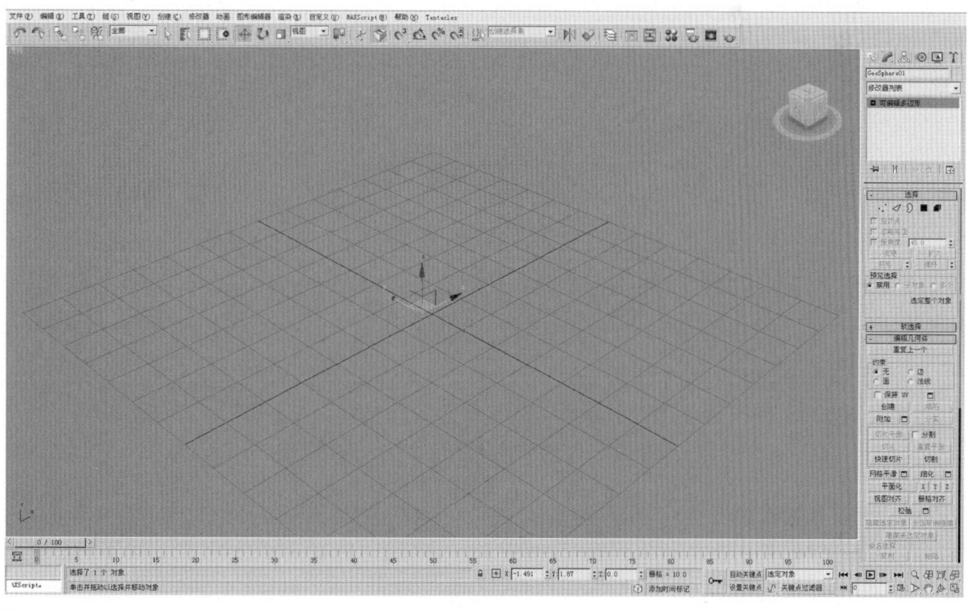

图 6–6

用不透明贴图来表现复杂镂空模型。很多结构造型复杂的物体，如铁艺的栏杆、窗框、植物等，我们可以不通过三维建模方式实现模型的创建，而用不透明贴图方式来完成。这种方式产生的面计算量小，节省渲染时间，是一种优质的镂空模型创建方法。它使用黑白图片来区分透明与不透明区域，白色产生不透明效果，黑色则表示透明区域。（如图 6–7）

1. 图为树的照片，和该照片的黑白贴图。

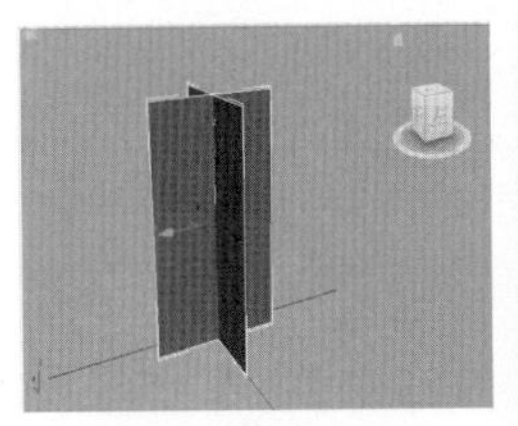

2. 建插片如图。给材质球添加材质，在漫反射给贴图 11，不透明度给贴图 22（11 为树，22 为黑白贴图）。

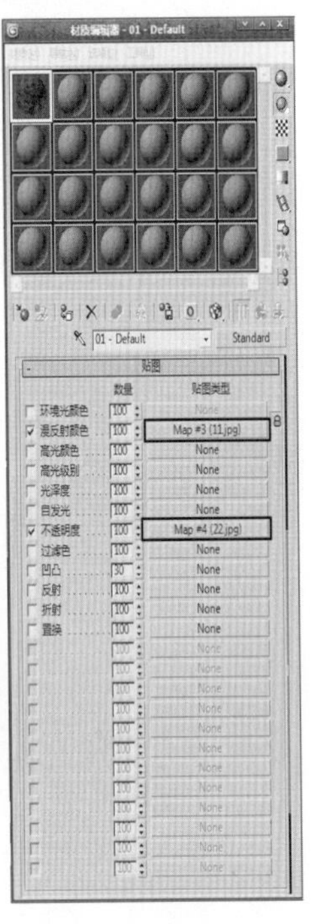

3. 可见树很逼真，而且只有两个面，比树真模节省了很多计算。

图 6–7

1. 如图为沙发原来模型，沙发坐垫点分布如图，顶点数为 1898。

2. 当顶点数百分比为 51 时，顶点便优化了，同理，也可以规定顶点数。

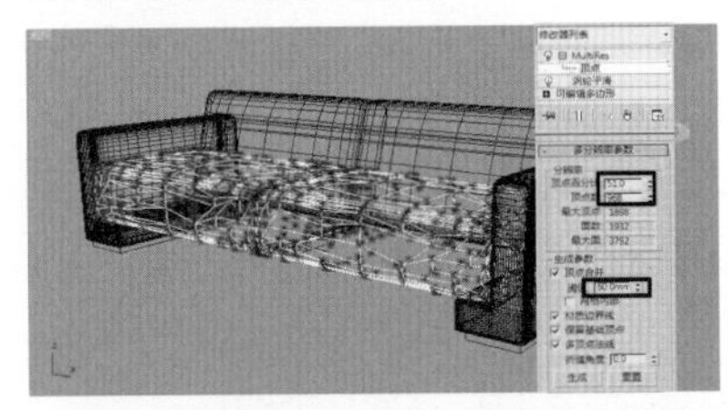

3. 当规定顶点数时，也可以对合并的范围进行设定，在阈值里输入 60mm，可见合并的点都是在 60mm 范围内。

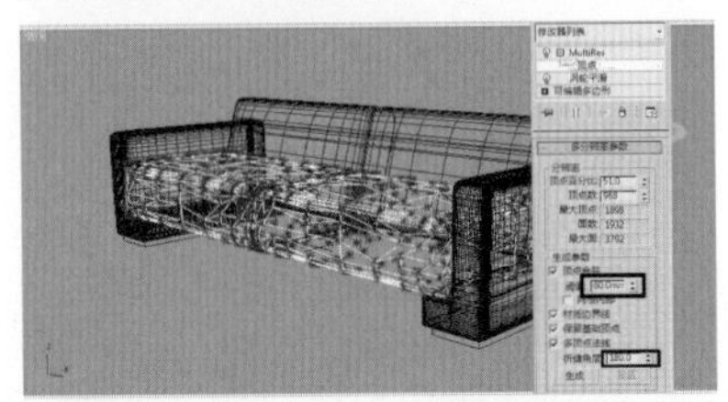

4. 当改变拆缝角度时，顶点合并会在角度上有所改变。

图 6–8

在以上基础上，我们还可以通过对模型进行再次优化，从而进一步改善模型的面数问题：

通过多分辨率修改器简化模型。如图 6–8 所示，选择场景中任意一个物体（注意成组的物体先要打开），在修改面板的下拉列表中选择多分辨率修改器（MultiRes）命令，在其面板中单击“生成”来计算当前选中物体的面数等情况，我们适当调节数值来观察模型的多边形面数等，最终确定模型的显示效果。

通过优化修改器简化模型。在修改面板的下拉列表中选择优化命令，可以简化高面数的平滑模型，同时对模型外观也不会有较大的改变，从而达到简化模型和加速渲染的效果。调节参数如图 6–9 所示，在面板上反映出模型在调节前后的多边形面数及节点数量。

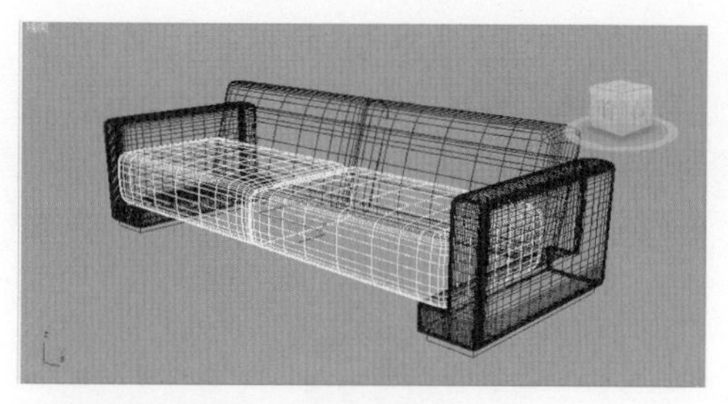

1. 点开优化面板，对象层级点面。

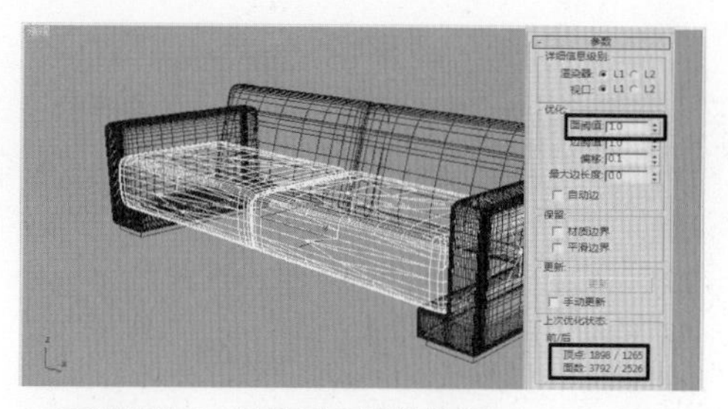

2. 面阈值给 1，物体面布局被优化。

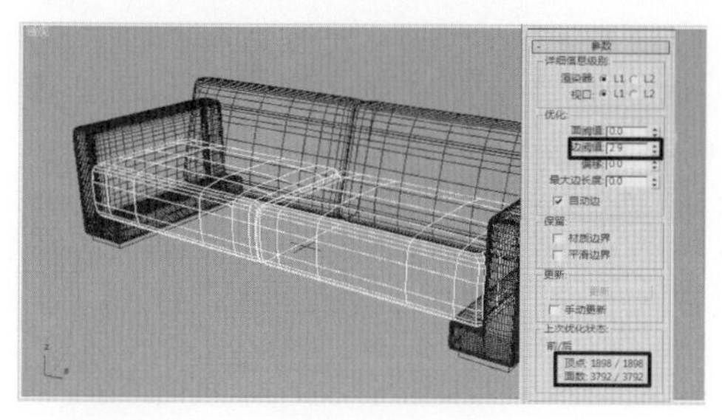

3. 边阈值给 2.9，边的布局被优化。

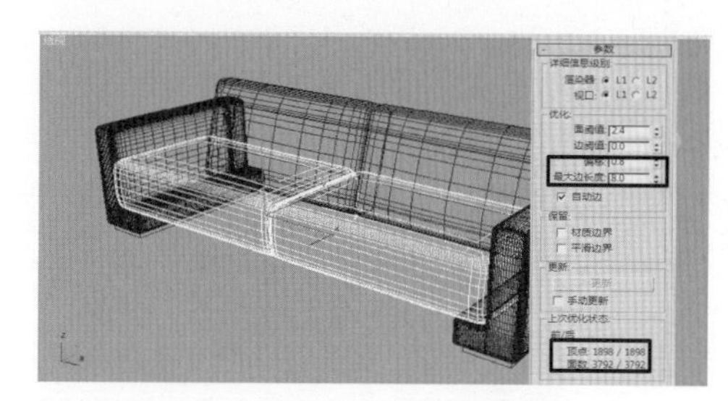

4. 偏移 0.8，最大边给 8，优化值更为细化。

图 6–9

6.3 灯光的氛围营造

6.3.1 3ds Max 中灯光运用的技巧

3ds Max 中的灯光可以模拟真实世界的光源，但其特性有所不同，这种不同既是优势也是弊端。要很好地利用它，则需要充分了解其特性并注重运用中的技巧。

3ds Max 中的灯光可以根据需要启用和禁用阴影。阴影的质量、强度、颜色都可以进行调节。在禁用阴影的模式下，灯光是具有穿透性的，可以排除一切阻挡。即使在开启阴影模式下，也可以利用排除窗口有选择地进行阴影显示设定。阴影的类别有很多种，一般要表现室内柔和光源下的阴影则选择阴影贴图模式。而表现室外阳光明媚下的阴影则选择光线追踪的阴影模式。但是任何情况下，要表现透明或半透明物体的阴影，则必须使用光线追踪的阴影模式，这样光线才能穿过透明材质，计算出真实的阴影效果。

3ds Max 灯光的倍增器的值决定着灯光的强度，一般场景的主光源数值大约在 1 至 1.5 之间，辅助光源数值则较低，大约在 0.02 至 0.5 之间，当然也要根据具体情况灵活调节。要表现室内强烈阳光照射效果时，模拟阳光的灯其倍增值可能要达到 3 至 5，同时材质贴图的颜色深浅也影响着灯光强度的效果。如果将灯光的倍增值设置成负数，则可以产生吸光的效果，可以产生某种颜色的补色。这在室内建筑效果图中通常用来模拟光线分布不均匀的现象，或用来把亮度较大的对象表面“照黑”。另外尽量给予灯光一定的颜色倾向，不一定要很明显。这样可以避免场景中的色彩平淡现象。

3ds Max 灯光照射的亮度还和与对象之间的距离和照射角度有关。灯光与对象距离越远，照亮的范围就越大。而灯光与对象表面的夹角越小，则表面显得越暗。如果一个灯光与一个平面距离很远且与这个平面呈直角照射时，则照明效果是很均匀的，而如果同样的灯光放得太近，则会产生一个强烈的聚光区。

对场景照明，要进行仔细的分析。如果是较小的区域，可以采用所谓的“三点照明”（主光＋辅光＋背光）的方式。“三点照明”一般有三盏灯即可，分别为主体光、辅助光与背景光。布光的顺序是先确定主体光的位置与强度，再确定辅助光的强度与角度，最后设置背景光与补光。这种布光方式借鉴了摄影布光，能够达到主次分明、互相补充的效果。当然针对不同情况也要灵活处理。对于大且复杂的场景，则要理性地分析，由大到小地控制整体效果。同样也要运行先从主光着手，再到辅助光，最后补光等一套程序（参考第四讲）。但无论场景，都要先粗设灯光，将灯光的大致强度和位置调节好，待场景中整体灯光都设好之后再做精细调整。因为灯光的照射互相是有影响的。

场景布灯时，灯光尽量能够精简，并且要有条理，切忌杂乱无章。过多过乱的灯光会严重影响显示与渲染速度。布光时应该遵循由主到次、由简到繁的原则。先确定大效果，再调整灯光的细致处理。同时灯光要能够体现场景的明暗分布，要有层次性，切不可把所有灯光一并处理。根据需求选用不同类型的灯光，如选用聚光灯还是泛光灯；根据需求决定灯光是否投影，以及阴影的浓度；根据需要决定灯光的亮度与对比度；根据场景需求合理地运用灯光衰减。灯光很多时，可以将其按性质进行群组，方便整体梳理调节。

虽然灯光运用有一定的技巧和规律，但如果要逼真地模拟真实世界的效果，还必须对真实光源有足够深刻的理解。要多看一些好的经典案例以及摄影作品，并且要多分析。

6.3.2 光影效果

光影是指光在空间和环境中和对象共同营造出的影调变化。这种变化包括光和影，它们是不可分割的整体。但通常很多人往往只重视光线的效果，却忽略了阴影的作用。虽然光线是环境、空间中一切活动存在与进行的先决条件，是塑造对象不可缺少的重要因素，但有光必有影，阴影同样也是塑造对象不可缺少的因素。

阴影能够澄清和强化对象的特定形状和质感。

能够帮助确定物体与周围事物的相对关系。在具体的场景制作中要能够利用亮度对比、变化率等反差的控制来表明相关的光和影的关系。例如利用高调光，来表现轻松娱乐的氛围；利用低调光使场景黑暗，来表现低沉的氛围；利用丰富多变的光影来表现戏剧化的氛围。因此光影不只是衬托出场景中对象的立体感和空间感的重要方式，更是表现作品生机与张力的重要手段。

光影同时也是时间和天气的表述者。清晨的光影、正午的光影、黄昏的光影与夜晚的光影都不尽相同；春、夏、秋、冬一年四季的光影也各不相同；晴天、雨天、雪天、阴天、多云等不同的天气其光影效果也不同。因此光影的微妙变化与控制是我们追求的重要方向。这要来源于平时的不断观察和思考。（如图 6–10）

图 6-10《虞山》截图

6.3.3 空间效果

光具有极强的可塑性，它除了表现着对象的形态，更赋予了空间不同的气质和意境。空间通过光影与周围环境形成的不同层次的交互作用，丰富了空间内外的知觉深度。人具有向光性，注意力总是被视野中亮度较大的部分所吸引。因此在创作中通常利用光来塑造空间的主次关系。

光影构建空间序列，主要是以强度大小、亮度差异、光照面积、色彩冷暖、空间的张扬收敛及形状变化来实现的，能够形成有层次、有韵律、有节奏、有情感的空间序列。常常体现在光塑造的空间尺度、光的亮度、光影的造型、光的色彩、光与材料的配合、光的动静等方面。在图 6–11 中，作品通过光影的变换，利用色彩、明暗的对比表现出丰富细腻的空间层次。

图 6-11《虞山》截图

6.3.4 主题内涵的表达

光的功能不只停留在表现空间对象的表层，它更是空间内涵的体现。不同光影空间给人的心理感受是不同的。因此在具体的实际创作中，光不仅要满足照亮对象等物理学需要，同时更要满足人们心理上的需要。它不仅仅是装饰，更是重要的烘托者，它赋予了空间生命力。人们对光总充满着联想和情感交流，如对着微弱的烛光许愿，在洁白的月光下寄托思念等。因此光能够在空间中营造出氛围和意境，而这种氛围意境传达着空间的主题与内涵，它是空间与人沟通的直接纽带。利用光影的变化可以传达出强烈、柔和、火热、冷静、高雅、兴奋等情绪，指引着人们的心理和生理变化，从而使人们对空间的感知得到升华。如作品《兴福寺》(如图 6–12) 中的光影，就营造出了一种宁静、优雅、深邃的空间气质。

图 6–12《兴福寺》截图

6.4 动画镜头的合理运用

6.4.1 景别

景别就是由于摄影机与被摄对象的距离不同或镜头的焦距不同而形成的不同范围的画面。影视作品中，镜头就像观众的眼睛，画面就是眼睛看到的东西。因此不同的景别带给人们不同的心理上、视觉上的感受。犹如实际生活中，我们常常根据心理需求，远眺整个场面，或细观主体局部。景别分为远景、全景、中景、近景、特写等。景别是作品表现力的重要组成部分。它的确定和作品主题、主体对象、表演需求等有着紧密的联系。

远景具有广阔的视野，常用来展示事件发生的时间、环境、规模和气氛，如自然风景、战争场面等。远景画面着重气势的渲染，不细琢细节。全景用来表现场景的全貌或主体角色的全身动作。大多数作品的开端、结尾部分都用全景或远景。远景、全景又称交代镜头。相对远景画面，全景更能够展示出主体角色的行为动作、相貌表情，能够更好地表现人物的内心活动。摄取人物膝盖以上部分或场景局部的画面称为中景画面。它是重要的叙事性景别，在影视作品中占有较大比重。

在包含对话、动作和情绪交流的场景中，利用中景景别可以最有利最兼顾地表现人物之间、人物与周围环境之间的关系。近景是近距离观察主体的体现，能较清晰地看到主体角色的细微动作。着重表现主体角色的面部表情，传达人物的内心世界。它是刻画人物性格最有力的景别。表现被摄对象的局部的画面称为特写镜头。在特写镜头中被摄对象充满画面，比近景更加接近观众。它是生活中不常见的特殊的视觉感受。特写镜头通常用来刻画表现主体角色的表情和内心活动，以及强调某些特殊事物。

无论什么样的景别都是为作品服务的，是表现情节与主题的重要手段。在具体作品中的应用要贴切适宜，同时也要注意不同景别之间的组合。

6.4.2 镜头的运动

镜头的运动带来不同的画面动态效果，对作品的主题表现同样起着举足轻重的作用。通常镜头的运动包括推、拉、摇、移、跟、升、降、俯、仰、甩等。

推镜头指被摄主体不动，摄像机作向前的运动拍摄，取景范围由大变小。拉镜头与推镜头正好相反，指被摄主体不动，摄像机向后的拉摄运动，取景范围由小变大，形成视觉后移效果。摇镜头指摄像机位置不动，进行原地的上下左右旋转等运动，如同观众站在原地环顾周围的人或事物。移镜头又称移动拍摄。通常的意义上，移动拍摄专指把摄像机安放在运载工具上，沿水平面在移动中拍摄对象。跟拍镜头指跟踪拍摄。镜头始终跟拍着主体对象。使观众的眼睛始终盯在被跟摄主体身上。升镜头指上升摄影、摄像。降镜头指下降拍摄。俯镜头即俯拍，常用于宏观地展现环境、场合的整体面貌。仰镜头即仰拍，画面有高大庄严的意味。甩镜头指镜头从一个被摄主体甩向另一个被摄主体，表现急剧的变化，作为场景变换手段时不露剪辑的痕迹。变焦拍摄指摄像机不动，通过镜头焦距的变化，使远方的人或物清晰可见，或使近景从清晰到虚化。

练习

1. 对优秀作品进行分析并完成分析报告。

3ds Max 动画制作的课题实例

目标

通过案例的讲解能够系统地了解动画制作的一般流程和方法。

引言

在本章节中，分步详细讲解了 3ds Max 动画制作的三个案例，以便于操作者更完整更系统的学习 3ds Max 的动画制作。

7.1 案例一：破碎的瓶子

制作破碎的瓶子动画分为几个步骤：首先，以圆柱为基本型（注意分段的数量），进行多边形的编辑，完成瓶子的造型，并赋予瓶子材质与灯光；其次，创建粒子阵列，将瓶子作为发射器，并选择为碎片类型；最后，创建重力与导向板。具体制作步骤详见图 7–1 至图 7–17，最后渲染动画截图如图 7–18。

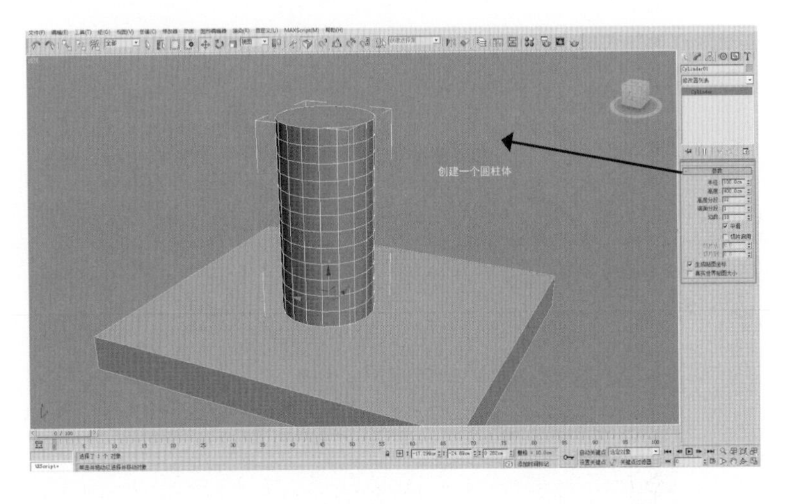

创建一个圆柱体（如图中箭头指向所示）

图 7–1

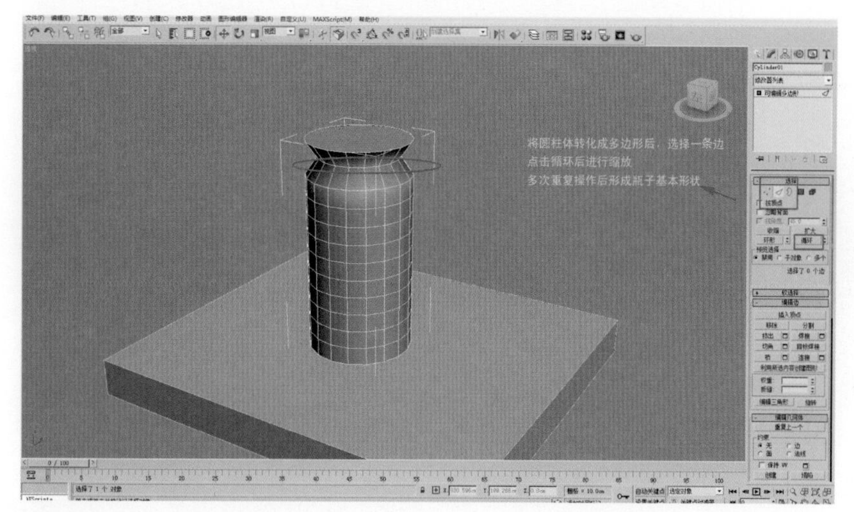

图 7–2

将圆柱体转化成多边形后，选择一条边点击循环后进行缩放。多次重复操作后形成瓶子基本形状。（如图中箭头指向所示）

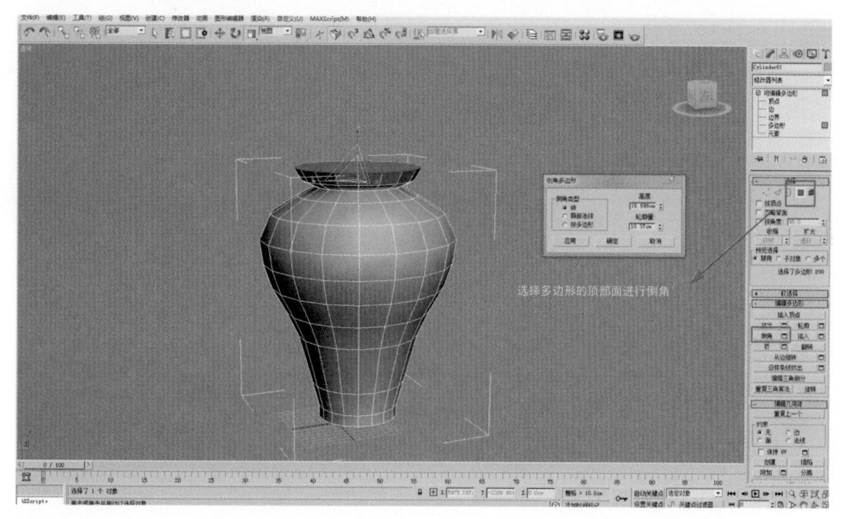

图 7–3

选择多边形的顶部面进行倒角。（如图中箭头指向所示）

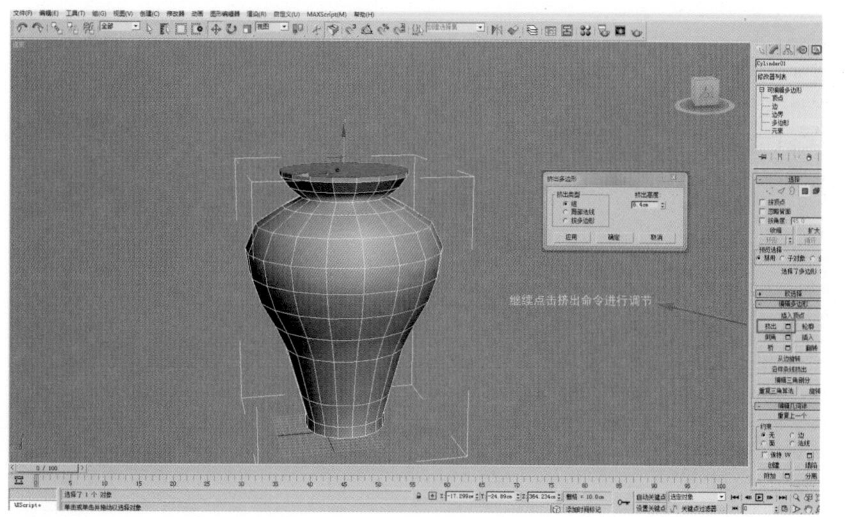

图 7–4

继续点击挤出命令进行调节。（如图中箭头指向所示）

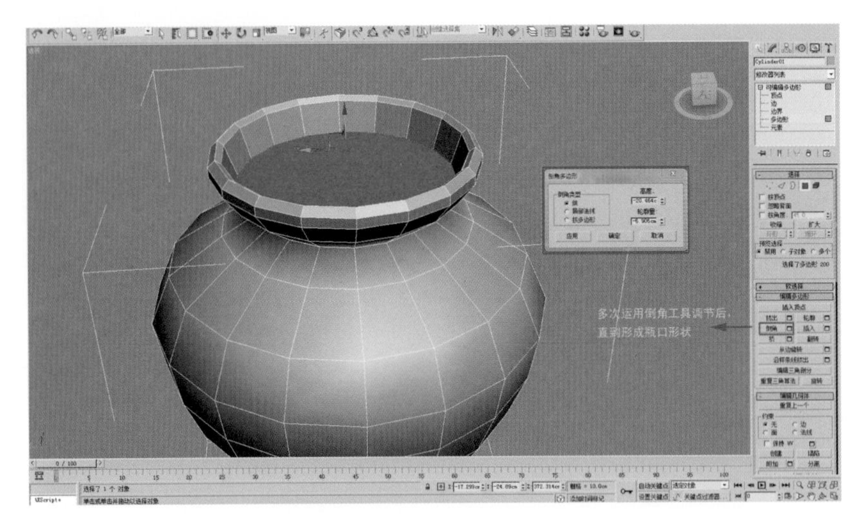

图 7–5

多次运用倒角工具调节后，直到形成瓶口形状。（如图中箭头指向所示）

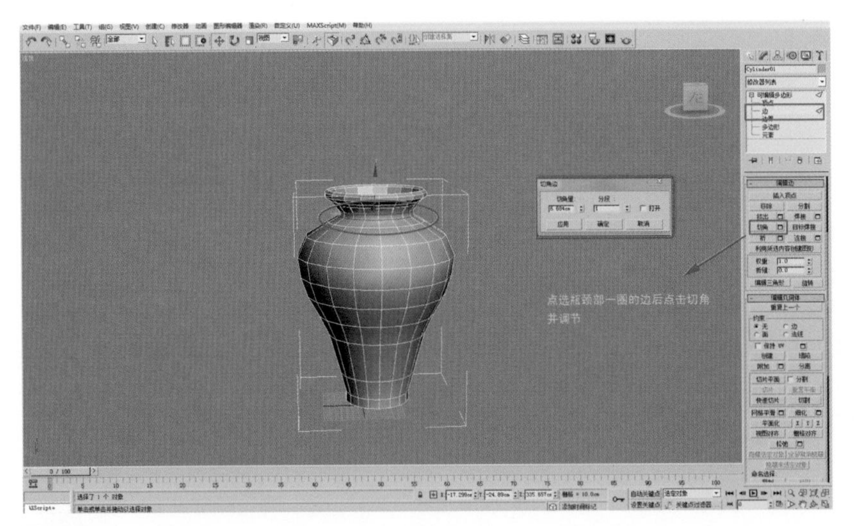

图 7–6

点选瓶颈部一圈的边后点击切角并调节。（如图中箭头指向所示）

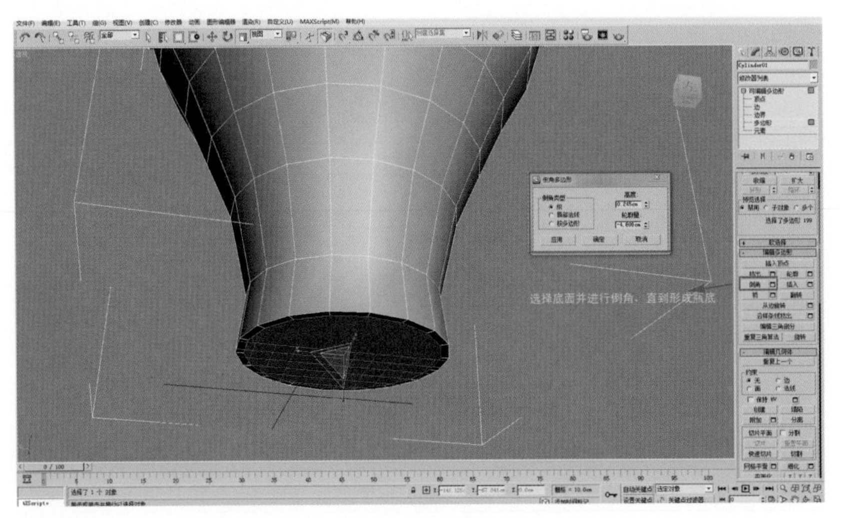

图 7–7

选择底面并进行倒角，直到形成瓶底。（如图中箭头指向所示）

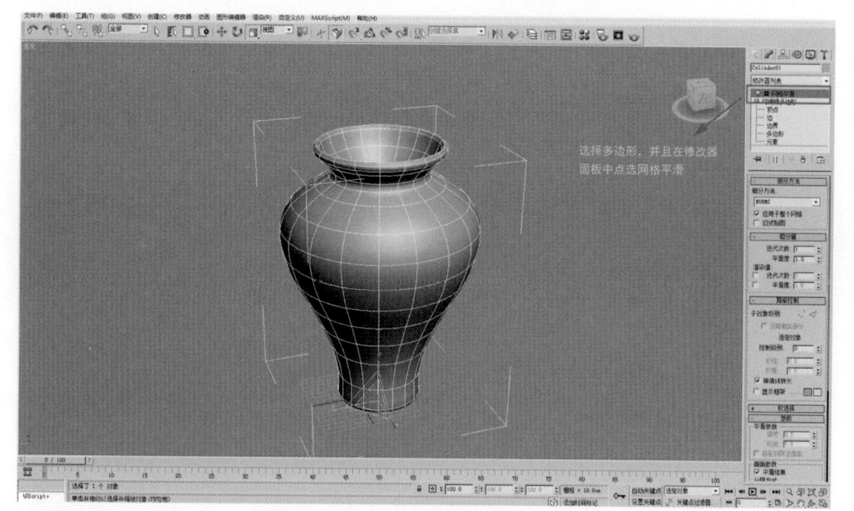

选择多边形，并且在修改器面板中点选网格平滑。（如图中箭头指向所示）

图 7–8

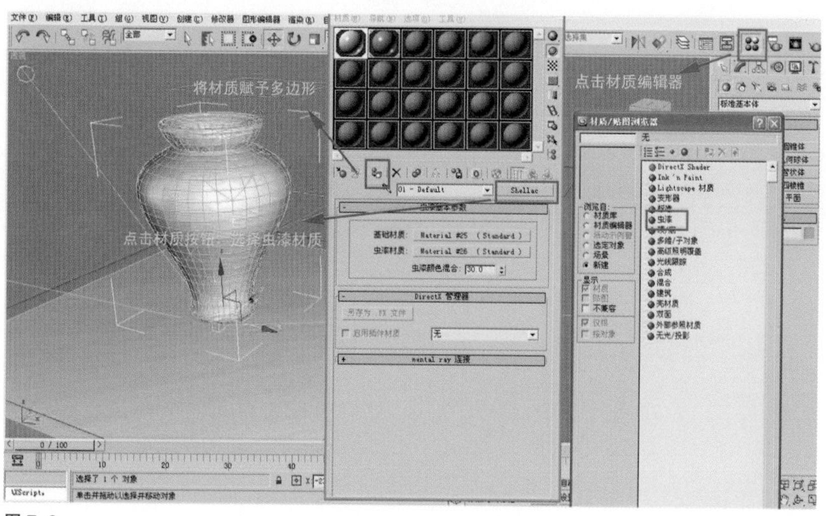

将材质赋予多边形。（如图中对应箭头指向所示）

点击材质按钮，选择虫漆材质。（如图中对应箭头指向所示）

点击材质编辑器。（如图中对应箭头指向所示）

图 7–9

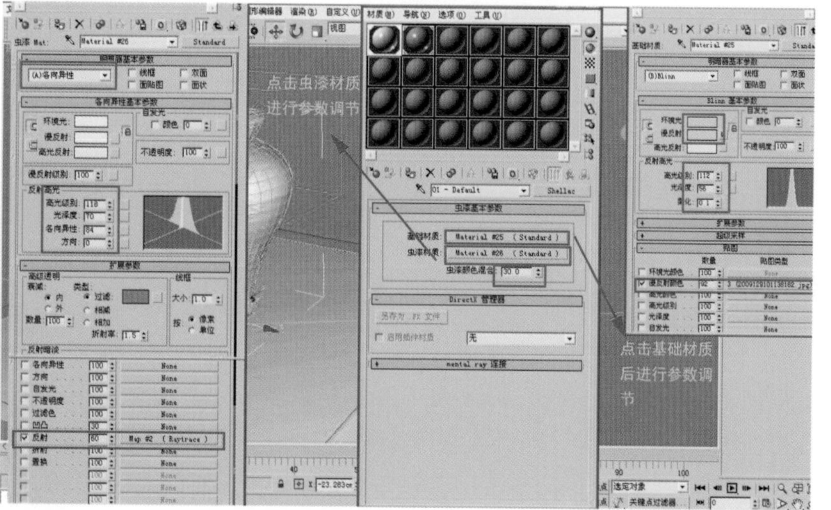

点击虫漆材质进行参数调节。（如图中对应箭头指向所示）

点击基础材质后进行调节。（如图中对应箭头指向所示）

图 7–10

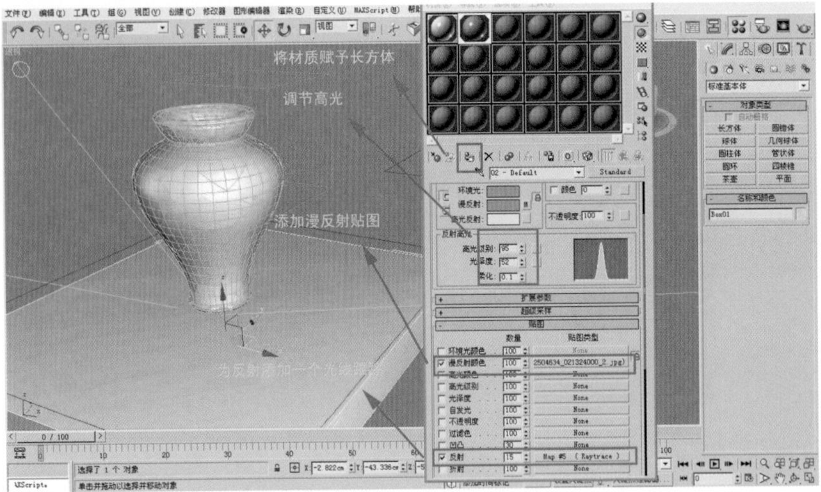

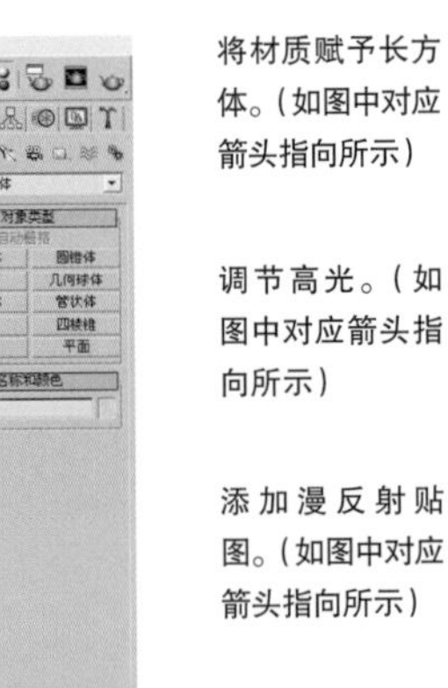

图 7-11

将材质赋予长方体。（如图中对应箭头指向所示）

调节高光。（如图中对应箭头指向所示）

添加漫反射贴图。（如图中对应箭头指向所示）

为反射添加一个光线跟踪。（如图中对应箭头指向所示）

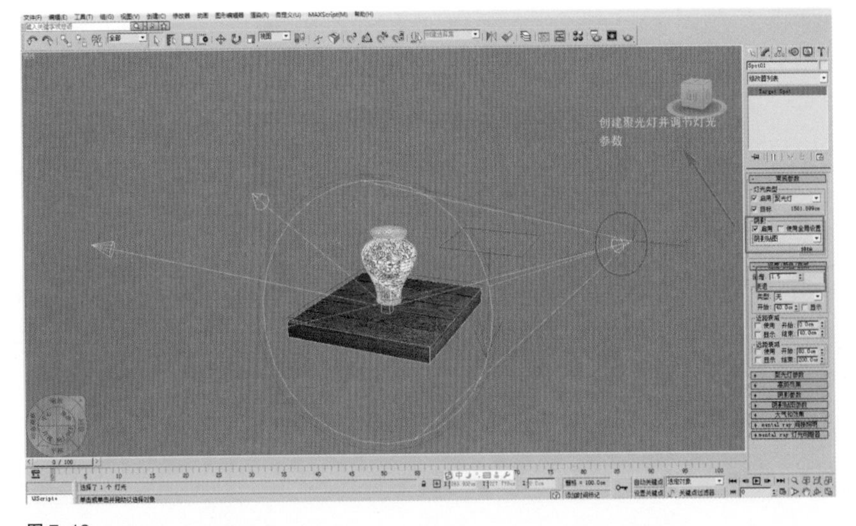

图 7-12

创建聚光灯并调节灯光参数。（如图中箭头指向所示）

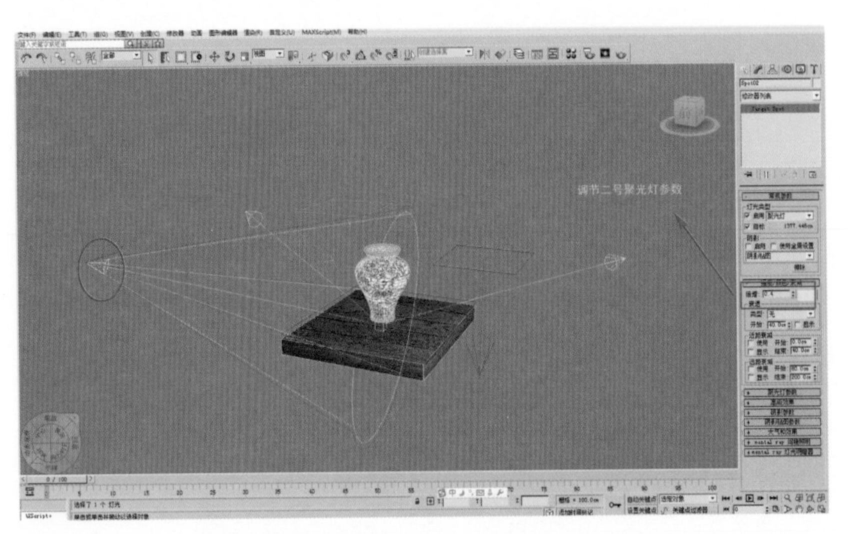

图 7-13

调节二号聚光灯参数。（如图中箭头指向所示）

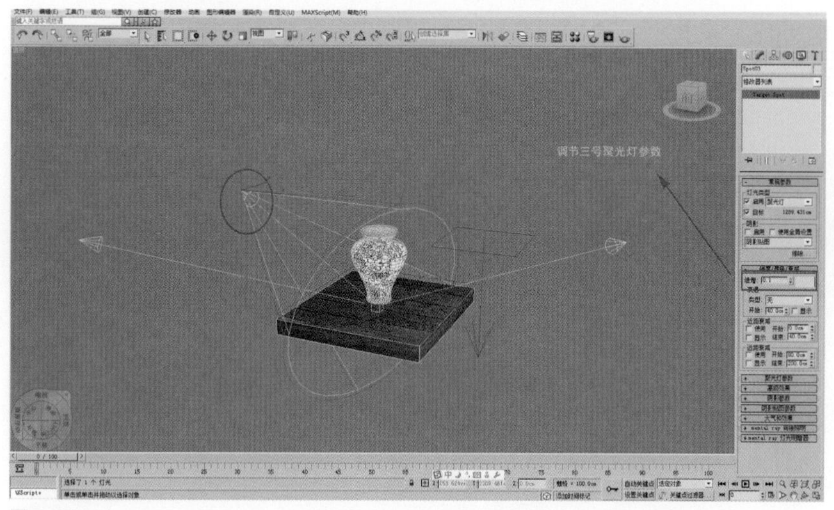

图 7–14

调节三号聚光灯参数。（如图中箭头指向所示）

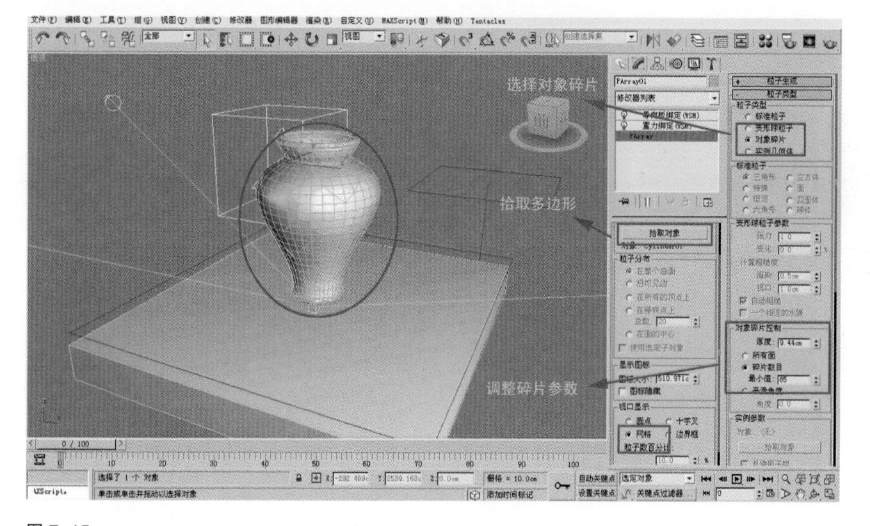

图 7–15

选择对象碎片。（如图中对应箭头指向所示）

拾取多边形。（如图中对应箭头指向所示）

调整碎片参数。（如图中对应箭头指向所示）

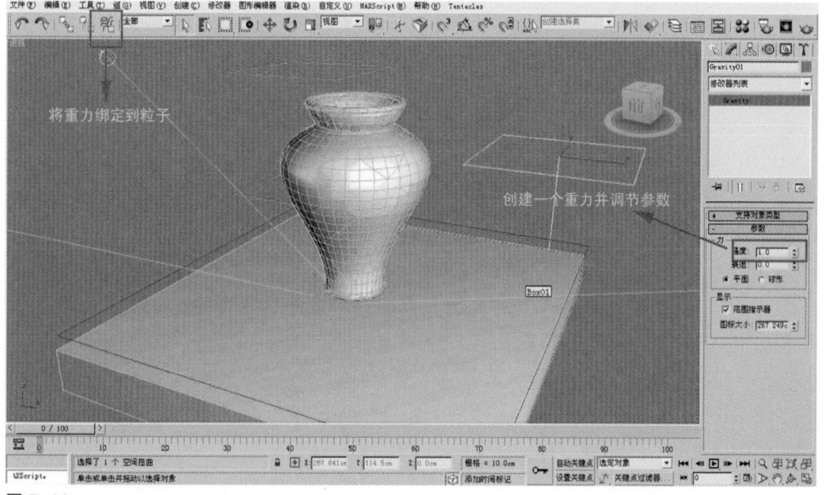

图 7–16

将重力绑定到粒子。（如图中对应箭头指向所示）

创建一个重力并调节参数。（如图中对应箭头指向所示）

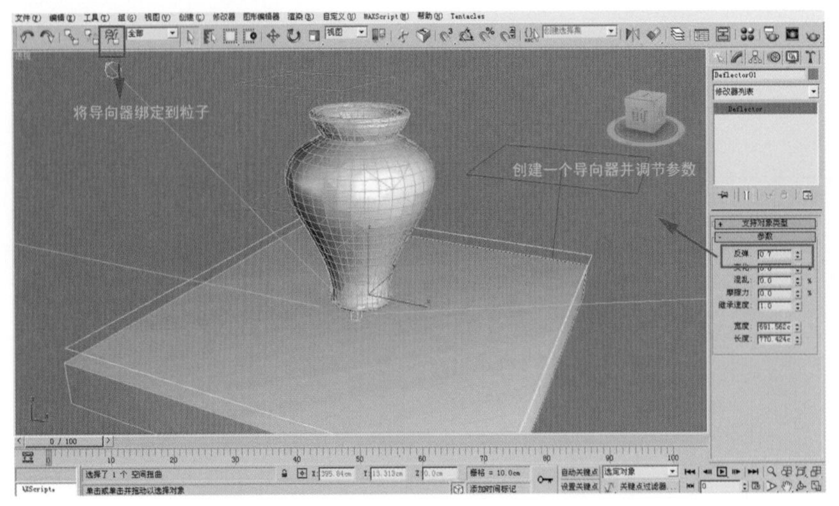

图 7–17

将向导器绑定到粒子。（如图中对应箭头指向所示）

创建一个向导器并调节参数。（如图中对应箭头指向所示）

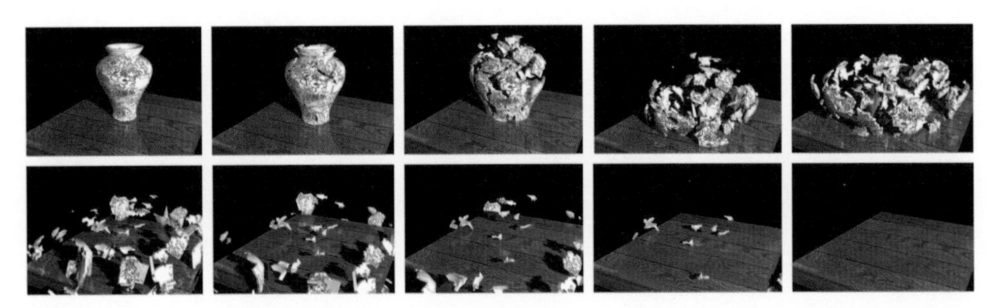

图 7–18

7.2 案例二：飞舞的蜻蜓

制作飞舞的蜻蜓动画分为几个步骤：首先，制作头部与身体。以球为基本形，通过 FFD 修改器进行形的加工。尾巴以圆柱体为基本形并转化为多边形进行细部编辑。翅膀用样条线创建；其次，赋予材质与灯光；最后，制作飞舞动画。利用关键帧动画制作翅膀扇动动画，并运用曲线编辑器进行细节调节。运用控制器制作蜻蜓飞舞的路径动画。具体制作步骤详见图 7–19 至图 7–45，最后渲染动画截图如图 7–46。

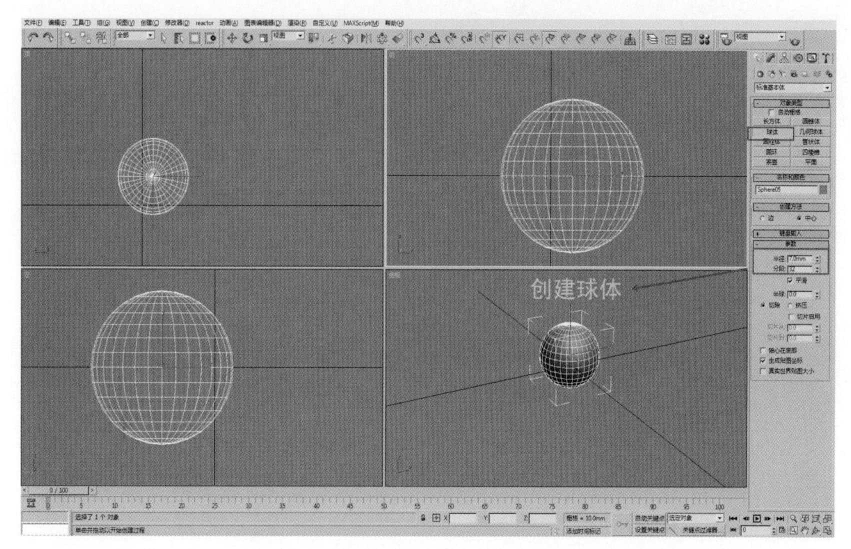

创建球体。（如图中箭头指向所示）

图 7–19

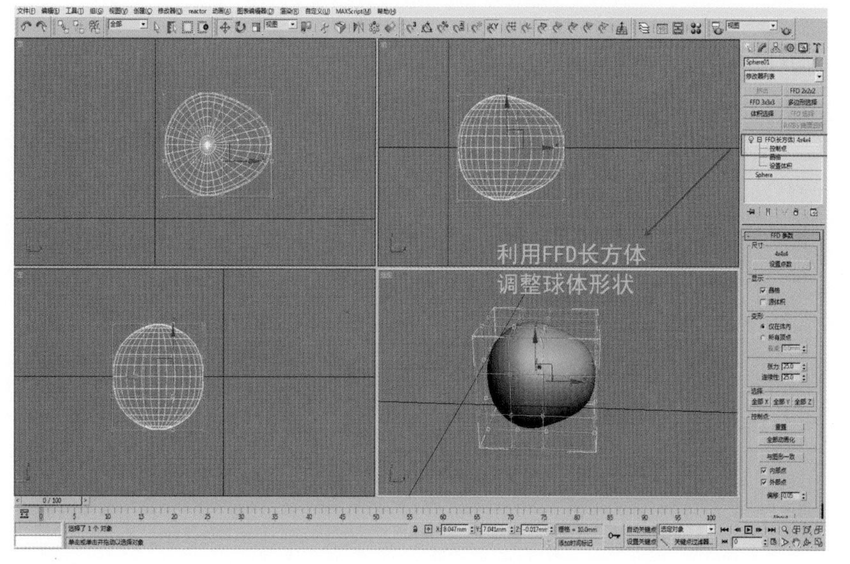

利用FFD长方体调整球体形状。（如图中箭头指向所示）

图 7–20

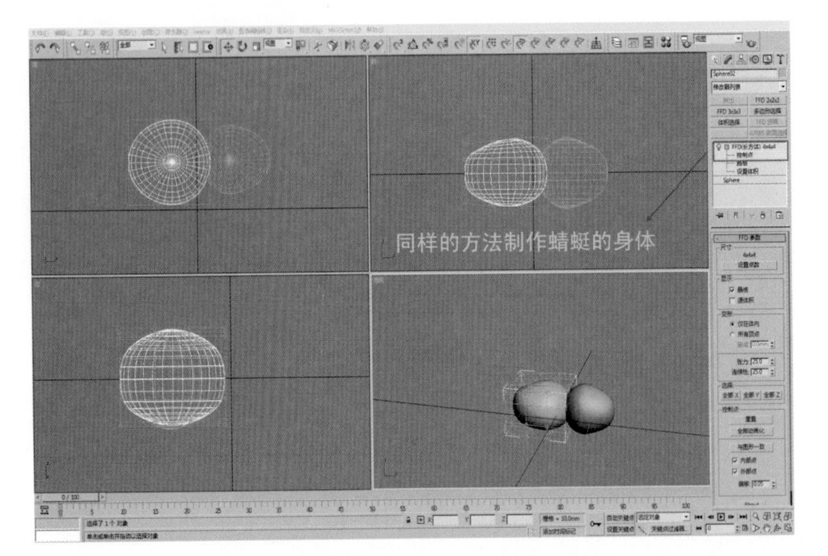

图 7-21

同样的方法制作蜻蜓的身体。（如图中箭头指向所示）

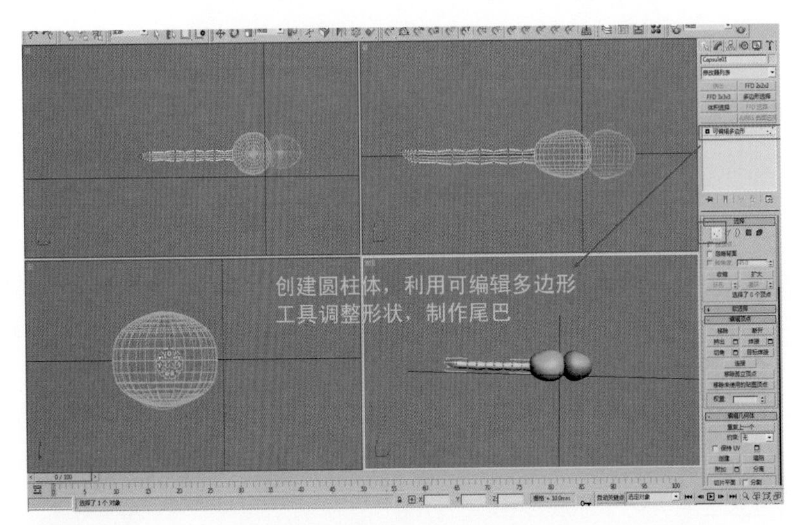

图 7-22

创建圆柱体，利用可编辑多边形工具调整形状，制作尾巴。（如图中箭头指向所示）

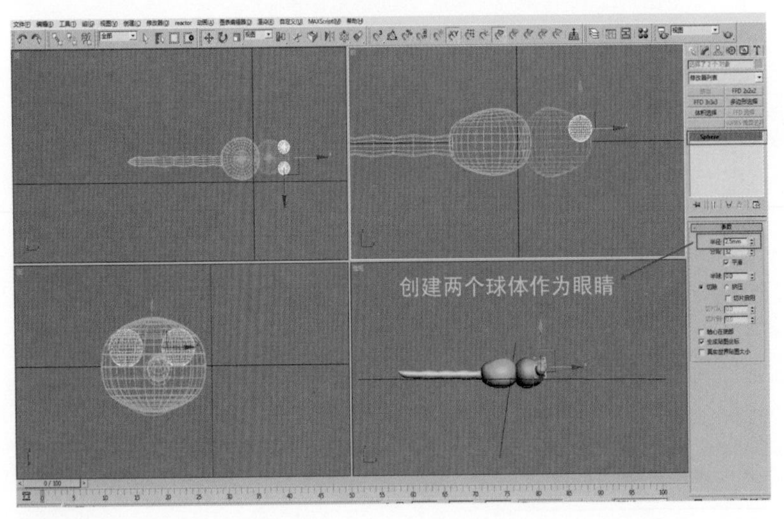

图 7-23

创建两个球体作为眼睛。（如图中箭头指向所示）

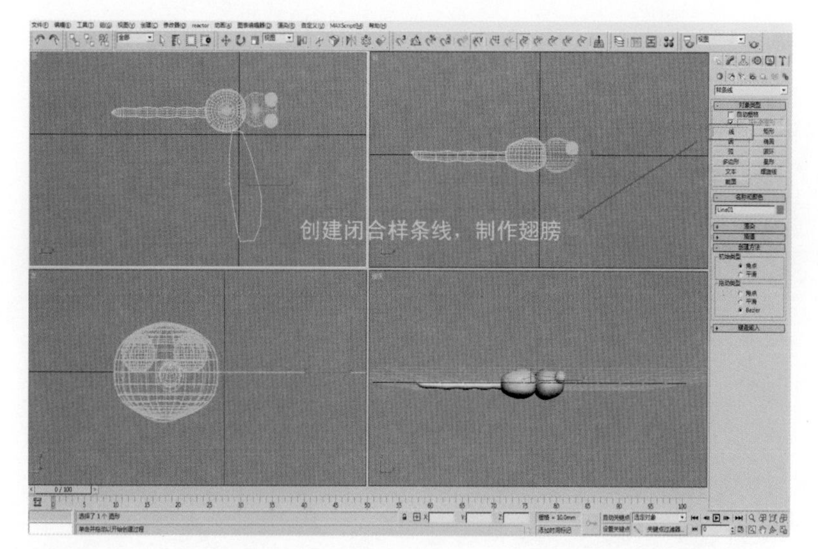

图 7–24

创建闭合样条线，制作翅膀。（如图中箭头指向所示）

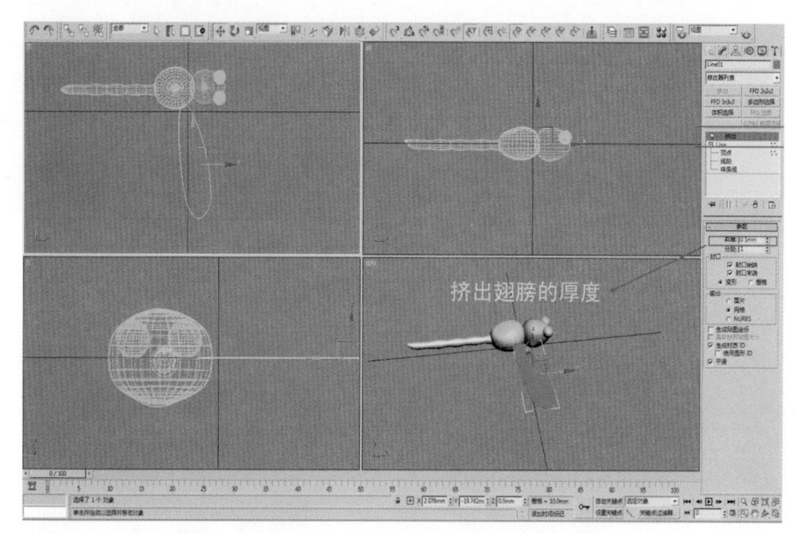

图 7–25

挤出翅膀厚度。（如图中箭头指向所示）

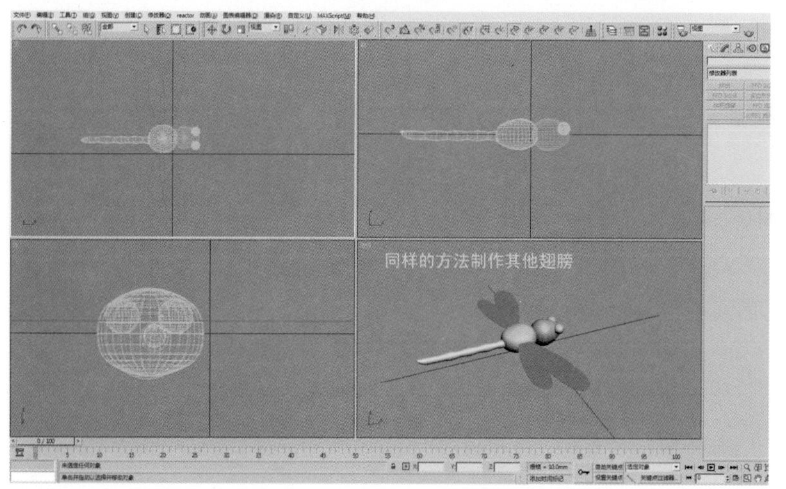

图 7–26

同样的办法制作其他翅膀。（如图所示）

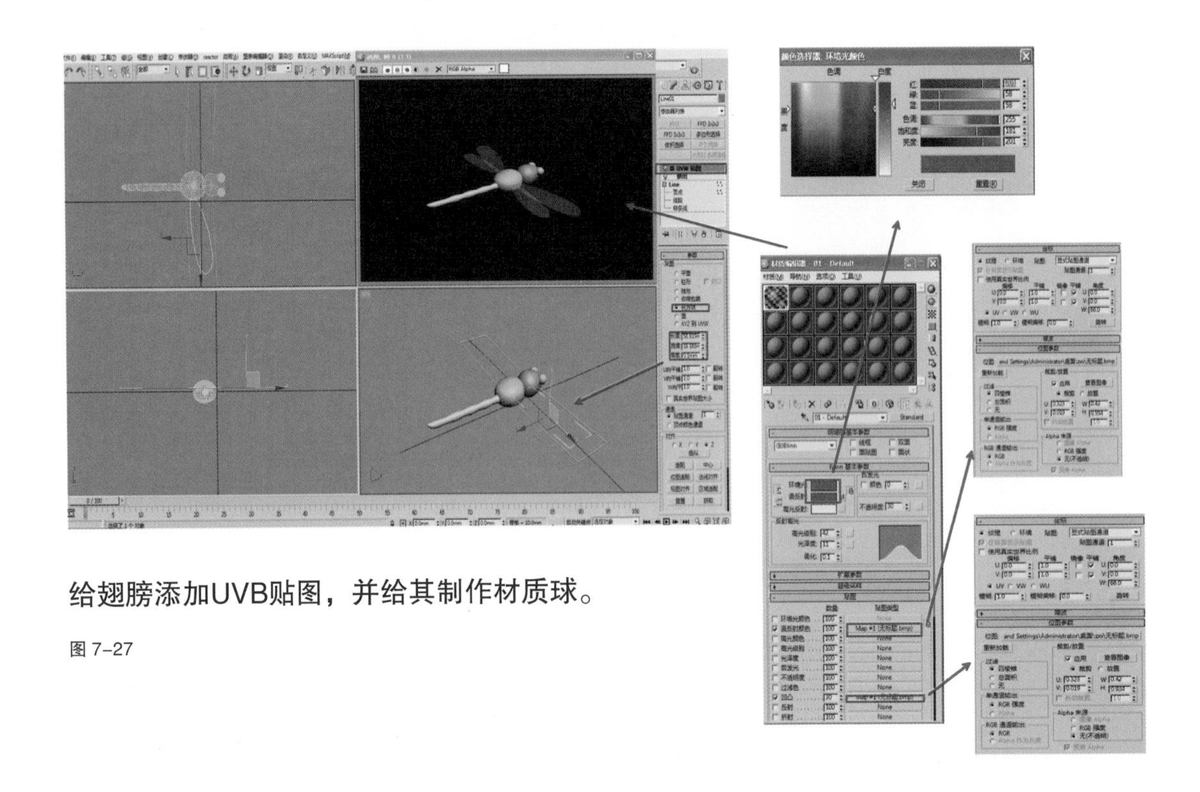

给翅膀添加UVB贴图，并给其制作材质球。

图 7–27

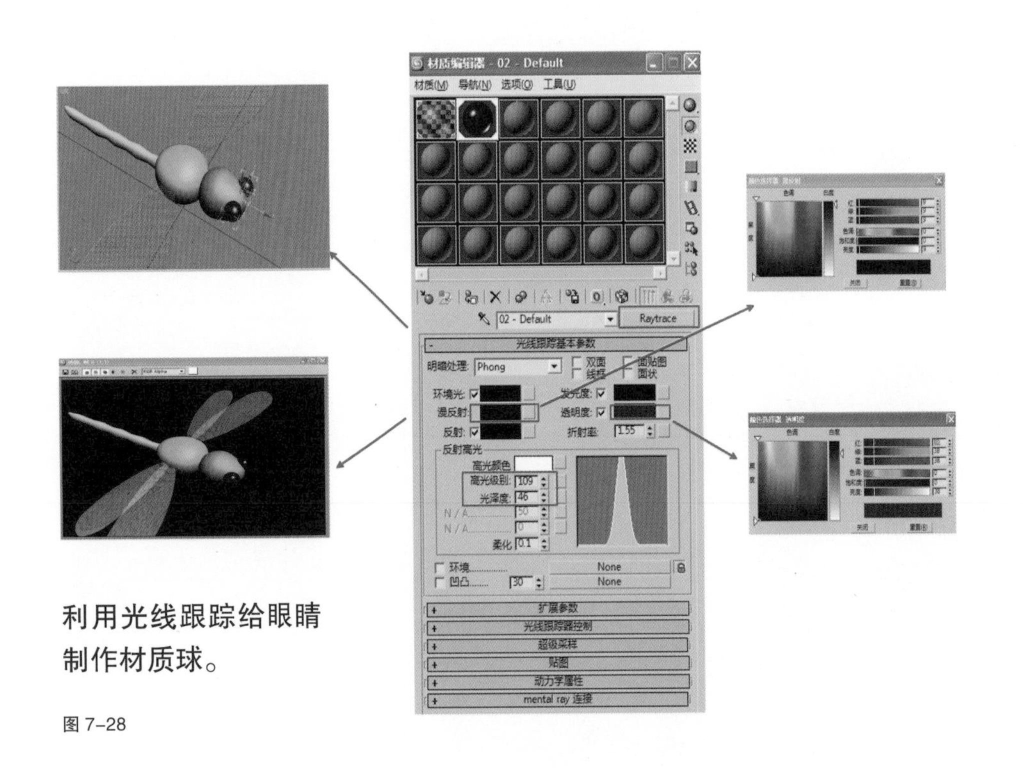

利用光线跟踪给眼睛制作材质球。

图 7–28

用圆柱体制作蜻蜓的腿。
（如图中箭头指向所示）

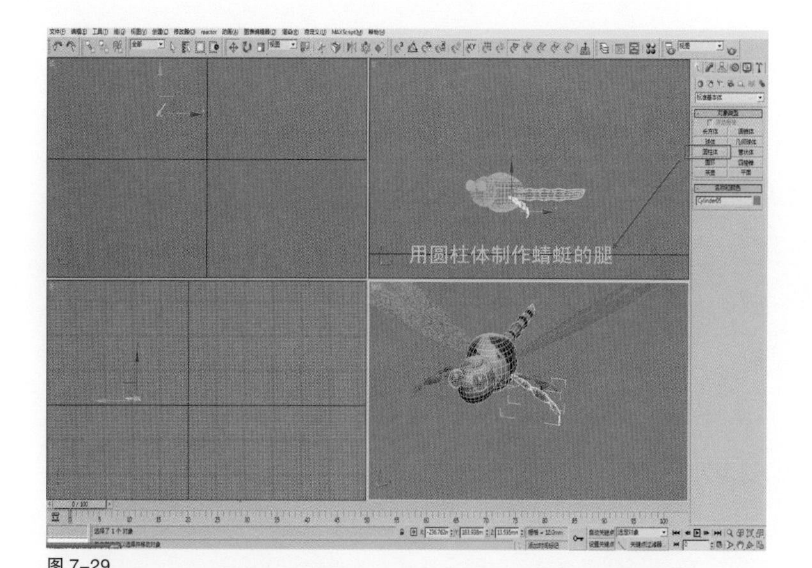

图 7–29

（如图中箭头指向所示）

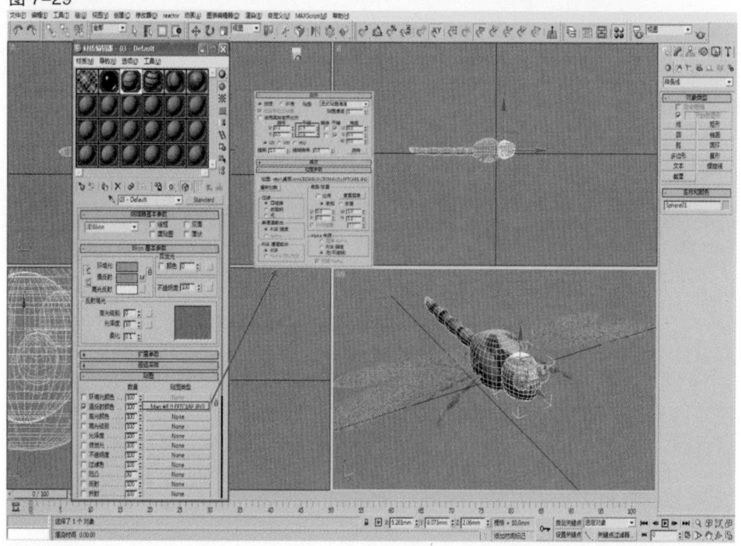

图 7–30

（如图中箭头指向所示）

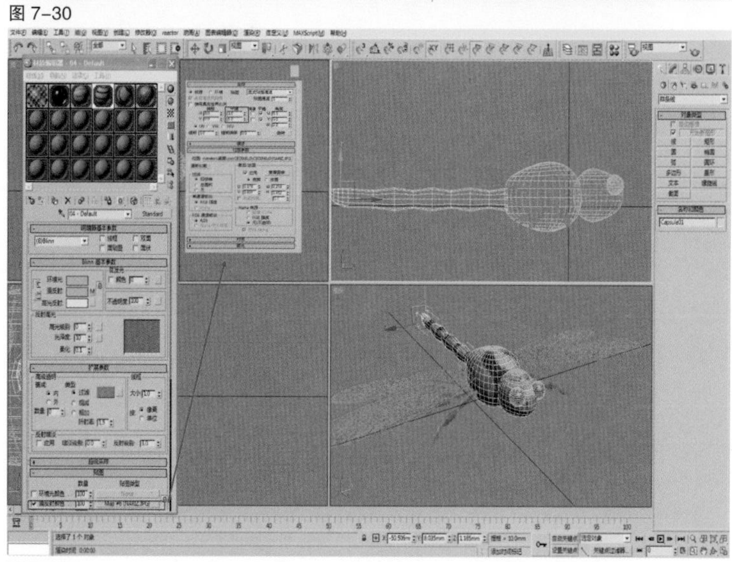

图 7–31

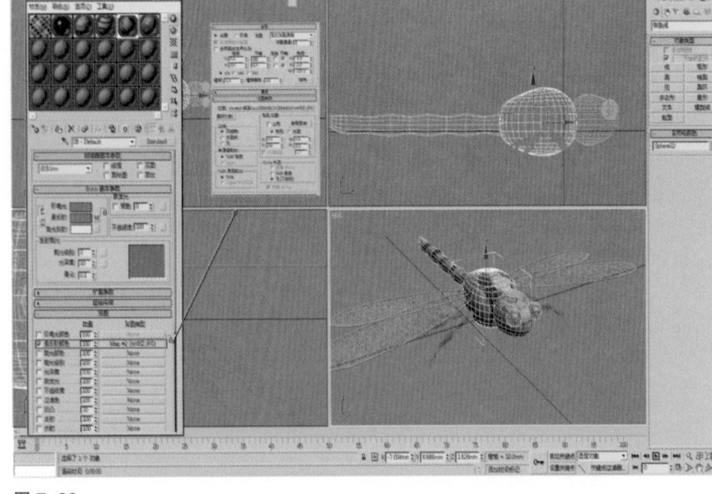

图 7-32

（如图中箭头指向所示）

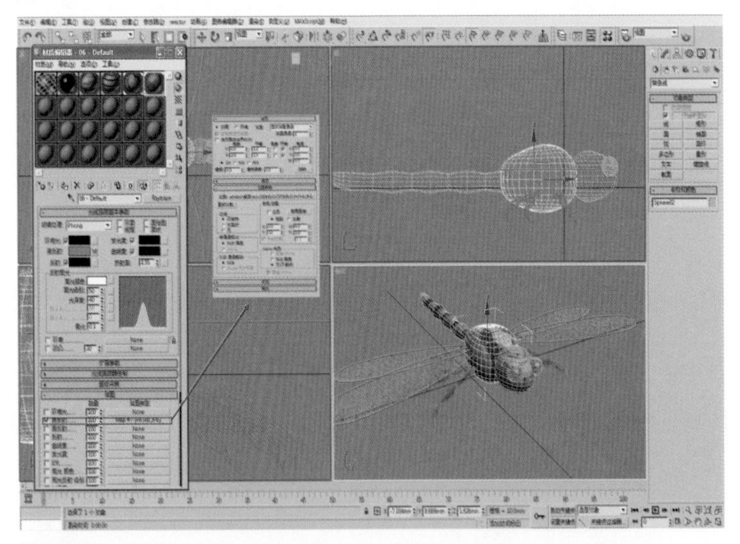

图 7-33

（如图中箭头指向所示）

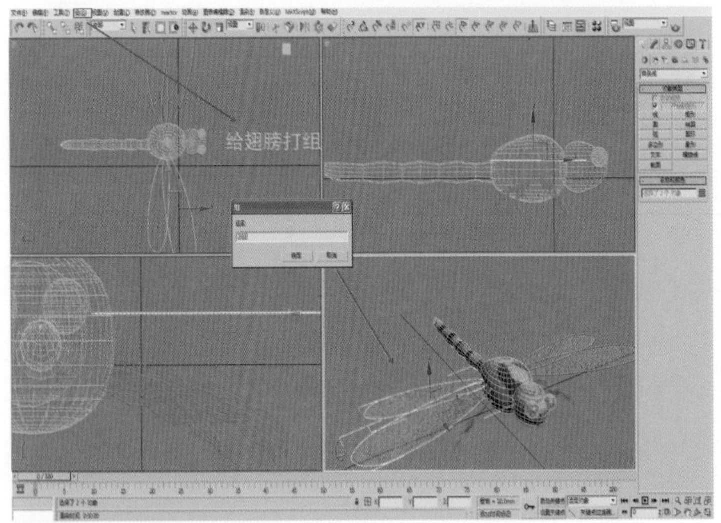

图 7-34

给翅膀打组。（如图中箭头指向所示）

将蜻蜓身体打组。（如图中箭头指向所示）

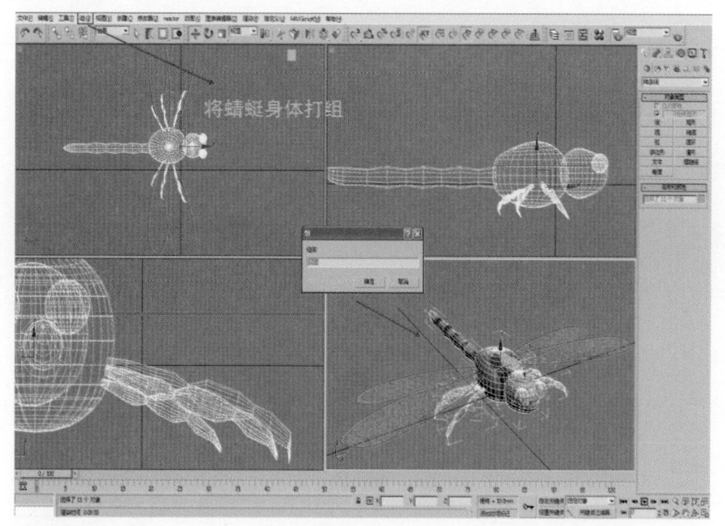

图 7-35

创建样条线圆作为路径。（如图中箭头指向所示）

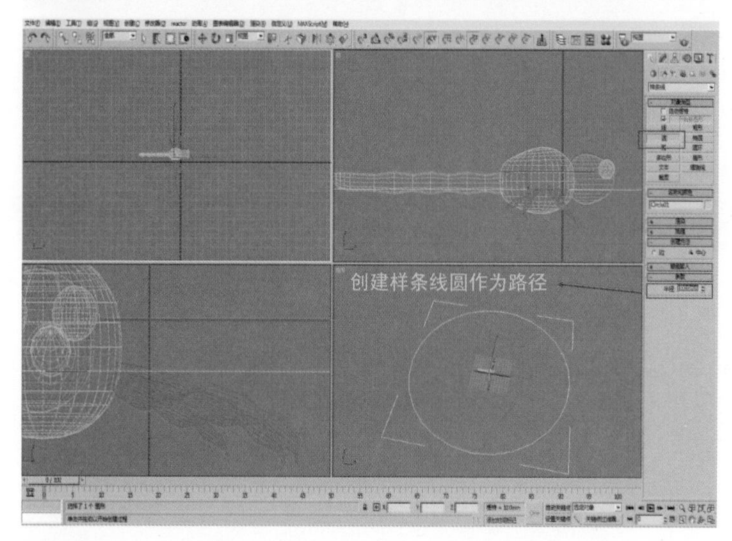

图 7-36

调整翅膀轴位置。（如图中箭头指向所示）

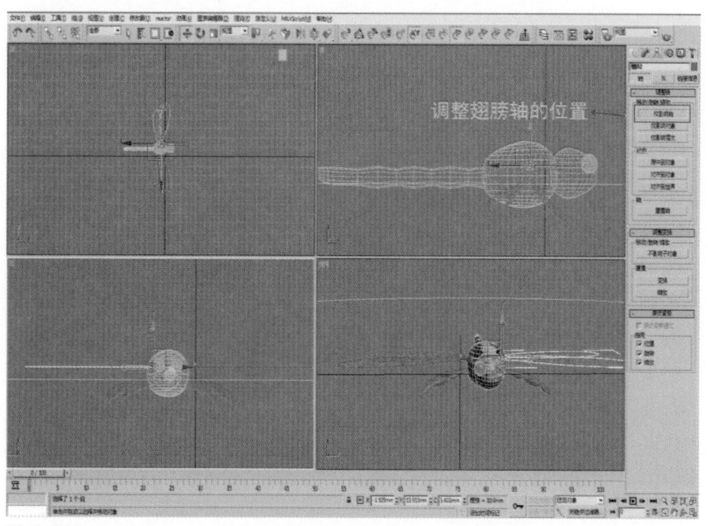

图 7-37

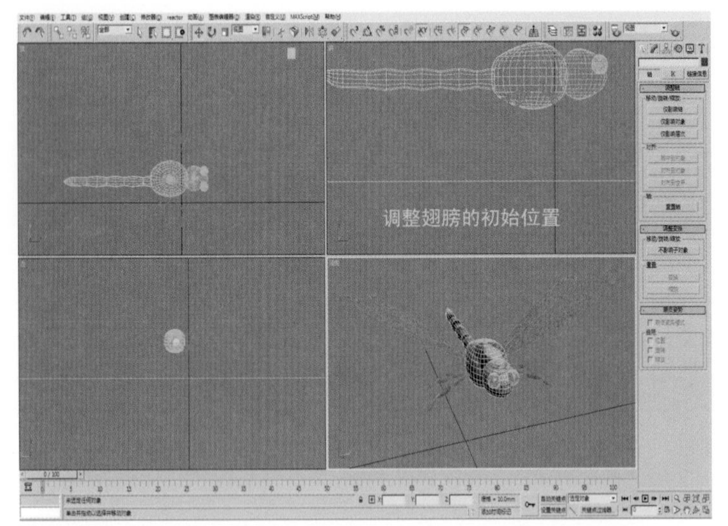

图 7–38

调整翅膀的初始位置。（如图所示）

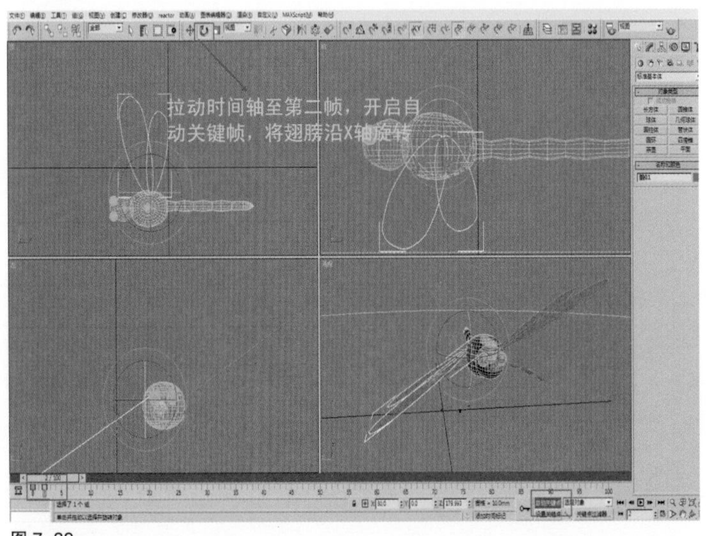

图 7–39

拉动时间轴至第二帧，开启自动关键帧，将翅膀沿X轴旋转。（如图中箭头指向所示）

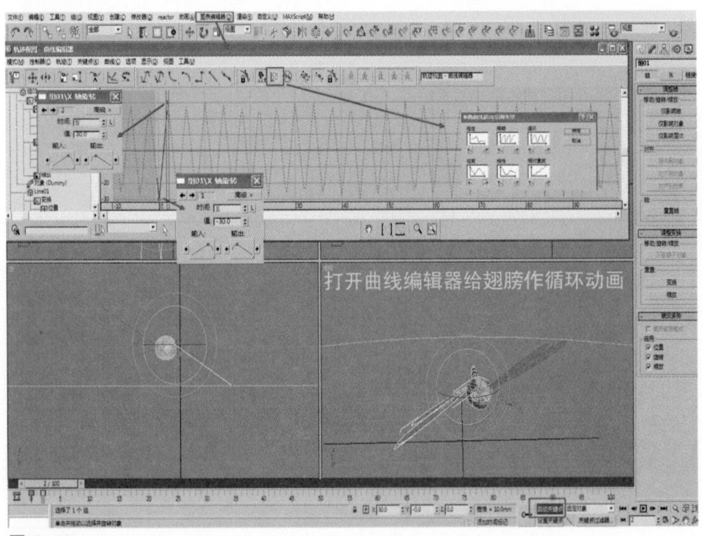

图 7–40

打开曲线编辑器给翅膀作循环动画。（如图所示）

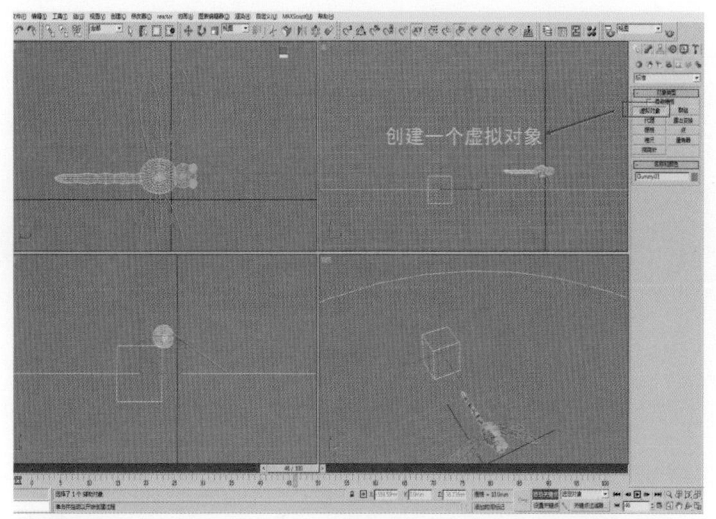

图 7-41

创建一个虚拟对象。(如图中箭头指向所示)

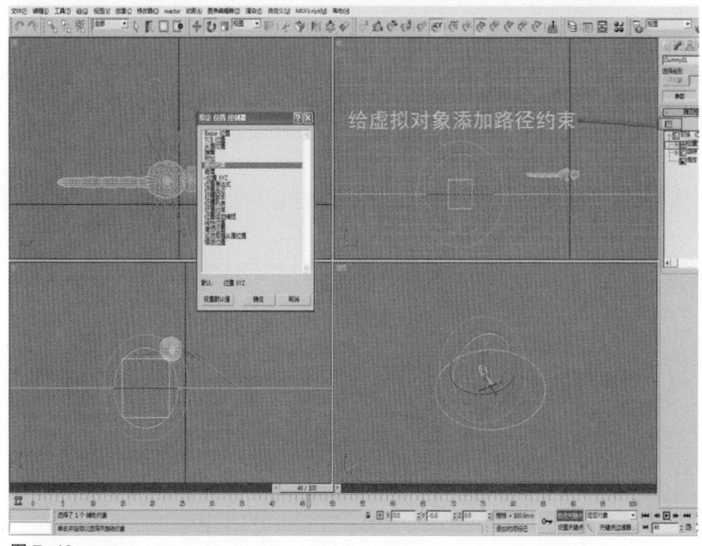

图 7-42

给虚拟对象添加路径约束。(如图中箭头指向所示)

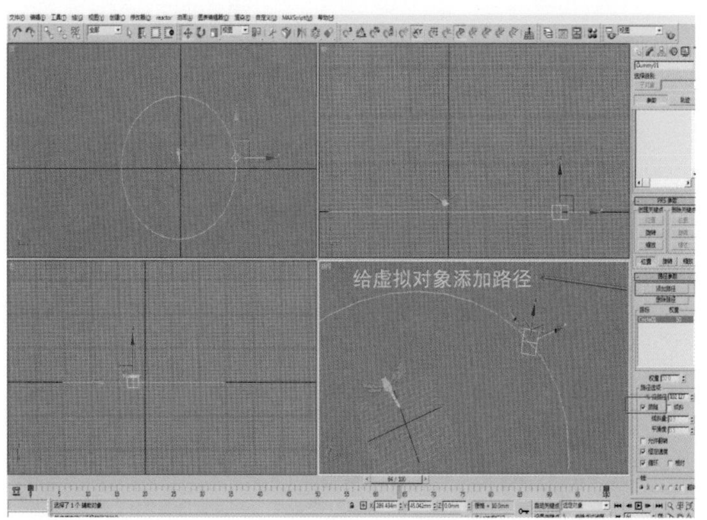

图 7-43

给虚拟对象添加路径。(如图中箭头指向所示)

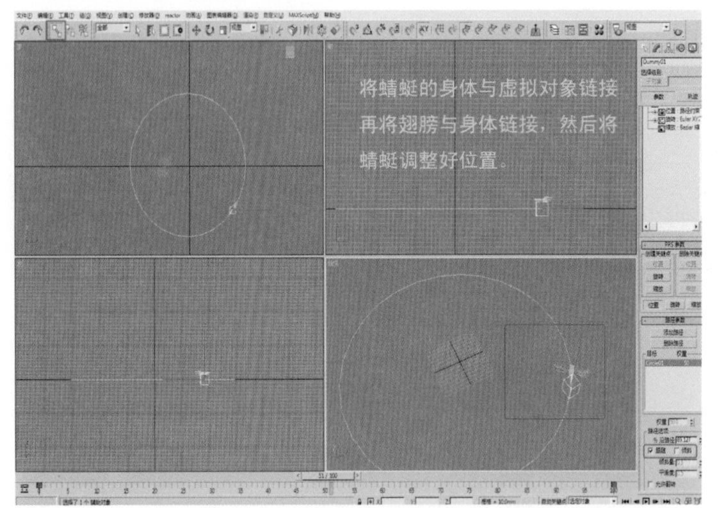

图 7-44

将蜻蜓的身体与虚拟对象链接，再将翅膀与身体链接，然后将蜻蜓调整好位置。（如图所示）

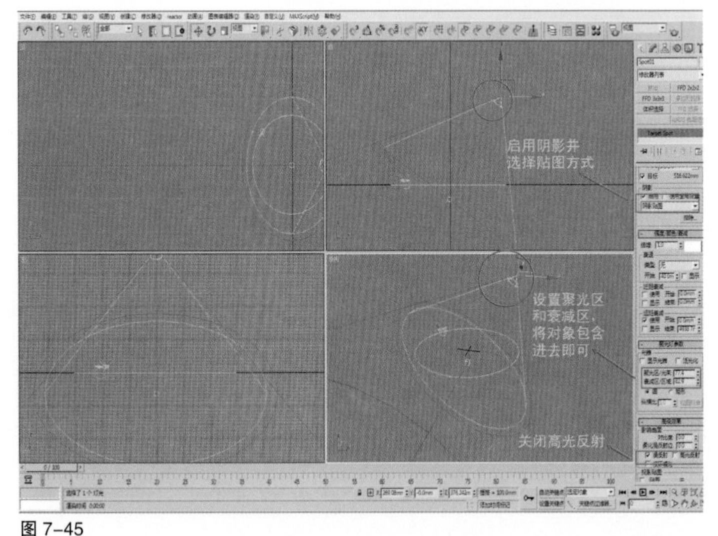

图 7-45

启用阴影并选择贴图方式。（如图中对应箭头指向所示）

设置聚光区和衰减区，将对象包含进去即可。（如图中对应箭头指向所示）

关闭高光反射。（如图中对应箭头指向所示）

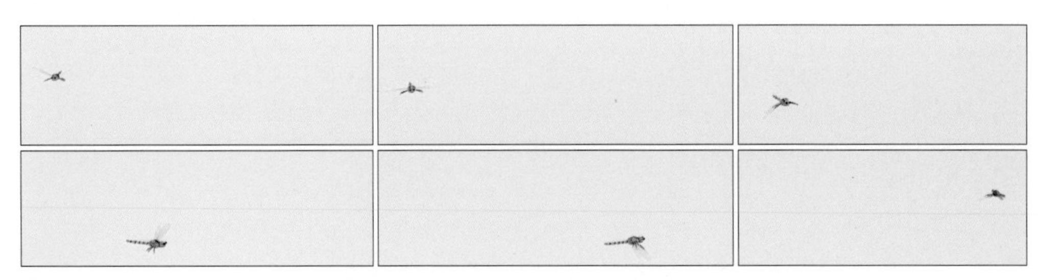

图 7-46

7.3 案例三：飘动的旗帜

制作旗帜飘动的动画基本分为几个步骤：首先，运用几何体创建旗杆和旗帜；其次，赋予材质与灯光；最后，运用空间扭曲中的波浪制作旗帜飘动的动画。具体步骤详见图 7–47 至图 7–61，最后渲染动画截图如图 7–62。

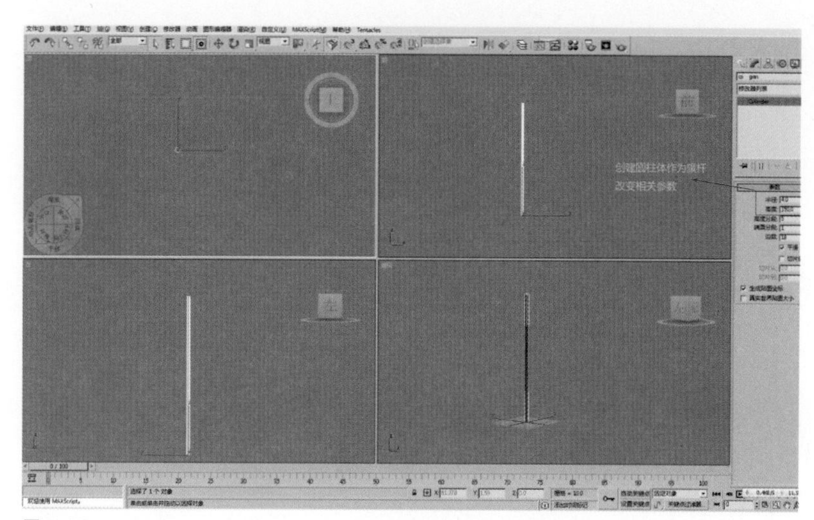

图 7–47

创建圆柱体作为旗杆，改变相关参数。（如图中箭头指向所示）

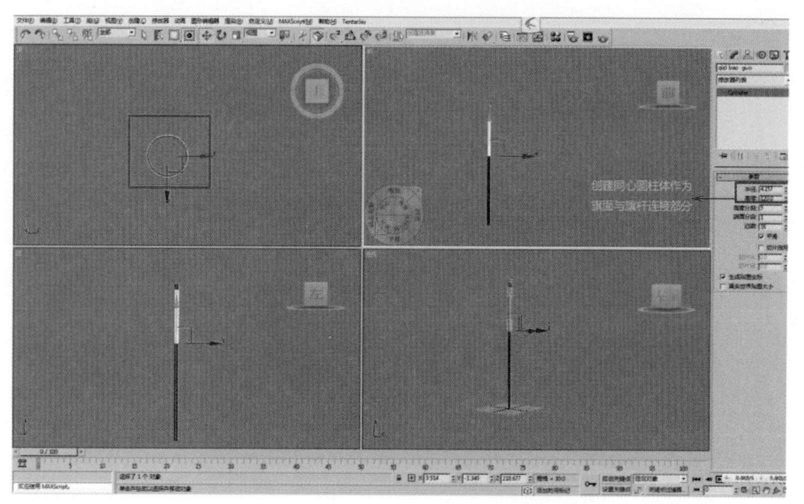

图 7–48

创建同心圆柱体作为旗面与旗杆连接部分。（如图中箭头指向所示）

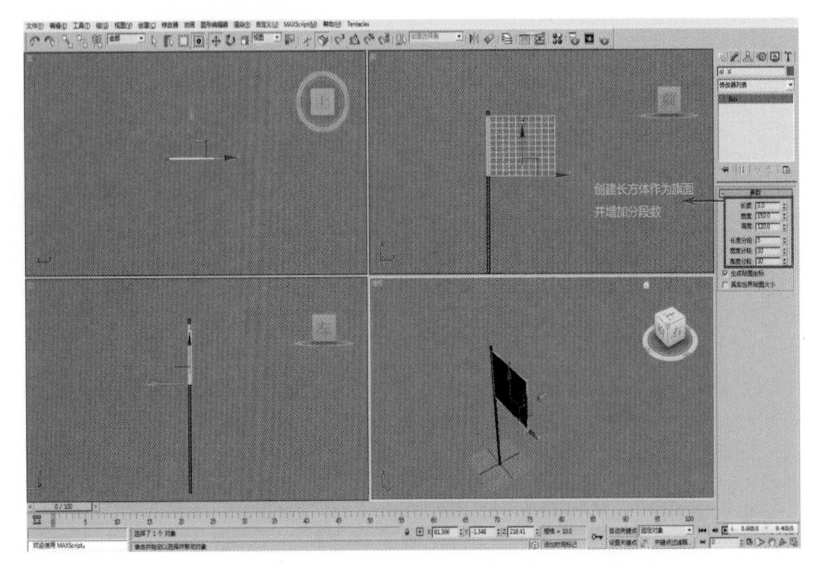

图 7-49

创建长方体作为旗面并增加分段数。（如图中箭头指向所示）

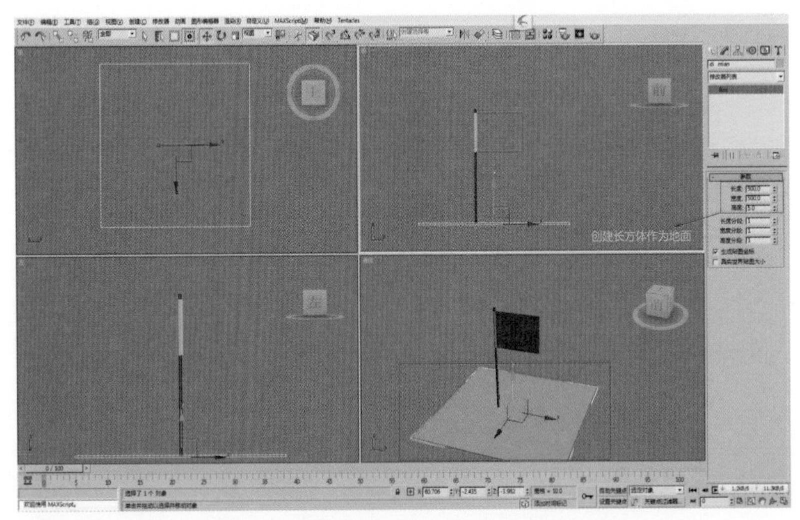

图 7-50

创建长方体作为地面。（如图中箭头指向所示）

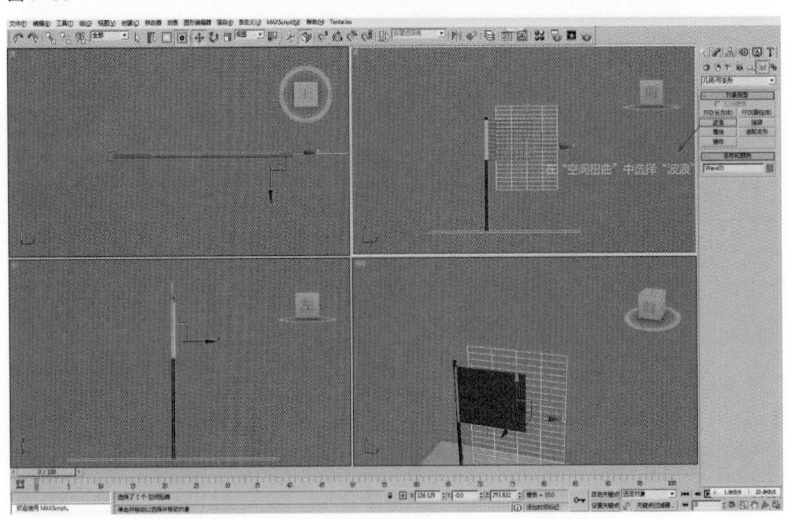

图 7-51

在“空间扭曲”中选择“波浪”。（如图中箭头指向所示）

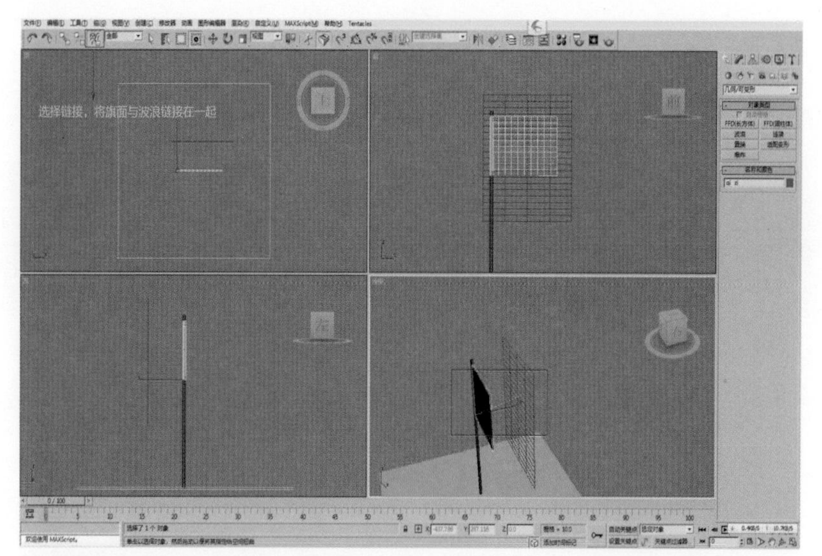

图 7–52

选择链接，将旗面与波浪链接在一起。（如图中箭头指向所示）

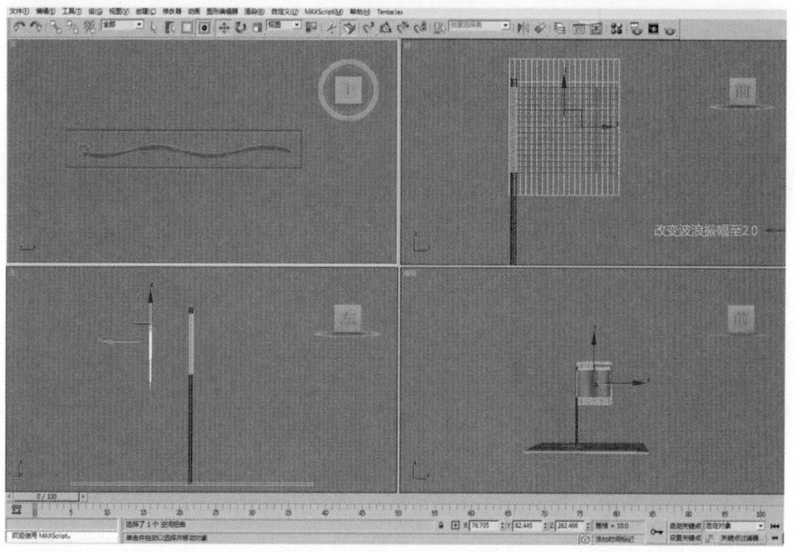

图 7–53

改变波浪振幅至2.0。（如图中箭头指向所示）

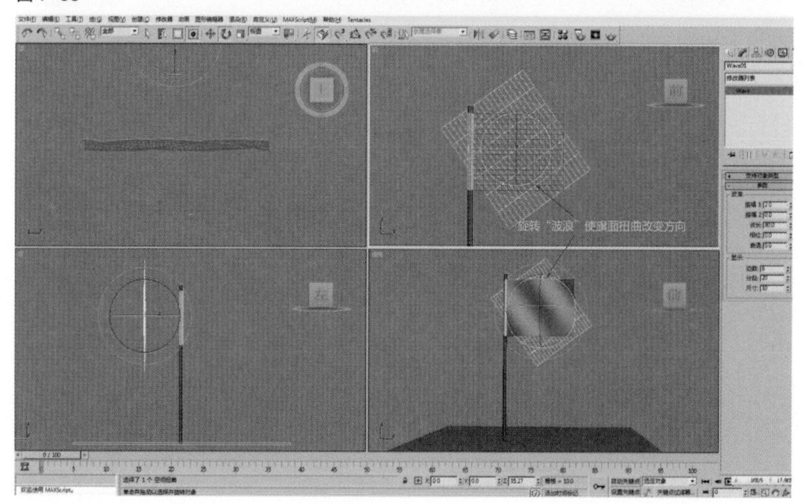

图 7–54

旋转“波浪”使旗面扭曲改变方向。（如图中箭头指向所示）

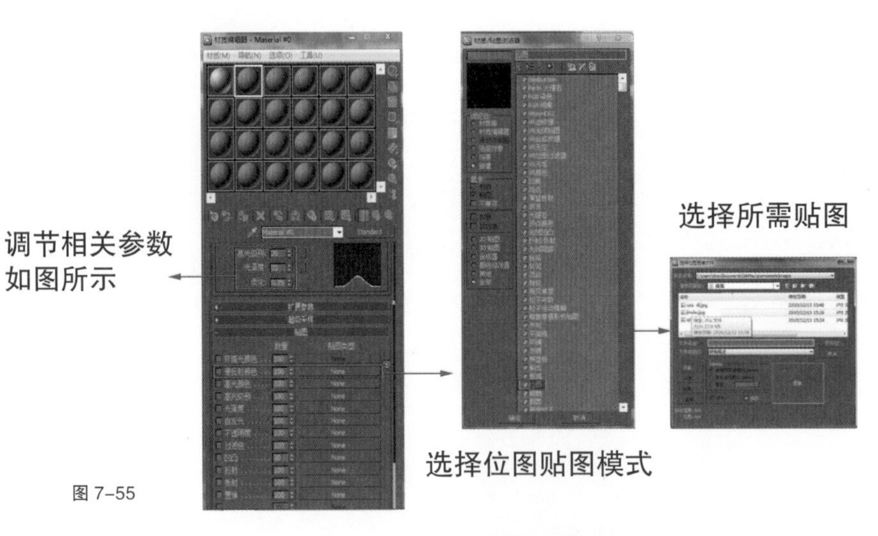

图 7–55

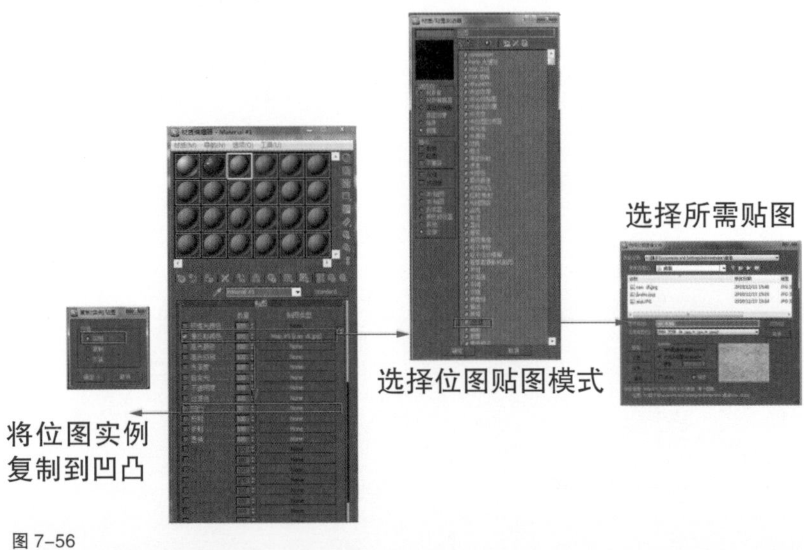

图 7–56

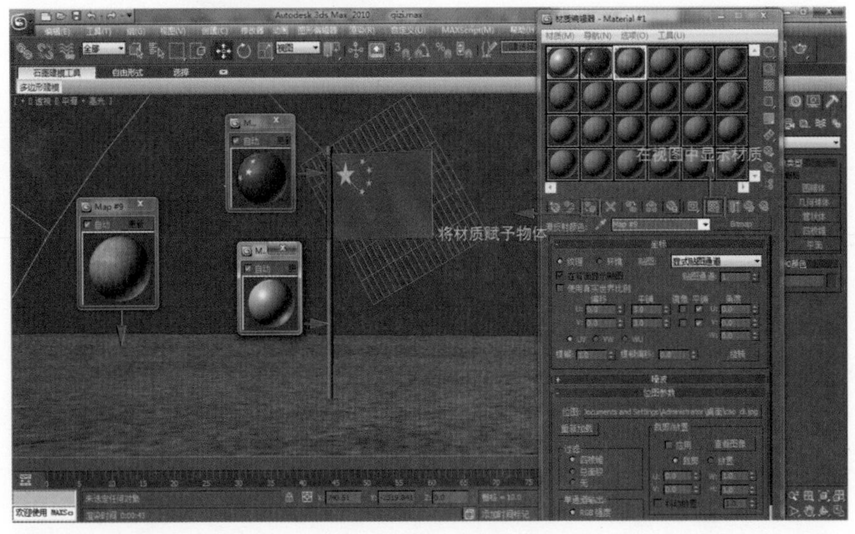

图 7–57

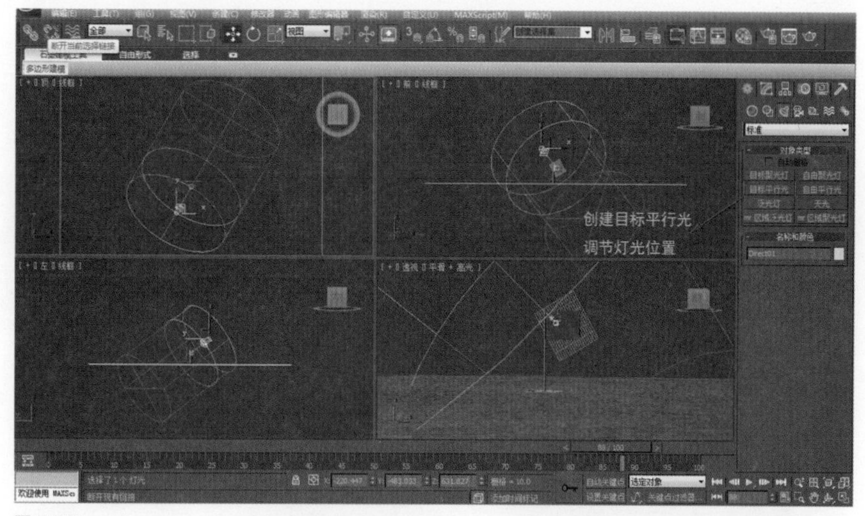

图 7–58

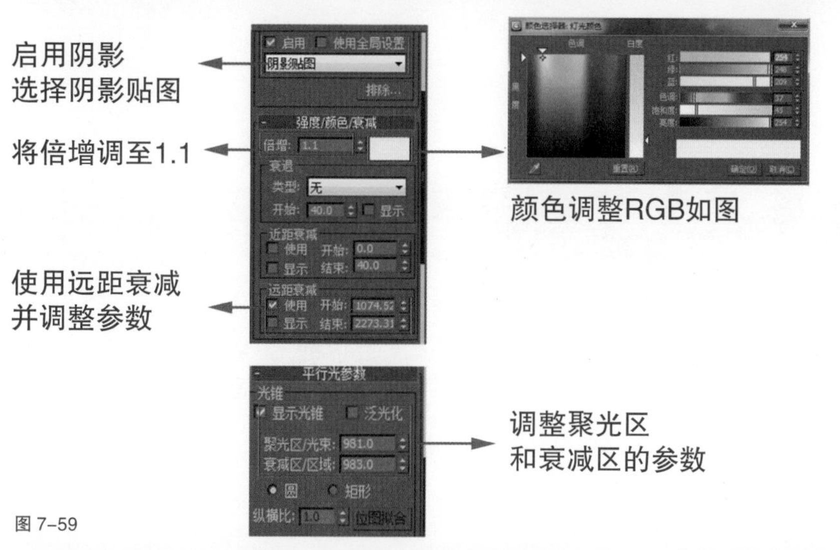

图 7–59

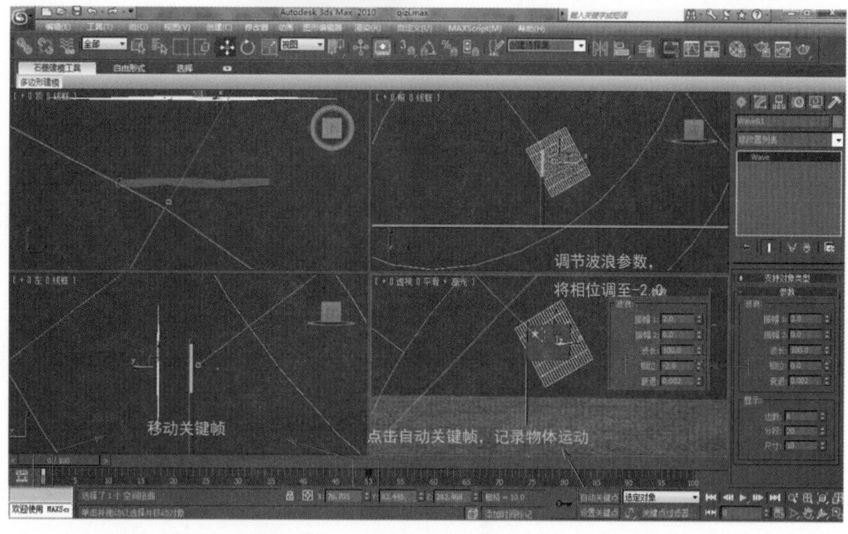

图 7–60

选择相应的点
使其变成直线

点击循环
使动画循环播放

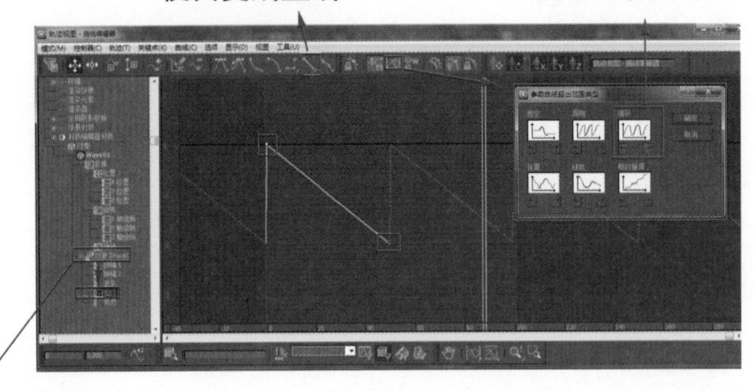

打开材质编辑器
选择对象-相位

图 7-61

图 7-62

练习

1．选取身边的任一实物作为创作主体完成动画制作。

课程教学安排建议

课程名称：3ds Max 动画制作基础教程

总 学 时：54 学时

适用专业：动画专业、游戏专业、数字媒体艺术专业

预修课程：动画速写、动画概论

一、课程性质目的和培养目标

本课程是动画及相关专业的软件基础课程之一。课程从软件的基本界面，到建模、材质、灯光、动画等各部分的命令，再到具体案例的基本运用，由浅入深地对 3ds Max 软件动画制作进行了较详细的讲解。使学生能够通过课程的学习初步了解 3ds Max 软件，掌握 3ds Max 软件制作简单动画的一般方法，熟悉动画软件制作的基本流程。

二、课程内容和建议学时分配

单元	课程内容	学时分配		
		讲课	作业	小计
1	3ds Max 概述与建模的基本方法	6	4	10
2	3ds Max 材质设置的基本方法	6	4	10
3	3ds Max 灯光设置的基本方法	3	5	8
4	3ds Max 动画制作的基本方法	4	6	10
5	3ds Max 动画制作的重点与难点	2	2	4
6	案例制作与剖析	2	10	12

三、教学大纲说明

1.3ds Max 动画制作基础教程是动画及相关专业的必修课程。

2. 本课程遵循循序渐进、由浅入深的原则，重点突出，力求照顾到各个基础层面的同学。

3. 在基础学习的同时注重实践运用的讲解，根据讲授内容利用学生制作的课程示例整体全面地巩固运用该软件。

四、考核方式

以每单元的作业练习为考核方式，以电子文档的形式上交作业。评分标准为第 1 单元至第 5 单元各占 10%，第 6 单元占 50%。